普通高等教育"十三五"规划教材
全国高等院校规划教材

金天明 主编

U0226892

Experimental Course of Animal Physiology

动物生理学

实验教程

（第2版）

清华大学出版社
北京

内 容 简 介

本教材分为三部分：第一部分（第一章至第七章）介绍了动物生理学实验的教学目的和实验方法、BL-420N 生物功能实验系统、实验动物的基本知识、实验动物的选择方法、动物生理学实验室的生物安全及对实验者的要求、动物实验的基本技术方法、动物实验外科操作技术与常见手术方法；第二部分（第八章至第十六章）介绍了动物生理学的基本实验，共计 70 个，涉及细胞的基本功能、血液生理、血液循环生理、呼吸生理、消化生理、能量代谢和体温调节、泌尿生理、神经与感觉生理、内分泌和生殖生理；第三部分（第十七章）介绍了设计性实验的基本原则、实验设计的基本过程和设计性实验举例。

本教材主要面向全国高等农林水产院校的动物医学、动物科学、动物药学、水产养殖等专业的学生，还可供普通师范院校、综合性大学、高等职业院校生命科学专业学生使用。

图书在版编目（CIP）数据

动物生理学实验教程/金天明主编.—2 版.—北京：清华大学出版社，2018（2025.1 重印）

（普通高等教育"十三五"规划教材　全国高等院校规划教材）

ISBN 978-7-302-49700-4

Ⅰ.①动…　Ⅱ.①金…　Ⅲ.①动物学—生理学—实验—高等学校—教材　Ⅳ.① Q4-33

中国版本图书馆 CIP 数据核字（2018）第 035658 号

责任编辑：罗　健
封面设计：常雪影
责任校对：赵丽敏
责任印制：丛怀宇

出版发行：清华大学出版社
　　　　网　　　址：https://www.tup.com.cn, https://www.wqxuetang.com
　　　　地　　　址：北京清华大学学研大厦A座　　　　邮　　编：100084
　　　　社 总 机：010-83470000　　　　邮　　购：010-62786544
　　　　投稿与读者服务：010-62776969, c-service@tup.tsinghua.edu.cn
　　　　质量反馈：010-62772015, zhiliang@tup.tsinghua.edu.cn
印 装 者：三河市龙大印装有限公司
经　　销：全国新华书店
开　　本：185mm×260mm　　　印　张：15.25　　　字　数：359千字
版　　次：2012年4月第1版　　2018年9月第2版　　印　次：2025年1月第5次印刷
定　　价：39.80元

产品编号：071176-01

《动物生理学实验教程》（第2版）编委会

主　编	金天明
主　审	刘淑英
副主编	李留安　马燕梅　宁红梅　孟　岩　滑　静　东彦新 姜成哲　刘俊峰　徐斯日古楞　诸葛增玉
编　者	（按拼音顺序排列） 东彦新（内蒙古民族大学） 滑　静（北京农学院） 姜成哲（延边大学） 金天明（天津农学院） 李留安（天津农学院） 刘淑英（内蒙古农业大学） 刘俊峰（塔里木大学） 孟　岩（吉林农业科技学院） 马燕梅（福建农林大学） 宁红梅（河南科技学院） 徐斯日古楞（内蒙古农业大学） 尹福泉（广东海洋大学） 于晓雪（天津农学院） 诸葛增玉（天津农学院）
制　图	陈　义（天津市教育招生考试院）

PREFACE 第2版前言

　　《动物生理学实验教程》(第2版)全书分为三部分：第一部分(第一章至第七章)介绍了动物生理学实验的教学目的和实验方法、生物机能实验系统、实验动物的基本知识、实验动物的选择方法、实验室安全及对实验者的要求、动物实验的基本技术方法、动物实验外科操作技术与常见手术方法；第二部分(第八章至第十六章)介绍了动物生理学的70个基本实验，主要涉及细胞的基本功能、血液生理、血液循环生理、呼吸生理、消化生理、能量代谢和体温调节、泌尿生理、神经与感觉生理、内分泌和生殖生理；第三部分(第十七章)介绍了设计性实验的基本原则、过程和实验举例。在学生已掌握动物生理学实验的基本设计原理及实验技能的基础上，通过对设计性实验的基本思路、基本环节、基本程序和具体步骤的详细讲授，将实验设计引入到实验教学过程中，弥补了设计性实验的不足。

　　动物生理学实验教学在培养学生能力方面具有举足轻重的作用，本教材将强化实验教学和注重能力培养作为动物生理学实验课的教学内容和目标之一，在实验教学过程中按照"验证性实验、综合性实验、设计性实验"的顺序安排，循序渐进地开展实验，不断提高学生的综合能力，使动物生理学实验教学真正地成为培养学生能力的重要途径，为后续课程的学习打下坚实的基础。

　　本书可作为全国高等农林水产院校的动物医学、动物科学、动物药学、水产养殖、动植物检疫、生命科学、水族科学与技术、野生动物资源保护、生物学及生物技术等专业学生教材，也可供普通农业职业院校、综合性大学、师范院校生物科学的学生使用，同时还可供成人教育相关专业学生使用，并可作为硕士研究生教学用书、科学工作者的参考书和工具书。

金天明

2018年3月于天津

CONTENTS 目 录

第一章　绪　论

一、动物生理学实验教学内容和目的

动物生理学是研究动物机体生命活动（机能）及其规律的一门科学，是生命科学的基石。动物生理学是农业院校动物类各专业的专业基础课，在人才培养中起到承前启后的重要作用。动物生理学教学的最大特点是实验性强，实验课学时约占总学时的40%。其实验教学内容大致可分为基本操作、综合应用和实验设计三部分。通过理论与实践相结合的教学方式，使学生产生直观的认识，帮助他们理解课堂所讲授的内容，巩固课堂所学的理论，同时在实验操作中培养学生严谨的科学态度，掌握基本操作技能，观察分析生理现象，不断提高认识和解决问题的能力。因此，动物生理学教学要将过去偏重于理论讲授，转变为启发式、讨论式和研究式的教学方法，重视学生在教学活动中的主体地位，充分调动学生学习的积极性、主动性和创造性，努力实现以知识传授为基础、以能力培养为重点的现代教育教学理念，逐步使用讲授与自学、讨论与交流、指导与研究、理论与实践、课堂教学与实验教学、设计与创新等相结合的多种教学方法，最终达到培养学生熟悉生理学操作技能和观察、分析、解决问题的综合能力的目的。

二、动物生理学的研究方法

动物生理学知识主要来自对生命现象的客观观察和实验获得。所谓观察是以动物活体为观察对象，以物理学或化学方法为手段，通过选题设计、实验观察、数据处理和科学分析得出对生命活动规律的理解和认识。

生理学的奠基人威廉姆·哈维（William Harvey）首先将动物实验方法引进这一学科领域。研究者通过观察多种动物同一器官的功能活动，可以从共同的表现中找出普遍性的规律。1847年路德维格（Ludwig）发明了记纹鼓（kymograph），以后又使用了各种杠杆和机械检压装置，使动物实验中对各种功能活动的观察变得更精细、准确并易于对实验结果作出客观记录和定量分析。这些实验技术极大地推动了生理学的发展。直到20世纪，生理学的研究内容还主要集中在各器官的功能及其调节方面。在器官和系统水平上的生理学研究中，所用动物实验的研究方法大体上可分为慢性实验和急性实验。

慢性动物实验方法主要是在无菌和麻醉条件下对健康动物进行手术，暴露要研究的器官，如消化道各种造瘘手术，或摘除、破坏某一器官，如切除某一内分泌腺、破坏内耳迷路等，待动物清醒和恢复健康后再进行实验，使其尽可能地在接近正常生理状态下，观察所暴露、被摘除或被破坏某器官后动物所产生的功能变化等。由于慢性实验属于整体性实验，其优点是能较好地反映器官在体内的正常活动。而缺点是对手术的操作要求高，有一定的难度。因此，两种实验方法都有其局限性和优缺点，选用时要与实验目的相匹配并对所得实验结果作出正确评判。

急性在体实验是在无痛条件下对动物实行手术，对某一两个器官进行实验观察的方法。急性实验以失去知觉的动物作为研究对象，又可分为急性在体（in vivo）和急性离体（in vitro）两类实验。急性在体实验（也称为活体解剖法）是将动物处于麻醉或破坏大脑状态，解剖暴露某个器官后，对该器官给予适当刺激，随之观察记录和分析该器官功能状态改变的实验方法。例如，蛙心起搏点和蛙微循环观察；家兔呼吸运动的调节以及影响尿生成的因素等实验。急性离体实验是从动物体取出某个器官、组织或细胞，在模拟机体生理条件下进行的实验方法。例如，蛙坐骨神经 - 腓肠肌标本中神经 - 肌肉兴奋时的电活动和肌肉收缩的综合观察；蛙心灌流实验观察和家兔离体小肠平滑肌的生理特性等实验。急性实验方法的缺点是有一定的片面性和局限性，不一定能反映器官、组织在体内的正常活动情况。

急性实验方法比慢性实验方法简单，且条件易于控制，有利于观察器官间的具体关系和分析某一器官功能活动的过程与特点，但这与正常生理状态下的功能活动还是存在一定的差别。

三、动物生理学实验教学的整合及对学生综合能力的培养

动物生理学实验是获得动物生理学理论知识的依据和来源，同时也是动物生理学理论的重要组成部分。对于学生理解与掌握所学理论知识、锻炼思考及分析解决问题的能力、培养科学态度和动手意识都有着非常实际的意义。然而，当前这种先理论后实验的传统教学模式，在很大程度上制约了学生自主创新能力的培养，导致在教和学的过程中产生了重理论轻实验的不良后果，使理论与实验教学相脱节，失去了实验教学的目的和意义。为改进动物生理学实验教学，提高教学质量，有必要对现有的动物生理学实验内容进行优化和整合。

（一）动物生理学实验教学的整合

传统的生理学实验课程开设的都是验证性和演示性实验，即按照教学大纲选择相应的实验，实验前任课教师将实验的目的、原理、内容、方法、步骤及注意事项等都写在黑板上，上课时教师给学生讲述甚至示教一遍，然后学生机械地按照教师的要求做实验。虽然每个实验的成功率很高，但实验操作技能测试的成绩并不理想。显然，传统的教学方式在一定程度上束缚了学生思维，限制了学生视野，不利于学生独立思考、分析问题和创新意识的培养。因此，为了培养学生的实验技能及思维能力，有必要对实验方法进行有益的探索，以达到提高人才培养质量的目的。

在动物生理学实验学时不断压缩的情况下，根据动物生理学一些实验项目的内容及特点，进行重新组合，充分利用实验学时和实验材料，增加学生的动手操作机会，提高实验教学的质量和学生的操作技能。

1. 实验项目在时间上的整合

根据有些实验项目的时间特点进行穿插。如做蛙心起搏点或蛙心灌流实验后，可适当安排蛙坐骨神经 - 腓肠肌标本制备、刺激强度对肌肉收缩的影响、刺激频率对肌肉收缩的影响、心肌收缩特点的观察和神经干复合动作电位及其传导速度的测定等实验。又如做呼吸运动调

节实验时，同时安排红细胞脆性的测定和影响血液凝固的因素实验，实现实验动物整体的综合利用和时间上的有效利用，这样既减少了时间上的浪费，又增加了实验内容。

2. 实验项目在内容上的整合

蛙（蟾蜍）是动物生理学常用的实验材料，在神经和肌肉生理实验中常用来观察兴奋性、兴奋过程以及肌肉收缩的特点，也用于心血管活动规律的研究和心肌兴奋与收缩规律的观察分析等。近年来，由于自然环境的恶化，导致蛙（蟾蜍）数量减少。同时，蛙（蟾蜍）又是一种有益动物（可以捕食多种害虫，大量的捕杀会严重影响生态平衡），从保护生态环境的角度出发，应尽量减少有益野生蛙（蟾蜍）的使用量。这就促使对实验教学形式和手段进行必要的改革，即根据有些实验内容的相关性进行实验项目的有机组合。如设计一些以蛙（蟾蜍）为实验材料的综合性实验，即用同一只蛙（蟾蜍）来完成具有一定联系或者相对独立的实验，如蛙心起搏点观察、蛙心灌流实验观察、蛙微循环观察、脊髓反射的基本特征和反射弧的分析、蛙坐骨神经 - 腓肠肌标本制备、刺激强度对肌肉收缩的影响、刺激频率对肌肉收缩的影响、心肌收缩特点的观察、神经干复合动作电位及其传导速度的测定、神经兴奋不应期的测定、刺激强度 - 时间曲线的测定、神经 - 肌肉兴奋的电活动和肌肉收缩的综合观察、影响神经动作电位传导速度的因素等实验项目。通过使不同的实验项目穿插进行，用一只青蛙（蟾蜍）就可以完成上述数个实验项目，既节约了实验材料，又减少了经费和时间浪费。

3. 必修与选修实验内容间的整合

增加综合性实验的前提条件是学生必须掌握基本的实验方法与技能。根据实验的重要性和必要性，将实验教学大纲中的动物生理学实验分为两类：一类是必修实验，主要是保证学生掌握动物生理学实验的基本方法与技能、理解基本理论知识、独立解决在实验中所遇问题的能力；另一类是选修实验，主要是进一步加强对学生科研思维能力的训练，培养学生的科研兴趣，充分挖掘他们的创造性潜能。因此，在某些必修实验操作完成之后，鼓励学生利用现有实验条件，进行实验课中选修内容的操作与训练。例如，在影响尿生成的因素实验完成之后，可以练习兔的血液采集方法。又如，在呼吸运动调节实验完成之后，学生可以练习兔各种体液的采集方法等。通过必修与选修内容间的有机结合，可以提高实验动物的利用率以及学生的动手操作能力。在新世纪的创新型人才培养中，两类实验都不可缺少，前者是保证人才培养的基础，后者则是前者的必要补充。

4. 模拟实验与操作实验间的整合

随着科学技术的飞速发展，多媒体辅助教学在动物生理学实验教学中发挥着越来越重要的作用，尤其是计算机的普及应用和生理学实验教学软件的开发，极大地促进了实验教学改革的进程。一些实验软件不仅可通过预置参数快捷准确地对实验数据自动分析、处理和保存，有的还具有特殊的实验模拟功能，即在无动物的情况下，运用模拟声音、图像和文字等多种方式，对实验过程进行仿真模拟，使所获实验结果生动、形象、逼真、可视性强、趣味性大，便于激发学生的学习热情。

教师课前利用模拟实验，使学生熟悉生物机能实验的基本操作方法，了解实验的基本程序。实验课中学生可根据自己的情况对难以掌握的操作方法，反复模拟直至达到熟练的程度。改变了过去观看教师示教时，学生围在一起看不清的弊端，提高了学生对实验技能的掌握程度。模拟实验完成后，需要学生对实验或有关理论知识进行分析和总结，这样极大地提高了学生的实验技能和实验的成功率。

（二）动物生理学实验教学应注重对学生综合能力的培养

科学实验是一切科学理论的来源，是人类的基本实践活动之一。动物生理学实验课不仅使学生进一步巩固和加深对已学理论知识的理解和掌握，而且还是对学生的科学实验方法、技能、作风等进行培养和训练的主要渠道，同时对学生学习和掌握科学的思维方法，提高他们的科研能力也起着重要的促进作用。

在动物类专业必修课程中，动物生理学是沟通生物学相关学科的重要纽带，是专业知识结构体系中重要的组成部分，对学生完成专业学习和从事专业技术工作具有十分重要的意义。因此，该课程的教学效果对学生掌握和了解本专业基础理论和技术起着关键性的作用。其中动物生理学实验课教学是不可或缺的重要环节。实验教学的优势是让学生从活生生的、丰富多彩的生命现象中认识、理解和探索生命现象的本质，培养学生对真理和知识永无止境的探求精神。动物生理学实验教学应从以下几个方面加强对学生综合能力的培养。

1. 提高学生爱护实验动物的意识，更好地发挥实验动物的作用

回顾生物学发展的历史不难发现，许多具有里程碑意义的研究成果都与动物实验密切相关。如 17 世纪，英国医生威廉姆·哈维通过一系列的动物实验发现了血液循环，阐明了心脏的作用和功能。他的这一成就对生理学的发展起到了极大的促进作用。可以这样说，自威廉姆·哈维利用活体动物解剖发现血液循环，进而把生理学确定为一门科学开始，到 19 世纪认识糖尿病的本质，20 世纪抗生素及磺胺药物的发明，单克隆抗体的发明及体细胞克隆成功，再到目前正在进行的对内科病、传染病及外科疾病等的发病、治疗与痊愈的机制，及其生理、生化、病理、免疫等各方面的机理研究都是经过动物实验加以阐明或证实的。所以说实验动物是生命科学发展的基础和条件，没有实验动物，生命科学就无法进展。因此，实验动物是人类的"替道者"。从道义情感上我们应尊重和爱惜实验动物。如果漫无科学目的或者反复盲目地进行动物实验，就会给动物的身体造成伤害和痛苦，故应尽可能地减少活体动物实验，着力寻求代替动物实验的新方法。对必须进行的动物实验要将实验动物的痛苦减少到最低程度。在动物生理学实验教学过程中，培养学生做一个有道德、有文明、有爱心的人。从另外一个角度看，当动物遭受到虐待、创伤或粗暴对待等意外刺激时，其内分泌系统、循环系统和机体代谢等都与正常生活时不同，这样不但不能保证实验结果的准确性和科学性，同时手术还会给实验动物带来巨大的痛苦。

2. 保留经典实验，培养学生基本技能和规范操作能力

基本技能和规范操作能力是指顺利完成各种操作活动所必备的基本素质，即我们通常所说的动手能力。它在培养学生能力方面显得尤为重要。因此，在实验教学大纲中应对动物生理学实验内容进行优化重组，保留一些经典的实验内容，最大限度地涵盖动物生理学实验中最基本的操作技能。例如，开设离体小肠平滑肌生理特性的观察、胰岛素和肾上腺素对血糖的影响、去小脑动物的观察、坐骨神经-腓肠肌标本的制备、刺激与骨骼肌收缩的关系、神经干动作电位的传导实验等，其目的是通过重温经典实验，验证并加深对已学理论知识的理解，形成"理论源于实践"的科学理念，培养观察、分析和解决问题的能力，尤其是对学生动手能力的培养，切实加强对学生基本技能和规范操作能力的训练，使学生很快掌握动物生理学实验的基本设计原理与规范操作方法、常用仪器的操作步骤、常用手术技术和注意事项，以及生物信号采集系统的使用方法等。熟悉常用动物的捕拿、给药、麻醉方法、实验结果的记录及收集、实验数据的整理及分析等。上述操作技能是完成动物生理实验课所必须具备的基本功，为其后的综合性和设计性实验做好技术储备，同时也为后续的专业课学习奠定良好的实验基础。

3. 加强实验预习，培养学生自学能力

动物生理学实验能否顺利进行，实验能否成功，能否达到实验预期目的，课前预习是关键环节。学生通过认真的课前预习，可以达到对实验目的和原理清楚认识、对实验预期结果有较深刻理解的目的。使学生在实验中能有目的地去观察操作，有效地避免实验中的盲目性。对于实验中出现的问题，学生能够及时发现、纠正和解决，这样不仅可以提高实验效率，而且能使学生发现和提出问题，在预习中使学生能够独立获得知识，变被动为主动，从而获得较好的实验效果。

4. 注重培养学生的观察记录和分析能力

动物生理学实验是动物类专业学生最早接触的动物实验课之一。学生观察分析能力的及时培养和定位，对他们今后的专业课学习至关重要。由于实验教学不同于理论教学，其主要目的是培养学生的操作技能及观察、分析和解决问题的能力。因此，树立严谨的科学态度，正确观察和记录实验结果，是培养学生观察能力的一个重要环节。

在动物生理学实验过程中，动物机体的生理活动是一个极其复杂的过程，要了解和掌握其生理功能，就必须使学生树立正确的认识观，尊重实验结果的客观存在。在实验过程中无论是否获得预期的实验结果，都要如实进行详细记录。如果只看到预期的结果，就有可能错过预料之外的现象，因为非预期的结果往往有利于促进学生思考、探寻原因和发现问题，更有利于培养学生的观察和分析问题的能力。在分析结果时，由于大多数的生理实验是在活体动物上进行的，动物麻醉后失去了保持内环境稳态的能力，这就要求学生在操作中仔细观察动物的生理状态，如脱水、失血、体温下降、呼吸紊乱、缺氧和休克等现象，以保证动物具备实验所要求的基本条件。实验过程中老师应培养学生良好的观察习惯，同时在实验中强调关键环节，指出可能出现的问题及解决方法，力求启发学生发挥主观能动性。如发生实验失败和动物死亡等情况，实验后应认真分析原因，及时总结经验教训等。

学生的观察能力是其掌握知识的必要条件，观察可以发现事物的特征变化。观察不仅仅是看到，还应将思维过程融入其中。同时学生要明确实验目的，对实验中观察到的现象和记录的事实进行综合分析，使学生养成良好的分析问题的能力。只有深入细致地观察，才能使学生对所学知识有更深刻的理解，进而激发他们的学习热情，使教与学取得实效。

5. 增设综合性实验，提高学生综合分析问题的能力

综合性实验的目的主要是培养学生的综合能力，使学生对专业理论知识和实验技能的掌握得到全面提高。目前，动物生理学实验教学中存在的主要问题是单一性和验证性实验过多，而综合性和设计性实验过少。究其原因是理论教学主要以系统为单位独立地进行授课，导致实验教学不得不与之相辅相成，这样就在实验教学中造成了一个实验项目仅从属于单一的知识点，忽略知识点间的联系。这种教学模式尽管便于学生对相应知识点的理解，但并不利于培养学生的综合分析能力。由于动物体是一个统一的整体，一个系统的变化，必然影响到机体其他系统的功能。这就要求在实验教学过程中应以某一实验内容为主线，将与之相关的知识点，甚至是相关学科的有关内容或知识相互交叉、相互渗透、融会贯通，形成知识的连贯性。通过开展综合性实验，将相互联系的两个或多个系统的实验整合在一起，使学生对各因素之间的相互作用进行综合观察。如设计泌尿系统 - 循环系统综合实验，即在用家兔做心血管活动的神经 - 体液调节实验的同时，插好膀胱插管，静脉分别注射去甲肾上腺素、乙酰胆碱和电刺激迷走神经后，同时观察影响尿生成的因素、血压和心肌收缩的变化，并要求学生解释实验现象间的内在联系。多系统、多指标综合实验的开设主要是为了提高学生综合分析问题的能力。多指标的观察最明显的优势就是能将几个系统、器官的活动同时显示出来，使学生分析某一因素对系统和（或）器官活动影响时能从多个角度进行思考，这对强化学生的实验技能、提高综合运用知识的能力和启迪创新意识大有裨益。增设综合性实验还有利于学生在积极参与中充分发挥主体作用，处于不断探索的情境中，即激发学生创新灵感，开发学生创新潜能，拓宽学生的知识视野，唤起学生探索的欲望，增加学生的动手机会。综合性实验更有利于学生由知识型向能力型、由模仿型向创新型、由单一型向综合型的转变。

6. 自主设计实验，注重学生科研素质的培养

经典的验证性和综合性实验教学，使学生已经掌握了动物生理学实验的基本设计原理及实验技能。在此基础上，应该将实验设计引入实验教学过程中，以弥补传统实验的不足。

实践证明，让学生通过自主设计实验，系统地完成实验的选题、论证、操作、结果分析和总结等诸多环节，使学生对动物生理学的科研过程有一个初步的了解，在实验教学中培养了学生严谨的科研素质（设计实验方法详见第十七章）。

7. 培养学生独立思考和解决问题的能力

动物体的生理机能既有功能活动的一般规律，又有各个组织器官的特殊反应；既有该种动物的共同特点，又有各动物间的种间差异。除了神经系统和内分泌系统对各个系统、器官、组织、细胞的调控作用外，还有被控制系统的正、负反馈的调节作用。因此，在实验中，动物机体由于实验条件、动物功能状态及个体差异等导致同一实验因素所引起的各个反应并不完全一样，常常造成实验出现非预期的结果甚至失败。而对非预期结果和失败原因的分析是培养学生独立思考和解决问题能力的极佳机会。

例如，蛙心灌流实验是通过改变灌流液的理化特性来观察其对心脏功能的影响。该实验可以使学生掌握内环境相对恒定对维持心脏正常节律性活动的重要作用，加深对神经递质、受体、受体阻断剂等概念的理解。上述例子说明，动物生理学实验不仅要使学生掌握生理活动的基本规律，使感性认识理性化，深化对理论知识的理解，而且还具有启发学生的智慧，培养他们科学思维能力的双重功效。在教学过程中思维方式的培养要比新知识的传授更为重要，教师应着重培养学生的科学思维方法，充分发挥学生的主观能动性，引导学生去认识科学规律，解决实际问题。

8. 培养学生团队合作精神和协作能力

生理学实验是以小组为单位的集体行为。在实验过程中的理解、沟通、配合和协作是决定实验成败的关键因素之一。通过实验向学生传输团队合作精神和协作意识是未来科技工作者必备的基本素质。

9. 培养学生抗挫折的能力

由于动物生理学的实验对象是动物机体，所以，影响实验效果的因素很多。若实验取得预期的效果，固然是件好事。若实验结果与预期结果不符或实验操作失败，学生要能够对其原因作出正确的分析和解释，从中学会正确的操作方法。通过引导学生分析实验步骤，讨论实验细节和改进实验操作技能等，培养学生形成锲而不舍和实事求是的工作作风。

总之，实验课教学在培养学生能力方面有着举足轻重的作用，因此，强化实验教学，注重能力培养是动物生理学实验课的教学内容之一。在实验教学过程中应打破传统教学模式的桎梏，按照"验证性实验、综合性实验、设计性实验"的顺序，循序渐进地开展实验，使学生在熟练掌握基本理论和基本实验技术的基础上，提高他们的综合能力，使动物生理学实验教学真正地成为培养学生能力的重要途径，为后续课程的开展打下坚实的基础。

（金天明）

一、系统概述

1. 引言

BL-420N 生物信号采集与处理系统（简称 BL-420N 系统）与上一代信号采集与处理系统相比，引入了新的软件平台，从这个平台再扩展出信息化、网络化等大量的新功能，同时也扩展了硬件平台的功能，硬件系统能方便、快捷地识别连入前端的传感器类型，而且可以根据前端连接设备的不同扩展采样通道数。

BL-420N 系统基于全新的软硬件构架，除满足原有常规信号采集与处理系统的功能外，还能够满足信息化、网络化的发展要求，实现无纸化的实验报告过程（图 2-1）。

图 2-1　BL-420N 信号采集与处理系统硬件

2. 系统简介

BL-420N 系统是一套基于网络化、信息化的新型信号采集与处理系统。它通过实验室预先配置的 NEIM-100 实验室信息化管理系统将分散、孤立的 BL-420N 系统连接起来，除了完成传统信号采集与系统处理的功能之外，还扩展了大量信息化的功能。

BL-420N 系统将传统的医学机能实验划分为 3 个学习阶段，即实验前、实验中和实验后，从不同角度帮助学生和科研工作者更好地完成自己的生理学实验工作。

3. 系统特点

1）信息化多媒体展示功能

实验前，学生可以从信息化系统中学习有关仪器使用和实验的知识（历史、原理、方法、操作等）；实验中，可以更方便地控制系统，获取好的实验结果。

2）无纸化的实验报告管理功能

实验后，学生可以在 BL-420N 系统软件上编辑自己的实验报告，然后传输到 NEIM-100 实验信息化管理中心，由实验老师进行网上批阅和管理。

3）实验设备使用的自动记录、统计和管理功能

BL-420N系统会自动记录设备的使用情况，包括首次使用时间、末次使用时间、累计使用次数、平均每次实验使用时间等信息。这些信息会自动传输到NEIM-100实验信息化管理中心进行统计分析。

4）实验数据客观可信

在高原和平原完成的相同的生物机能试验，结果可能会不同，这很可能是由不同的实验环境造成的。BL-420N系统存储完成实验时的各种环境条件，如温度、湿度、大气压力等，还存储实验完成时的计算机软硬件环境信息，如CPU、内存、操作系统等，保证了实验环境数据的客观和精准。

5）通道具有智能识别功能

BL-420N系统的每个通道都具有智能识别功能。当连接公司生产的智能传感器时，可以自动识别智能传感器的全部信息，用户不需要进行定标等操作，即可完成传感器的设置，直接开始试验。

6）物理通道的自动扩展功能

当BL-420N系统与具有多通道扩展功能的传感器连接时，BL-420N系统会自动扩展这些新引入的采用通道。如当用户在1通道连接一个具有3个通道信号的传感器时，1通道会自动扩展为3个采样通道，而整个系统则从4通道系统变成6通道系统。

二、面板介绍

1. 前面板介绍

BL-420N系统硬件的前面板主要为系统的工作接口。这些接口包括通道信号输入接口、全导联心电输入接口、监听输入接口、记滴输入接口以及刺激输出接口等。

1）前面板元素说明

（1）CH1、CH2、CH3、CH4：8芯生物信号输入接口（可连接信号引导线、各种传感器等，4个通道的性能指标完全相同）；

（2）信息显示屏：显示系统基本信息，包括温湿度及通道连接状况指示等；

（3）记滴输入：2芯记滴输入接口；

（4）刺激输出指示灯：系统发出刺激指示；

（5）高电压输出指示灯：当系统发出的刺激超过30V时，高电压输出指示灯点亮；

（6）刺激输出：2芯刺激输出接口；

（7）全导联心电输入口：用于输入全导联心电信号；

（8）监听输出：用于输出监听声音信号，某些电生理实验需要监听声音。

2）前面板接口连接

（1）信号输入线的连接：将信号输入线圆形接头连接到BL-420N硬件信号输入口，另一端连接到信号源，信号源可以是心电、脑电或胃肠电等电信号；

（2）传感器的连接：将传感器圆形接头连接到BL-420N硬件信号输入口，另一端连接到信号源，信号源可以是血压、张力、呼吸等；

（3）全导联心电的连接：将全导联心电线的方形接头连接到 BL-420N 硬件的全导联输入口，另一端连接到动物的不同肢体处（红色接头连接右前肢，黄色接头连接左前肢，绿色接头连接左后肢，白色接头连接右后肢，黑色接头连接右后肢）；

（4）刺激输出线的连接：将刺激输出线的圆形接头连接到 BL-420N 硬件的刺激输出口，另一端连接到生物体需要刺激的部位；

（5）监听输出：将电喇叭的输入线连接到 BL-420N 硬件的监听输出口。

2. 后面板介绍

BL-420N 系统硬件后面板连接是系统正常工作的基础。后面板上通常为固定连接口，包括 12V 电源接口、A 型 USB 接口（方形，与计算机连接）、B 型 USB 接口（扁形）、接地柱、多台设备级联的同步输入输出接口。后面板元素说明（从左到右）如下所述（图 2-2）：

（1）电源开关：BL-420N 硬件设备电源开关；

（2）电源接口：BL-420N 硬件电源输入接口；

（3）接地柱：BL-420N 硬件接地柱；

（4）B 型 USB 接口（扁形）：BL-420N 硬件固件程序升级接口；

（5）A 型 USB 接口（方形）：BL-420N 硬件与计算机连接的通信接口；

（6）级联同步输入接口：多台 BL-420N 硬件设备级联同步输入接口；

（7）级联同步输出接口：多台 BL-420N 硬件设备级联同步输出接口。

图 2-2　BL-420N 系统硬件后面板

三、使用说明

1. 硬件设备正确连接指示

开始实验前，需要确认 BL-420N 硬件与计算机连接是否正确，是否可以与 BL-420N 软件进行正常通信，这是开始实验的前提条件。

首先打开 BL-420N 硬件设备电源开关，然后启动 BL-420N 系统软件。如果 BL-420N 硬件和软件之间通信正确，则 BL-420N 系统顶部功能区上的启动按钮变得可用（图 2-3）。

2. 主界面介绍

BL-420N 系统主界面中包含 4 个主要视图区，分别为功能区、实验数据列表视图区、波形显示视图区以及设备信息显示视图区（图 2-4）。

视图区是指一块功能独立的显示区域，这些区域可以装入不同的视图。在 BL-420N 系统中，除了波形显示视图不能隐藏之外，其余视图均可显示或隐藏。除顶部的功能区之外，其

图 2-3　功能区上"开始"按钮的状态变化

（a）"开始"按钮为灰色（硬件设备未连接）；（b）"开始"按钮可用（硬件设备连接成功）

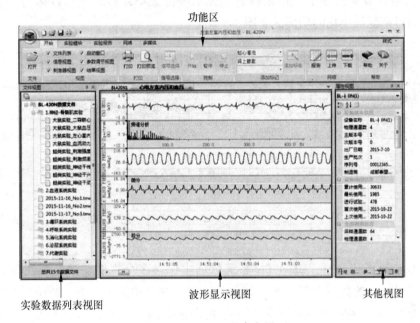

图 2-4　BL-420N 程序主界面

余视图还可以任意移动位置。在设备信息视图中，通常还会有其他被覆盖的视图，包括通道参数调节视图、刺激参数调节视图、快捷启动视图以及测量结果显示视图等。

主界面主要功能区的视图名称和功能说明如表 2-1 所示。

表 2-1　主界面主要功能区划分说明

序号	视图名称	功能说明
1	波形显示视图	显示采集到或分析后的通道数据波形
2	功能区	主要功能按钮的存放区域，是各种功能的起始点
3	实验数据列表视图	默认位置的数据文件列表，双击文件名直接打开该文件
4	设备信息视图	显示连接设备信息、环境信息、通道信息等基础信息
5	通道参数调节视图	通道参数调节和刺激发出控制区
6	刺激参数调节视图	刺激参数调节和刺激发出控制区
7	快捷启动视图	快速启动和停止实验
8	测量结果视图	显示所有专用和通用的测量数据

注意：进入 BL-420N 系统软件后，您看到的软件主界面可能会和图 2-4 所显示的主界面有所不同，这是由于 BL-420N 软件的很多视图都可以隐藏和移动，而且视图之间还可能会相互覆盖，造成主界面有所变化。

1）主界面各个视图的显示和隐藏

BL-420N 系统软件中多个视图的位置和显示状态都可以改变，这是为了适应不同用户的使用习惯，但这种变化有时候会使用户无法理解系统的主界面。但只要用户掌握其变化规律，就可以轻松应对这种变化，而且还可以更方便用户完成实验。

（1）功能区的最小化和恢复：功能区位于软件主界面的最上方，功能区可以被最小化。在功能区的分类标题位置单击鼠标右键，会弹出功能区相关快捷菜单，选择"最小化功能区"命令，则功能区分类标题下面的功能按钮被隐藏。如果要恢复被隐藏的功能区按钮，则需要再次在功能区分类标题上单击鼠标右键弹出快捷菜单，然后选择打钩的"最小化功能区"命令，则可恢复最小化的功能区（图 2-5）。

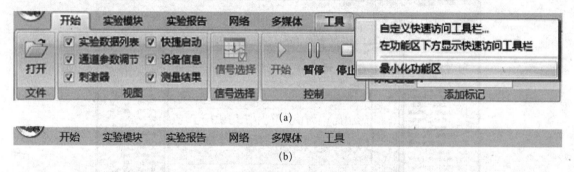

(a)

(b)

图 2-5　BL-420N 软件顶部功能区的最小化和恢复
（a）正常的功能区；（b）最小化的功能区

（2）视图的隐藏和显示：BL-420N 系统软件中包含多个视图，除主视图外，其余视图都可被隐藏或显示。这些视图的隐藏或显示状态显示在"功能区"下"开始"分类栏下面的"视图"选项中。当"视图"选项中的某一个视图前面的方框中有一个小钩，表示该视图被显示。

由于视图在某一个区域中会相互覆盖，因此，即使该视图处于显示状态，也可能因被其他视图所覆盖而无法显示。如果要显示这些被覆盖的视图，最简单的方法就是在视图区的下方单击该视图的名称即可。

2）主界面各个视图的移动

在 BL-420N 系统中，除波形显示区和功能区之外，其余视图都可以按需移动位置或改变大小。每个视图都具有两种状态：一种是紧挨软件主界面边缘的停靠状态，这是视图的默认状态；另一种是以独立窗口形式存在的浮动状态（图 2-6、图 2-7）。

（1）停靠状态和浮动状态的切换：在视图标题栏上双击鼠标左键就可以在停靠状态和浮动状态之间切换。

（2）停靠状态和浮动状态的移动：在视图标题栏上，按下鼠标左键不放，然后移动鼠标，就可以按需移动视图位置。

当在视图标题栏上按下鼠标左键不放时，在主界面上会出现停靠位置指示透明按钮（图 2-8）。视图可以停靠在主视图的上下和左右，为了精确停靠视图，则需要将鼠标位置移动到这些停靠按钮上，当鼠标移动到停靠按钮上之后，选择视图就会出现在主视图的相应位

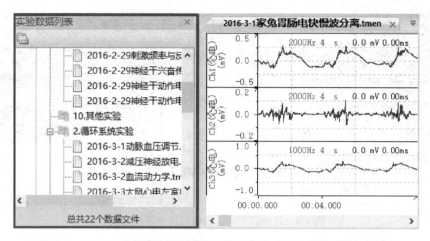

图 2-6　BL-420N 实验数据列表视图的停靠状态（和主视图紧挨排列）

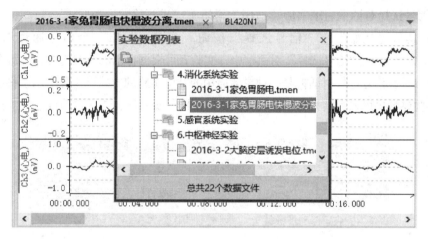

图 2-7　BL-420N 实验数据列表视图的浮动状态（浮动在主窗口的上面）

置，当确认好位置之后，松开鼠标左键就会将选择视图停靠在指定位置；如果不将鼠标移动到停靠按钮上，而是直接在任意位置松开鼠标左键，则窗口浮动在鼠标指示位置。

　　BL-420N 软件系统会自动记录用户最近一次移动视图的位置，这样在下次打开软件时，所有视图仍然保持原来的位置和大小。因此，移动过视图的软件的主界面会呈现出与图 2-4 不同的情形。

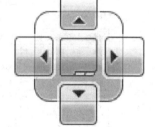

图 2-8　选择视图停靠位置透明指示按钮

3．开始实验

　　BL-420N 系统提供三种开始实验的方法，分别是从实验模块启动实验，从信号选择对话框进入实验或者从快速启动视图开始实验。

　　1）从实验模块启动实验（适用于学生的教学实验）

　　选择功能区"实验模块"栏目，然后根据需要选择不同的实验模块开始实验，如选择"循环"下的"期前收缩 - 代偿间歇"，将自动启动该实验模块（图 2-9）。

　　从实验模块启动实验时，系统会自动根据用户选择的实验项目配置各种实验参数，包括采样通道数、采样率、增益、滤波、刺激等参数，方便快捷地进入实验状态。实验模块通常

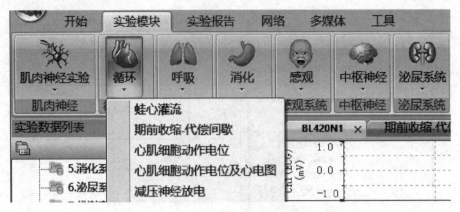

图 2-9　功能区中的实验模块启动下拉按钮

根据教学内容配置，因此，该模块通常适用于学生实验。

2）从信号选择对话框启动实验（适用于科研实验或新的学生实验）

选择工具区"开始"下"信号选择"按钮，系统会弹出一个信号通道选择对话框（图 2-10、图 2-11）。在"信号选择"对话框中，实验者可根据自己的实验内容，为每个通道配置相应的实验参数，信号选择对话框是一种灵活通用的开始实验的方式，主要适用于科研工作。灵活配置的实验参数也可以存储为自定义实验模块，帮助科研工作者快速启动自己的实验。

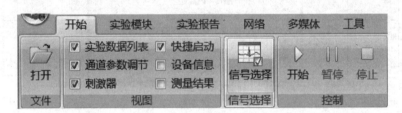

图 2-10　功能区开始栏中的信号选择功能按钮

通道号	信号种类	采样率	增益	高通滤波	低通滤波	50Hz陷波	机器	□ 选择
通道 1	ECG	1 KHz	1.0 mV	100 ms	100 Hz	开	BL-420N(1)	☑
通道 2	ECG	1 KHz	1.0 mV	100 ms	100 Hz	开	BL-420N(1)	☑
通道 3	ECG	1 KHz	1.0 mV	100 ms	100 Hz	开	BL-420N(1)	☑
通道 4	ECG	1 KHz	1.0 mV	100 ms	100 Hz	开	BL-420N(1)	☑
通道 5	LEAD I	2 KHz	2.0 mV	3 s	450 Hz	关	BL-420N(1)	□
通道 6	LEAD II	2 KHz	2.0 mV	3 s	450 Hz	关	BL-420N(1)	□
通道 7	LEAD III	2 KHz	2.0 mV	3 s	450 Hz	关	BL-420N(1)	□
通道 8	LEAD AVL	2 KHz	2.0 mV	3 s	450 Hz	关	BL-420N(1)	□
通道 9	LEAD AVR	2 KHz	2.0 mV	3 s	450 Hz	关	BL-420N(1)	□
通道 10	LEAD AVF	2 KHz	2.0 mV	3 s	450 Hz	关	BL-420N(1)	□

采样通道信号列表

信号选择

工作模式
● 连续采样　　○ 刺激触发　　触发采样时长(s): 2048

开始实验　　　取消

图 2-11　信号选择对话框

3）从快速启动视图开始实验（适用于快速打开上一次实验参数）

从启动视图中的快速启动按钮开始实验，也可以从功能区"开始"菜单栏中的"开始"按钮快速启动实验（图 2-12）。设定两种快速启动实验的方法是为了方便用户的操作。

(a)　　　　　　　　　　　　　(b)

图 2-12　快速启动实验按钮

（a）启动视图中的快速启动按钮；（b）功能区菜单栏中的"开始"按钮

在第一次启动软件的情况下快速启动实验，系统会采用默认方式，即同时打开 4 个心电通道的方式启动实验。如果在上一次停止实验后使用快速启动方式启动实验，系统会按照上一次实验的参数启动本次实验。

4. 暂停和停止实验

在启动视图中单击"暂停"或"停止"按钮，或者选择功能区菜单栏中的"暂停"或"停止"按钮，就可以使实验暂停，停止操作。设定两种操作方式是为了方便用户的操作（图 2-13）。

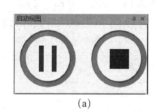

(a)　　　　　　　　　　　　　(b)

图 2-13　暂停、停止控制按钮区

（a）启动视图中的暂停、停止按钮；（b）功能区菜单栏中的暂停、停止按钮

暂停是指在实验过程中停止快速移动的波形，便于仔细观察、分析停留在显示屏上的一幅静止图像的数据，暂停时硬件数据采集的过程仍然在进行，但数据不被保存。当重新开始时，采集的数据恢复显示并被保存。

停止是指停止整个实验，并将数据保存到文件中。

5. 保存数据

当单击停止实验按钮时，系统会弹出一个询问对话框询问是否停止实验。如果确认停止实验，则系统会弹出"另存为"对话框，让用户确认保存数据的名字（图 2-14）。文件的默认命名为"年_月_日_Non. tmen"。用户可以自己修改存储的文件名，单击"保存"即可完成保存数据操作。

6. 数据反演

数据反演是指查看已保存的实验数据。有两种方法可以打开反演文件：

（1）在"实验数据列表"视图中双击要打开的反演文件的名称（图 2-6）。

（2）在功能区的开始栏中选择"文件"中"打开"命令，将弹出与图 2-14 相似的打开文

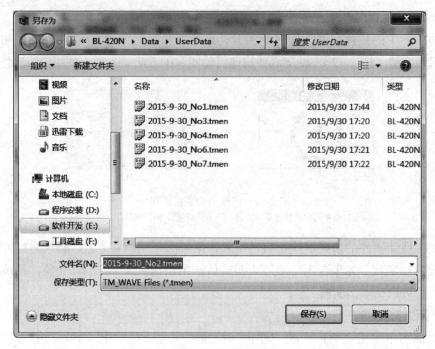

图 2-14   保存数据对话框

件对话框，在打开文件对话框中选择要打开的反演文件，然后单击"打开"按钮。

BL-420N 系统软件可以同时打开多个文件进行反演，最多可以同时打开 4 个反演文件（图 2-15）。

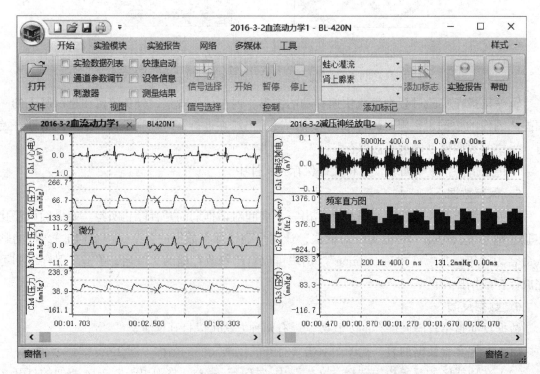

图 2-15   同时打开两个反演文件进行数据反演

7. 实验报告功能

实验完成后，用户可以在软件中直接编辑和打印实验报告。可以直接打印编辑后的实验报告，也可以存储在实验者的电脑或者上传到 NEIM-100 实验室信息化管理系统（需要实验室独立配置）。实验报告的相关功能可以在"功能区"下的"开始"栏下的"实验报告"分类中找到，这里包括 7 个与实验报告相关的常见功能（图 2-16）。

图 2-16　功能区开始栏中与实验报告相关的功能

1）编辑实验报告

选择图 2-16 中的"编辑"按钮，系统将启动实验报告编辑功能。实验报告编辑器相当于在 Word 软件中编辑文档（图 2-17）。

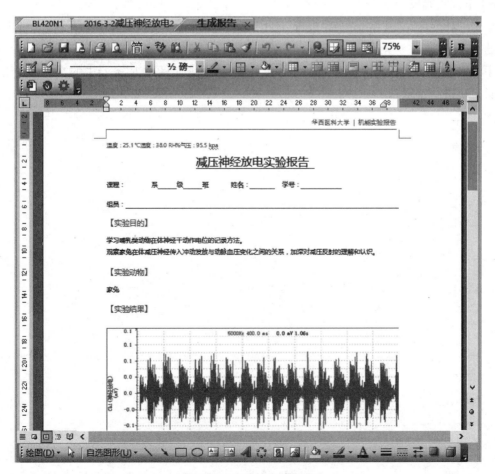

图 2-17　实验报告编辑器

用户可以在实验报告编辑器中输入用户名字、实验目的、方法、结论或其他信息，也可以从打开的原始数据文件中选择波形并将其粘贴到实验报告中。实验报告将当前屏显示的波形自动提取到实验报告"实验结果"显示区中。

2）打印实验报告

单击"功能区""开始""实验报告""打印"功能按钮，打印当前编辑好的实验报告。

3）存储实验报告

单击"功能区""开始""实验报告""保存"功能按钮，存储当前编辑好的实验报告。

4）打开已存储实验报告

单击"功能区""开始""实验报告""打开"功能按钮，打开已存储在本地的实验报告。

5）上传实验报告

单击"功能区""开始""实验报告""上传"功能按钮，将启动实验报告上传到互联网的功能。

上传实验报告是指将当前编辑的或选择的实验报告上传到基于互联网的NEIM-100实验室信息管理系统服务器中保存。一旦上传实验报告成功，用户将来就可以在任何地方下载已上传的实验报告进行编辑；老师也可以对实验报告进行在线批阅和保存。

6）下载实验报告

单击"功能区""开始""实验报告""下载"功能按钮，将从互联网上下载已经上传的实验报告。

下载实验报告是指将存储于NEIM-100实验室信息管理系统服务器中的实验报告下载到本地计算机进行编辑。

（金天明　东彦新）

第三章 实验动物的基本知识

第一节 常用实验动物的种类及应用

从严格意义上讲，教学和科研等工作中使用的动物应称为实验用动物，它主要包括以下三大类动物：①实验动物，指为了科学研究、教学、生物制品或药品鉴定、诊断等目的而经人工培育，对其携带的微生物实行控制，遗传学背景明确或来源清楚的动物；②野生动物，指直接从野外捕获，性状未受人为控制的动物；③家畜（禽），指为满足人类社会生活需要而繁殖和饲养的动物。

现将动物生理学实验中经常用到的蟾蜍、青蛙、家兔、小鼠、大鼠、猪、狗、猫、鸡、鸽、山羊、绵羊、马、牛 14 种动物分别介绍如下。

一、蟾蜍和青蛙

蟾蜍和青蛙均属两栖纲、无尾目，蟾蜍属蟾蜍科，青蛙属蛙科。它们品种很多，是脊椎动物由水生向陆生过渡的中间类型。

蟾蜍和青蛙生活在田间、池边等潮湿环境中，以昆虫等幼小动物为食料。冬季潜伏在土壤中冬眠，春天出土，水中产卵，体外受精。幼体称为蝌蚪，形似小鱼，用鳃呼吸，有侧线，以水中植物为主要食料。幼体经变态发育为成体，尾巴消失后到陆地上生活，用肺呼吸，同时其皮肤分泌黏液，辅助呼吸。蟾蜍和蛙身体背腹扁平，左右对称，头为三角状，眼大并突出于头部两侧，有上、下眼睑和瞬膜以及鼻、耳等感受器官。前肢有 4 趾，后肢有 5 趾，趾间有蹼，适于水中游泳。其器官、系统逐渐完善，反映出由水生向陆生过渡的特征。雄蛙头部两侧各有一个鸣囊，是发声的共鸣器（蟾蜍无鸣囊），雄蛙的叫声特别响亮。蟾蜍背部皮肤上有许多疣状突起的毒腺，可分泌蟾酥，尤以眼后的椭圆状耳腺分泌毒液最多。蟾蜍每年 2 月下旬至 3 月上旬发情一次，发情后于 4~7 月间排卵，产仔 1 000~4 000 个，寿命 10 年。蟾蜍和青蛙在我国分布广泛，夏、秋季各地均容易捕捉，也易养活。在捕捉和饲养等方面，蟾蜍比青蛙要方便，故在实验中广泛使用。

蟾蜍和青蛙是生物实验中常用的动物，特别是在生理、药理实验中更为常用。蛙类的心脏在离体情况下仍可有节奏地博动很久，所以常用来研究心脏的生理功能、药物对心脏的作用等。蛙类的腓肠肌和坐骨神经可以用来观察外周神经的生理功能，也可观察药物对横纹肌或神经 - 肌肉接头的作用等。蛙还常用来作脊髓休克、脊髓反射和反射弧的分析，以及肠系膜上的微循环观察等实验，还常利用蟾蜍下肢血管灌注方法观察肾上腺素和乙酰胆碱等药物对血管的作用等。

二、家兔

（一）家兔的生物学特性和生理解剖特点

（1）家兔属哺乳纲、啮齿目、兔科、草食性哺乳动物。家兔体小力弱，胆小怕惊，怕热，怕潮，喜欢安静、清洁、干燥、凉爽的环境，不能忍受污秽的环境条件。

（2）家兔饲养以青粗饲料为主，精饲料为辅。家兔喜欢独居，白天活动少，都处于假眠或休息状态，夜间活动大，吃食多。有啃木、扒土的习惯。喜欢直接从肛门口吃粪，有时晚上也吃自己白天排出的粪便。因其下段肠管可吸收粪便中未消化吸收的粗蛋白和维生素，因此，如用兔进行营养实验时，应控制其食粪习性，否则会影响实验结果。哺乳期仔兔也有吃食兔粪的习性，故在断奶兔粪便中，经常可以查出球虫卵囊。

（3）家兔胸腔内构造与其他动物不同，胸腔中央由纵膈连于顶壁，底壁及后壁之间将胸腔分为左、右两部，互不相通，纵膈由膈胸膜和纵膈胸膜两层纵膈膜组成。肺被肋胸膜和肺胸膜隔开，心脏又被心包胸膜隔开。因此，开胸后打开心包胸膜暴露心脏进行实验操作时，只要不弄破纵膈膜，动物就不需要做人工呼吸，而猫、狗等其他动物开胸后一定要做人工呼吸才能进行心脏操作。

（4）家兔的肠道非常长（约为体长的8倍），肠的摆动波幅较大。兔肠壁薄，对儿茶酚胺类药物和其他药物反应灵敏，而猫和狗等肠壁厚，对药物反应迟钝。未妊娠兔的离体子宫对α受体激动剂十分敏感，可使之强烈收缩。家兔回肠与盲肠相接处膨大形成一层厚壁的圆囊，称圆小囊，这是兔特有的免疫器官。圆小囊内壁呈六角形蜂窝状，里面充满着淋巴组织，其黏膜可不断分泌碱性液体，中和盲肠中微生物分解纤维素所产生的各种有机酸，利于消化吸收。家兔的总胆管容易辨认，壶腹部明显地呈现于十二指肠的表面，由于组织纤细，操作时需注意。家兔的甲状旁腺分布比较分散，位置不固定，除在甲状腺周围外，有的甚至分布到胸腔内主动脉弓附近。

（5）家兔颈部都有减压神经独立分支。而人、马、牛、猪、狗和猫的减压神经并不单独行走，而是行走于迷走、交感神经干中。家兔颈神经血管束中有三根粗细不同的神经，最粗、白色者为迷走神经；较细、呈灰白色者为交感神经；最细者为减压神经，位于迷走神经和交感神经之间，属于传入性神经，其神经末梢分布在主动脉弓血管壁内。

（6）家兔后肢膝关节的屈面腘窝部有一个较大的卵圆形淋巴结，长约5mm，在体外极易触摸和固定，适于向淋巴结内注射药物等实验。

（7）家兔眼球甚大，虹膜内有色素细胞，眼睛的颜色由该色素细胞所决定。白家兔眼睛的虹膜完全缺乏色素，眼内由于血管内血色的透露，看起来呈红色。家兔耳大，血管清晰，便于注射和取血。

（8）家兔属于刺激性排卵动物。雌兔每两周发情一次，每次持续3～4天。发情期间，雌兔卵巢内一次能成熟许多卵子，但这些卵子并不排出，只有经雄兔的交配刺激后10～12h才能排出，这种现象称刺激性排卵。如果不让雌兔交配，则成熟的卵子经10～16天后全部被吸收，随后新的卵子又开始成熟。哺乳动物中家兔和猫都属于这种类型，因此，兔、猫均可因外来刺激诱发排卵，根据诱发时间可得知何时排卵，并据此确定何时进行剖腹手术，切开子宫取胎兔。

（9）家兔对射线十分敏感，照射后常发生休克样的特有反应，有部分家兔在照射后立即或不久后死亡，其休克的发生率、死亡率与照射剂量呈一定的线性关系。

（10）球虫病是危害家兔最严重、感染范围最广的一种寄生虫病，幼兔最易感染，死亡率高达80%。有7种球虫可引起兔球虫病，6种爱美耳属球虫专门侵犯肠管使家兔患肠球虫病，1种斯狄氏属球虫专门侵犯肝脏使兔患肝球虫病，患兔肝表面可见粟米大小的白色微黄色结节，刺破后有白色脓汁流出，在显微镜下观察，可见其中有大量的球虫卵囊，患兔肝功能受到损害，因此选择家兔做肝功能测定时应特别注意这一特点。另外，家兔对许多病毒和致病菌都很敏感。

（11）家兔正常体温39.0（38.5～39.5）℃、皮肤温度33.5～36℃，心跳频率258±2.8次/分，动脉血压14.64（12.64～17.29）kPa，循环血量59±2.3mL/kg体重，呼吸频率51（38～60）次/分，潮气量21.0（19.3～24.6）mL，通气率1 070（800～1 140）mL/min，血液pH为7.58左右，红细胞相对密度为1.090，血浆相对密度为1.024～1.037，血容量占体重的5.46%～8.7%，染色体为22对，寿命8年。

（二）家兔在实验研究中的应用

1. 免疫学研究

家兔的最大用处是生产抗体，制备高效价和特异性强的免疫血清。免疫学研究中常用的各种免疫血清，大多数来自于家兔，家兔广泛应用于人、畜各类抗血清和诊断血清的研制。

（1）间接免疫血清：如兔抗人球蛋白免疫血清、羊抗兔免疫血清等。

（2）抗补体抗体血清：如免疫豚鼠球蛋白免疫血清等。

（3）病原体免疫血清：如细菌、病毒、立克次氏体等免疫兔血清等。

（4）抗组织免疫血清：如兔抗大鼠肝组织免疫血清等。

2. 胆固醇代谢和动脉粥样硬化症的研究

最早用于这方面研究的动物就是家兔，如利用纯胆固醇溶于植物油中喂饲家兔，可引起家兔典型的高胆固醇血症、主动脉粥样硬化症和冠状动脉硬化症。利用家兔复制这类动物模型具有很多优点。

（1）容易驯服，易于饲养管理。

（2）对致病胆固醇膳食的敏感性高，兔对外源性胆固醇吸收率高达75%～90%，而大鼠仅为40%。家兔对高脂血症清除能力较低，静脉注射胆固醇乳状液后，引起家兔高脂血症持续时间为72h，而大鼠仅为12h。

（3）家兔模型有高脂血症、主动脉粥样硬化斑块和冠状动脉粥样化病变等，这些都与人类的病变特点基本相似。而大鼠模型、鸡模型与人类病变相比，则差异较大。

（4）用家兔作为动物模型比较经济，比狗、猴等实验动物更能节省人力、物力和财力。

3. 生殖生理研究

如雄兔的交配动作或静脉注射绒毛膜促性腺激素（80～100单位/只）均可诱发雌兔排卵，对兔人工授精后可进行生殖生理学研究，也可用于避孕药的筛选研究。注射某些药物或孕酮可抑制雌兔排卵，排卵多少可用卵巢表面带有鲜红色小点的突起个数表示。由于雌兔只能在交配后排卵，所以排卵的时间可以准确判定，同期胚胎材料也容易获得。

4. 眼科研究

家兔的眼球甚大，几乎呈圆形，重约3～4g，便于进行手术操作和观察。因此家兔是眼科研究中最常用的动物。同时，在同一只家兔的左右眼进行疗效观察，可以避免动物年龄、性别、产地和品种等产生的个体差异。如常用家兔复制角膜瘢痕模型，即在双眼角膜上复制成左右等大、等深的创伤或瘢痕，用以观察药物对角膜创伤愈合的影响。筛选治疗角膜瘢痕的有效药物及研究疗效原理的实验应选用有色家兔，因为白色家兔的虹膜颜色是白色，和角膜浅层瘢痕的颜色相似，对比度不鲜明。

5. 发热、解热和检查致热源等实验研究

家兔体温变化十分灵敏，最易产生发热反应，发热反应典型、恒定，因此，常选用家兔进行这方面的研究。

（1）感染性发热研究：给家兔注射细菌培养液或内毒素均可引起感染性发热，如给家兔皮下注射杀死的大肠杆菌或乙型副伤寒杆菌培养液，几小时内即可引起发热，并持续12h；给家兔静脉注射伤寒 - 副伤寒菌苗0.5～2.0mL/kg（体重），菌苗含量应不低于100亿/mL，注射后1～2h，即见直肠温度上升1～1.5℃，持续3～4h。

（2）非感染性发热研究：给家兔注射化学药品或异种蛋白等均可引起非感染性发热，如皮下注射2%二硝基酚溶液30mg，15～20min后开始发热，1～1.5h达高峰，体温升高2～3℃；皮下注射松节油0.4mL，18～20h后引起发热，约24～36h达到高峰，体温升高1.5～2.0℃；肌内注射10%蛋白胨1g/kg（体重），可在2～3h内引起发热，体温升高显著；皮下注射消毒脱脂牛奶3～5mL，通常3h后体温升高1～1.5℃。

（3）药品生物检定中热原的检查：热原的化学成分为菌体蛋白、脂多糖、核蛋白或这些物质的水解产物。如注射由大肠杆菌提取的热原0.002μg/kg(体重)，即能使家兔发热，因此，家兔被广泛应用于制药工业和人、畜用生物制品等各类制剂的热原试验。

6. 皮肤反应实验

家兔和豚鼠皮肤对刺激反应敏感，耳朵内侧特别适宜开展皮肤相关研究，其反应近似于人。常用家兔皮肤进行毒物对皮肤局部作用的研究和化妆品对皮肤影响的研究等。

7. 心血管和肺心病的研究

家兔颈部神经血管和胸腔的特殊构造，很适合做急性心血管实验，如直接法记录颈动脉血压、中心静脉压，间接法测量心搏量、肺动脉和主动脉血流量等。如结扎家兔冠状动脉前降支复制实验性心肌梗死模型；以重力牵拉法复制家兔缺血性濒危心肌模型；静脉推注盐酸肾上腺素50～100μg/kg（体重），可诱发家兔心律失常；静脉推注1%三氯化铁水溶液，每次0.5～4mL，每周2～6次，总剂量为25mL，注射45天后可形成肺心病；雾化吸入小剂量三氯化铁加0.1%氯化镉生理盐水溶液，连续10次，雾化停止后10天可形成肺水肿。

8. 遗传性疾病和生理代谢失常的研究

如进行软骨发育不全、低淀粉酶血症、维生素A缺乏和脑小症等研究。同时也广泛应用于研究药物的致畸作用或其他干扰正常生殖过程的现象等。

9. 微生物学研究

家兔对许多病毒和致病菌非常敏感，适用于各种微生物学研究，如对狂犬病、天花和脑

炎等的研究。

10. 进行各种寄生虫病和畸形学的研究

进行各种人用和畜用生物制品中的毒素、类毒素皮肤反应试验，以及制品的效价试验、安全试验，进行化学工业上的急性和慢性毒素试验等。

11. 急性动物实验

常选用家兔作失血性休克、微血管缝合、离体肠段和子宫的药理学实验、阻塞性黄疸实验、兔眼球结膜和肠系膜微循环观察实验、卵巢和胰岛等内分泌实验等。

三、小鼠

（一）小鼠的生物学特性和生理解剖特点

（1）小鼠属脊椎动物门、哺乳纲、啮齿目、鼠科、小鼠属动物。小鼠是实验动物中较小型的动物，一只小鼠出生时 1.5g 左右，哺乳一个月后可达 12～15g，哺乳、饲养 45～60 天后即可达 20g 以上，即可在短时间内提供大量的实验动物。饲料消耗量少，一只成年小鼠的食料量为每天 4～8g，饮水量每天 4～7mL，排粪量每天 1.4～2.8g，排尿量每天 1～3mL，需要的饲养条件简单且易于管理，又因个体小，可节省饲养场地。

（2）成熟早，繁殖力强。小鼠 42～49 日龄时性成熟，雌性为 35～50 日龄，雄性为 45～60 日龄；体成熟时雌性为 65～75 日龄，雄性为 70～80 日龄；性周期为 4～5 天，妊娠期为 19～21 天；哺乳期为 20～22 天；一次排卵 10～23 个，每胎产仔数为 8～15 只，一年产仔胎数 6～10 胎，属全年、多次发情动物，繁殖率很高，生育期为一年。

（3）性情温顺，胆小怕惊。小鼠经长期的培育，在用于实验研究时，性情温顺，易于抓捕，不会主动咬人（但在雌鼠哺乳期间或雄鼠打架时则会咬人），操作方便，是理想的实验动物。小鼠在罐、盒内饲养时，性格温顺，但让其到罐外时，很快就恢复到处乱窜的野性。雌鼠吃食仔鼠与其胆小怕惊有关。小鼠喜居于光线暗的安静环境，习于昼静夜动，喜欢啃咬。小鼠白天活动较少，夜间活跃，互相追逐配种，忙于觅食饮水，为此，夜间应备有饲料和饮水。

（4）体小娇嫩，不耐饥饿，不耐冷热，对环境的适应性差。对疾病的抵抗力低，遇到传染病时往往会发生成群死亡。如果饲料和饮水中断会发生休克，恢复后也会对体质会带来严重损害。因其不耐热，如果温度超过 32℃时，常会造成小鼠死亡。小鼠对多种毒素和病原体易感，反应极为灵敏，如百万分之 的破伤风毒素就能使小鼠死亡，这是其他实验动物所不能比拟的。对致癌物质也很敏感，自发性肿瘤多。

（5）小鼠发育成熟时体长小于 15.5cm，雄性体重为 20～49g。雌性体重为 18～40g，双子宫型，胸部有 3 对乳头，鼠蹊部有 2 对乳头，有胆囊，胃容量小，肠内能合成维生素 C。小鼠的染色体为 20 对，寿命 2～3 年。小鼠面部尖突，耳耸立呈半圆形，眼大鲜红，有较长的尾巴。

（6）成年雌鼠在动情周期不同阶段，阴道黏膜可发生典型变化。根据阴道涂片的细胞学改变，可以推断卵巢功能的周期性变化。成年雌鼠交配后 10～12h 阴道口形成白色的阴道栓，这是受孕的标志，小鼠较为明显，大鼠和豚鼠不明显。小鼠的动情周期往往开始于晚间，最普遍的是在晚 22 时到凌晨 1 时，偶尔在早晨 1～7 时，很少在白天，大鼠也类似，但较小鼠稍早，一般在下午 16～22 时。

（7）便于提供同胎和不同品系动物。可根据实验要求选择不同品系或同胎小鼠进行实验，也可选择同一品种（或品系）、同体重、同年龄和同性别的小鼠开展实验，由于遗传均一，个体差异小，实验结果精确可靠。

（8）小鼠有多种毛色，不能都叫小白鼠，一般通称为小鼠。小鼠毛色有白色、灰色、黑色、棕色、黄色、巧克力色、肉桂色、淡色和白斑等。

（9）小鼠的体温 38（37～39）℃，呼吸频率 163（84～230）次/分，心跳频率 625（470～780）次/分，通气量 24（11～36）mL/min，潮气量 0.15（0.09～0.23）mL，收缩压 15.03（12.64～16.63）kPa、舒张压 10.77（8.91～11.97）kPa，血红蛋白 14.8（10～19）g/100mL。

（二）小鼠在实验研究中的应用

1. 免疫学研究

如利用各种免疫缺陷小鼠来研究免疫机理等。

2. 适合各种筛选性实验

一般筛选实验的动物用量较大，多半是先从小鼠做起，可以不必选用纯系小鼠，杂种健康成年小鼠即可符合实验要求。如筛选一种药物对某一疾病或疾病的某些症状等有无防治作用时，选用杂种鼠可以观察一个药物的综合效果，因杂种鼠中血缘关系有比较近的，也有比较远的，对药物反应可能有敏感的、次敏感的和不太敏感的，通过筛选获得一个药物的综合效果后，再用纯系小鼠或大动物做进一步的验证。

3. 微生物、寄生虫病学研究

因小鼠对多种病原体易感，适合于血吸虫、疟疾、马锥虫、流行性感冒、脑炎和狂犬病等疾病的研究。

4. 各种药物的毒性实验

如急性毒性试验、亚急性和慢性试验、半数致死量的测定等。

5. 肿瘤、白血病研究

目前，小鼠已广泛用于肉瘤、白血病以及其他恶性肿瘤的研究。如常选用小鼠的各种自发性肿瘤作为筛选抗癌药物的工具，这些小鼠自发肿瘤从肿瘤发生学上来看，与人体肿瘤接近，进行药物筛选比移植性肿瘤可能更为理想。如用小鼠诱发各种动物肿瘤模型，进行肿瘤病因学、发病学和防治的研究。

6. 生殖和营养学实验研究

小鼠的繁殖能力很强，生长速度很快，因此，很适合避孕药和营养学实验研究。如常选用小鼠做抗生育、抗着床以及抗早孕、中孕和排卵实验等。

7. 镇咳药研究

小鼠在氢氧化铵雾剂刺激下有咳嗽反应，可利用这个特性来研究镇咳药物。因此，小鼠是研究镇咳药物所必需的动物。

8. 遗传性疾病研究

如小鼠黑色素病为自发性遗传病，还有白化病、家族性肥胖、遗传性贫血、系统性红斑狼疮和尿崩症等疾病，均与人类相似。

9. 生物效应测定和药物效价的比较实验

如广泛用于血清和疫苗等生物鉴定工作，照射剂量与生物效应实验以及各种药物效价测定实验等。

10. 传染性疾病研究

如钩端螺旋体病、霉形体病、巴氏杆菌病、沙门氏菌病、脊髓灰质炎和日本血吸虫病等。

四、大鼠

（一）大鼠的生物学特性和生理解剖特点

（1）大鼠为哺乳纲、啮齿目、鼠科、大鼠属动物。大鼠繁殖快，2月龄时即性成熟，性周期4天左右，妊娠期20（19～22）天，哺乳期21天，每胎平均产仔8只，为全年、多次发情动物。

（2）性情较凶猛，抗病力强。大鼠门齿较长，抓捕时易伤人，尤其是哺乳期的母鼠更凶猛，常会主动啃咬工作人员。对外环境适应性强，成年鼠很少患病。一般情况下侵袭性不强，可在一笼内大批饲养，也不会咬人。喜啃咬、夜间活动，白天喜欢挤在一起，晚上活动大，吃食多，因此白天除实验必须抓取外，一般不要抓弄它。大鼠食性广泛，喜吃各种煮熟的食物。对光照较敏感。

（3）大鼠没有胆囊，其总胆管括约肌的阻力较小，肝分泌的胆汁通过总胆管进入十二指肠，受十二指肠端括约肌的控制。肝脏再生能力强，切除60%～70%的肝叶后仍有再生能力。大鼠不会呕吐，因此，药理实验时应予注意。大鼠肠道较短，盲肠较大，但盲肠功能不发达。不耐饥饿，肠内能合成维生素C。胸部和鼠蹊部各有三对乳头。胰腺十分分散，位于胃和十二指肠弯曲处。染色体为21对，寿命为3～4年。

（4）视觉、嗅觉较灵敏，适于做条件反射等实验研究，但对许多药物易产生耐药性。大鼠眼角膜无血管，其血压和血管阻力对药物反应敏感，但对强心苷的作用较猫敏感性低得多。对炎症反应灵敏。

（5）对维生素、氨基酸缺乏敏感，可发生典型的缺乏症状。体内可以合成维生素C。生长发育期长，长骨长期有骨骺线存在，不骨化。

（6）大鼠心电图中没有S～T段，甚至有的导联也不见T波，如有T波也是与S波紧连，或在R波降支上即开始，以致看不到S～T段。但心电图其他部分稳定，重复性好。

（7）垂体-肾上腺系统功能发达，应激反应灵敏。行为表现多样，情绪变化大。大鼠垂体附着在漏斗下部，不需要很大的吸力即可除去而不破坏脑膜，适宜于制作去垂体模型。

（8）成年雌鼠在动情周期不同阶段，阴道黏膜可发生典型变化，采用阴道涂片法来观察性周期中阴道上皮细胞的变化，可推知性周期各个时期中卵巢、子宫状态与垂体激素的变化规律。

（9）大鼠的体温39（38.5～39.5）℃，心跳频率475（370～580）次/分，呼吸频率86（66～114）次/分，通气量7.3（5～10.1）mL/min，潮气量0.86（0.6～1.25）mL，麻醉时收缩压15.43（11.70～18.35）kPa，红细胞相对密度为1.090。

（二）大鼠在实验研究中的应用

1. 营养、代谢研究

大鼠是营养学研究的重要动物，曾用它做了大量维生素 A、B、C 和蛋白质缺乏等营养代谢方面的研究。还常选用大鼠做氨基酸（组氨酸、异亮氨酸、苯丙氨酸、亮氨酸、甲硫氨酸、色氨酸、赖氨酸和精氨酸）和钙、磷代谢的研究。还可进行动脉粥样硬化、淀粉样变性、酒精中毒、十二指肠溃疡和营养不良等研究。

2. 药物学研究

大鼠血压和血管阻力对药物反应敏感，适合于筛选新药和研究心血管药理。如用直接血压描记法进行降压药研究；灌流大鼠肢体血管或离体心脏进行心血管药理学实验；毒扁豆碱引起的大鼠升压反应实验模型；还可用来研究影响肾上腺素能神经递质释放的药物等。

3. 神经－内分泌实验研究

大鼠垂体－肾上腺系统发达，应激反应灵敏，如可复制应激性胃溃疡模型。常用大鼠切除内分泌腺的方法，进行肾上腺、垂体和卵巢等内分泌实验。

4. 传染病研究

大鼠是研究支气管肺炎和副伤寒的重要实验动物。选用幼年大鼠进行流感病毒传代，进行厌氧菌细菌学实验，还可进行假结核、霉形体病、巴氏杆菌病、葡萄球菌病和念珠状链杆菌病等研究。

5. 多发性关节炎和化脓性淋巴腺炎的研究

大鼠足跖浮肿法是目前最常用的筛选抗炎药物的方法。大鼠的踝关节对炎症反应很敏感，常用它来进行关节炎的药物研究。

6. 行为表现研究

目前，大鼠已广泛应用于高级神经活动的研究，它具有行为情绪的变化特征，行为表现多样，情绪反应敏感。

7. 肝脏外科研究

由于大鼠肝脏的枯否细胞 90% 有吞噬能力，所以肝切除 60%～70% 后仍能再生，常用于肝外科实验。

8. 肿瘤研究

大鼠可复制成各种肿瘤模型，是肿瘤实验研究最常用的动物。它特别易患肝癌，可用二乙基亚硝胺和二甲基偶氮苯复制大鼠肝癌动物模型；用甲基苄基亚硝胺诱发复制大鼠食管癌模型等。

9. 遗传学研究

大鼠的毛色变型很多，常在遗传学研究中应用。

10. 中耳疾病的研究

如内耳炎的研究。

11. 畸胎学和避孕药研究等

大鼠常用于畸胎学实验。

五、猪

（一）猪的生物学特性和生理解剖特点

（1）猪属哺乳纲、偶蹄目、猪科。猪属于杂食动物，消化能力强。具有坚强的鼻吻，好拱土觅食。

（2）猪和人的皮肤组织结构很相近，上皮组织修复再生性相似，皮下脂肪层和烧伤后内分泌与代谢的改变也相似。另外，猪的各种血液学常数也和人近似。

（3）猪的脏器重量也近似于人，如以猪（50kg）和人（70kg）相比，其脏器重量的比值大致为：脾脏 0.15∶0.21，胰脏 0.12∶0.10，睾丸 0.65∶0.45，眼 0.27∶0.43。

（4）猪的心血管系统、消化系统、皮肤、营养需要、骨骼发育以及矿物质代谢等都与人的生理情况极其相似。猪的体型大小和驯服习性适合反复进行采样和各种外科手术。另外，它的繁殖周期短、生产力高、窝产仔多，便于根据特殊需要进行选育。

（5）猪胆囊浓缩胆汁的能力很低，且肝胆汁的量也相当少。

（6）猪的胎盘类型属上皮绒毛膜型。猪初乳中含较多的 IgG 和 IgA 和 IgM，常乳中含有较多的 IgA。

（7）猪正常体温为 39(38～40)℃，心率 55～60 次 / 分，血容量占体重的 4.6(3.5～5.6)%，每分输出量 3.1L，收缩压 22.48（19.15～24.61）kPa，舒张压 14.37（13.03～15.96）kPa，呼吸频率 12～18 次 / 分，血液 pH7.57 左右，尿相对密度为 1.1018～1.022，尿液 pH 为 6.5～7.8。

（二）猪在实验研究中的应用

猪和人在解剖学和生理学上有极大的相似性，所以在心脏机能、动脉硬化、牙科、消化道、营养、血液学、内分泌学、放射生物学及免疫学研究中，猪是最佳的实验动物。

1. 免疫学研究

猪的母体抗体通过初乳传递给仔猪，刚出生的仔猪体液内 γ 球蛋白和其他免疫球蛋白含量极少，但可从母猪的初乳中得到 γ 球蛋白。用剖腹产手术所得的仔猪，在几周内其体内 γ 球蛋白和其他免疫球蛋白仍极少，因此，其血清对抗原的抗体反应非常低。无菌猪体内没有任何抗体，所以在生产后一经接触抗原，就能产生极好的免疫反应，可利用这些特点进行免疫学研究。

2. 皮肤烧伤研究

烧伤和烫伤是临床上常见的外科损伤，由于猪的体表毛发疏密、表皮厚度、表皮形态学和增生动力学特点等都与人相似，因此其用于烧伤后创面敷盖比常用的液体石蜡纱布效果要好，其愈合速度比后者快一倍，既能减少疼痛和感染，又无排斥现象，故猪是进行实验烧伤研究的理想动物。

3. 肿瘤研究

猪可以作为研究肿瘤的模型。经过选育后的一种美洲辛克莱小型猪，有 80% 可发生自发性皮肤黑色素瘤，其特点是发生于子宫内和产后自发性的皮肤恶性黑色素瘤发病率很高，有典型的皮肤自发性退行性变，有与人黑色素瘤病变和传播方式完全相同的变化，这些黑色素瘤的细胞和临床表现很像人的黑色素瘤从良性到恶性的变化过程，故辛克莱小猪可作为研究人类黑色素瘤的良好模型。

4. 遗传性和营养性疾病研究

猪可用于遗传性疾病如先天性红细胞病、卟啉病、先天性肌肉痉挛、先天性小眼病、先天性淋巴水肿和食物源性肝坏死等疾病的研究。

5. 心血管疾病研究

小型猪在老年病如冠状动脉病研究中特别适合，其冠状动脉循环在解剖学和血液动力学方面与人类相似，幼猪和成年猪可以自然发生动脉粥样硬化，其粥变前期与人相比，猪和人对高胆固醇饮食的反应是一样的。某些品种的老龄猪在饲喂人的残羹剩饭后能产生动脉、冠状动脉和脑血管粥样硬化病变，其临床表现与人的特点非常相似。饲料中加入 10% 乳脂即可在两个月左右得到动脉粥样硬化的典型病灶，如用探针刺伤动脉壁可在 2～3 周内出现病灶，因此，猪可能是研究动脉粥样硬化最好的动物模型。

6. 糖尿病研究

乌克坦小型猪（墨西哥无毛猪）是糖尿病研究中的一个很好的动物模型。只需一次静脉注射水合阿脲［200mg/kg（体重）］就可以在这种动物中产生典型的急性糖尿病，其临床体征包括高血糖症、口渴、多尿和酮尿等。

7. 畸形学和产期生物学研究

仔猪和幼猪的呼吸系统、泌尿系统和血液系统与新生婴儿很相似。像婴儿一样，仔猪易患营养不良症，诸如蛋白质、铁、铜和维生素 A 缺乏症等，所以仔猪可广泛应用于营养和婴儿食谱等方面研究。由于母猪泌乳期长短适中，一年多胎，每胎多仔，易管理和便于操作，仔猪的胚胎发育和胃肠道菌群也很清楚，所以仔猪成为畸形学、毒理学、免疫学和儿科学的常用动物模型。

8. 其他疾病的研究

猪的自发性人畜共患疾病有几十种，可作为人或其他动物的疾病研究模型。

六、狗

（一）狗的生物学特性和生理解剖特点

（1）狗属哺乳纲、食肉目、犬科。

（2）狗具有发达的血液循环和神经系统，以及大体上和人相似的消化过程，内脏与人相似。在毒理方面的反应和人比较接近。狗的嗅觉器官和嗅神经极为发达，狗鼻黏膜上布满嗅神经，能够嗅出稀释千万分之一的有机酸，特别是对动物性脂肪酸更为敏感，狗嗅觉能力为人的 1 200 倍。

（3）狗的听觉也很灵敏，比人灵敏 16 倍，可听到 5.0～5.5Hz 的声音。但视觉不如人，每只眼睛有单独视野，视觉范围不足 25 度。对移动着的物体感觉却较灵敏。狗是红绿色盲，故不能以红绿色作为条件刺激来进行条件反射实验。狗视网膜上没有黄斑，即没有最清楚的视觉点，视力仅 20～30m 左右。正常的狗鼻尖呈油状滋润，人以手背触之有凉感，它能灵敏地反映动物全身的健康情况，如发现鼻尖无滋润状，以手背触之不凉或有热感，则可判断狗即将得病或已经得病。

（4）狗的胰腺小，分左右两支，呈扁平长带状，于十二指肠降部各有一胰腺管开口处，胰腺向左横跨脊柱而达胃大弯处，因狗胰腺是分离的，易于手术摘除。脾脏是狗最大的储血器官，当奔跑需要更多的血液参加循环代谢时，靠其具有丰富的平滑肌束收缩将脾中的血挤到周围血管中。狗心脏很大，占体重的 0.72%～0.96%。胸腺在幼年狗发达，而在 2～3 岁时已退化萎缩。肝脏很大，占狗体重的 2.8%～3.4%。狗胃较小，相当人胃直径的一半，容易作胃导管手术。肠道较短，仅为身体长度的三倍，肠壁厚薄与人相似。

（5）狗的汗腺很不发达，主要靠加速呼吸、舌头伸出口外等方式散热。

（6）喜近人，易于驯养，有服从人意志的天性，并能领会人的简单意图，经短期训练能很好地配合实验。狗习惯不停地运动，故要求饲养场地有一定的活动范围。狗习惯啃咬肉、骨头，但由于长期家养，也可杂食或素食，为使狗正常繁殖生长，饲料中需要有一定的动物蛋白质和脂肪。狗消化素食能力差，整根素草吃下去，仍整根排出，其部分原因是咀嚼不完全。

（7）狗有多种神经类型，神经类型不同导致其性格各异，用途也不一样。一般将狗分成四种神经类型，即活泼型、安静型、不可抑制型和衰弱型。这对一些慢性实验，特别是高级神经活动实验的动物选择很重要。成年雄狗爱打架，并有合群欺弱的特点。归家性很强，能从很远处自行归家。冬天喜晒太阳，夏天爱洗澡，对环境适应能力强。狗虽然早已家畜化，但若不合理的饲养及粗暴对待，亦可使之恢复野性。

（8）狗为每年春秋季发情动物。发情后 1～2 天排卵，但卵第一极体在排卵时未曾排出，这与其他动物不同，卵在这时尚未成熟，所以要数日后极体脱去，才能受精，这也是选择发情后 2～4 天交配的原因。性周期 180（126～240）天，妊娠期 60（58～63）天，哺乳期 60天，每胎产仔 2～8 只，寿命 10～20 年。

（9）狗正常体温 39（38.5～39.5）℃，心率 80～120 次/分，呼吸频率 18（15～30）次/分，潮气量 320（251～432）mL，通气量 5 210（3 300～7 400）mL/min，收缩压 19.82（14.36～25.14）kPa，舒张压 13.3（9.98～16.23）kPa，总血量为体重的 7.7（5.6～8.3）%，每博输出量 14mL，全血相对密度为 1.054～1.062，红细胞相对密度为 1.090，血浆相对密度为1.023～1.028，尿液 pH 为 6.1。

（二）狗在实验研究中的应用

1. 实验外科学研究

广泛用于实验外科各个方面的研究，如心血管外科、脑外科、断肢再植、器官或组织移植等。在研究新的手术或麻醉方法时，往往用狗来做动物实验。

2. 基础医学实验研究

狗是目前基础医学研究和教学中最常用的动物之一，尤其在生理、药理和病理等实验研究中发挥着重要作用。狗的神经系统和血液循环系统很发达，适合这方面的实验研究，如失血性休克、弥漫性血管内凝血、动脉粥样硬化症等，特别是研究脂质在动脉壁中的沉积等方面，狗是一种良好的动物模型。急性心肌梗死以选用杂种狗为宜，狼狗对麻醉和手术较敏感，而且心律失常多见。不同类型的心律失常、急性肺动脉高压、肾性高血压、脊髓传导实验和大脑皮层定位实验等均可用狗进行。

3. 慢性实验研究

通过短期训练，狗可以很好地配合实验，所以非常适合进行慢性实验。如条件反射实验、各治疗效果实验、毒理学实验和内分泌腺摘除实验等。狗的消化系统发达，与人有相同的消化过程，所以特别适合于消化系统的慢性实验。如可用无菌手术方法做成食道瘘、肠瘘、胰液管瘘、胃瘘和胆囊瘘等来观察胃肠运动、消化吸收和分泌等变化。

4. 药理学、毒理学和药物代谢研究

如磺胺类药物代谢的研究和各种新药临床使用前的毒性实验等。

5. 生理学和营养学研究

如进行先天性白内障、胱氨酸尿、遗传性耳聋、血友病、先天性心脏病、先天性淋巴水肿、蛋白质营养不良、家族性骨质疏松、视网膜发育不全、高胆固醇血症、动脉粥样硬化和糖原缺乏综合征等研究。

七、猫

（一）猫的生物学特性和生理解剖特点

（1）猫是单室胃，肠较兔稍长，盲肠细小，只能见到盲端有一个微小的突起。肺分7叶，即右肺4叶，左肺3叶。肝分5叶，即右中叶、右侧叶、左中叶、左侧叶和尾叶。

（2）猫的牙齿与其他动物不同，共有30个牙齿，12个不大的门齿（上下颌各6个），4个锐利的犬齿，其余为锐利的假臼齿和真臼齿。通常上颌的后假臼齿和下颌的第一真臼齿粗大，因而命名为食肉齿。猫的牙齿特点使猫便于吃鱼骨头等硬性食物。家猫舌上的丝状乳突被有较厚的角质层，成倒钩状，便于舔刮骨上的肉。

（3）猫的循环系统发达，血压稳定，血管壁较坚韧，对强心苷比较敏感。

（4）猫的眼睛与其他动物不同，它能按照光线强弱的程度灵敏地调节瞳孔，白天光线强时，瞳孔可以收缩成线状。晚上视力很好，所以家猫在晚上出来捕食老鼠。

（5）猫的大脑和小脑较发达，其头盖骨和脑具有一定的形态特征，对去脑实验和其他外科手术耐受力强。平衡感觉和反射功能发达。猫对吗啡的反应和一般动物相反，犬、兔、大鼠和猴等主要表现为中枢抑制，而猫却表现为中枢兴奋。猫对呕吐反应灵敏。猫的呼吸道黏膜对气体或蒸气反应很敏感。猫对所有酚类都很敏感，如对杀蠕虫剂酚噻嗪非常敏感。

（6）猫生性孤独，喜孤独而自由的生活，喜爱明亮干燥的环境，对环境适应性强。与鼠和兔不同，白天不愿躲在阴暗的角落。猫是肉食动物，饲料应有较大比例的动物性饲料。

（7）猫在正常条件下很少咳嗽，但受到机械刺激或化学刺激后易诱发咳嗽。

（8）雌猫乳腺位于腹部，有4对乳头。有双角的子宫。雄猫的阴茎只是在勃起时向前，所以在泌尿时，尿向后方排出。猫属典型的刺激性排卵动物，只有经过交配的刺激，才能进行排卵。猫属于"季节性多次发情"动物。每年有 2 个交配期（春季和秋季），怀孕期 63（60~68）天，哺乳期 60 天，性周期 14 天。

（9）猫正常体温 38.7（38.0~39.5）℃，心率 120~140 次 / 分，呼吸频率 26（20~30）次 / 分，潮气量 12.4mL，收缩压 120~150kPa，舒张压 75~100kPa，血容量占体重的 5%，全血容量 55.5（47.3~65.7）mL/kg（体重），循环血量 57±1.9mL/kg（体重）。

（二）猫在实验研究中的应用

猫主要用于神经学、生理学和毒理学研究。猫可以耐受麻醉与脑的部分破坏手术，在手术时能保持正常血压，猫的反射机能与人近似，循环系统、神经系统和肌肉系统发达。实验效果较啮齿类更接近于人，特别适宜做观察各种反应的实验。

1. 中枢神经系统功能、代谢、形态的研究

常用猫脑室灌流法来研究药物作用部位；血脑屏障即药物由血液进入脑或由脑转运至血液的问题；神经递质等活性物质的释放，特别是在清醒条件下研究活性物质释放和行为变化的相关性，如针麻、睡眠、体温调节和条件反射等；常在猫身上采用辣根过氧化物酶反应来进行神经传导通路的研究，即用过氧化氢为供氢的底物，进行周围神经形态学研究，同时追踪中枢神经系统之间的联系和进行周围神经与中枢神经联系的研究；在神经生理学实验中常用猫做大脑僵直、姿势反射以及刺激交感神经时瞬膜及虹膜的反应实验等。

2. 循环功能的急性实验

选用猫做血压实验优点很多，如血压恒定、较大鼠和家兔等小动物更接近于人体、对药物反应灵敏且与人基本一致；血管壁坚韧，便于手术操作和适用于分析药物对循环系统的作用机制；心搏力强，能描绘出完好的血压曲线；用作药物筛选试验时可反复应用等。需特别指出的是，它更适合于药物对循环系统作用机制的分析，因为猫有瞬膜，便于分析药物对交感神经节和节后神经的影响，而且易于制备脊髓猫以排除脊髓以上的中枢神经系统对血压的影响。

3. 药理学研究

观察用药后呼吸系统、心血管系统的功能效应和药物的代谢过程。如常用猫观察药物对血压的影响，进行冠状窦血流量的测定等实验。

4. 在其他研究中的应用

猫可用作炭疽病的诊断以及阿米巴痢疾的研究。近年来，我国用猫进行针刺麻醉原理的研究，效果较为理想。在生理学上，利用电极刺激神经测量其脑部各部分的反应；在血液病研究上，选用猫做白血病和恶病质血液的研究；猫是寄生虫中弓形属的宿主，因此，在研究寄生虫病中是一种很好的模型；猫还可做成许多良好的疾病模型，如白化病、聋病、脊裂、病毒引起的发育不良、急性幼儿死亡综合征、先天性心脏病、草酸尿、卟啉病和淋巴细胞白血病等。

八、鸡

家鸡属于鸟纲、鸡形目、雉科。它是由原鸡长期驯化而来，它的品种很多，如来航鸡、白洛克、九斤黄和澳洲黑等。但仍保持鸟类某些生物学特性，虽飞翔力退化，但习惯于四处觅食，不停地活动。听觉灵敏，白天视力敏锐，具有神经质的特点，食性广泛，借助吃进砂粒以磨碎食物。

鸡的嗉囊具有储存食物和软化饲料的作用。胃分腺胃和肌胃。肺为海绵状，紧贴于肋骨上，无肺胸膜及横膈，肺上有许多小支气管直接通气囊，共有9个气囊。无膀胱，每天排尿很少，与粪一起排出，尿呈白色，主要为尿酸及不溶解的尿酸盐，呈碎屑稀粥状混于粪的表面。没有汗腺，散热蒸发主要依靠呼吸。体表被覆丰满的羽毛，因而怕热不怕冷。

鸡性成熟年龄4～6个月，孵化期21天，体温41.7（41.6～41.8）℃，呼吸频率12～21次/分，潮气量4.5mL，心跳频率120～140次/分，血压（颈动脉压）19.95kPa，总血量占体重的8.5%，红细胞相对密度为1.090，血浆相对密度为1.029～1.034，血液pH为7.42。

鸡的凝血机制良好，红细胞呈椭圆形，有大的细胞核，染色后细胞浆为红色，细胞核为深紫色。将雄鸡睾丸手术摘除，可进行雄性激素的研究。这时可见雄性特征退化、冠、须不发达、颜色干白、翼毛光亮消失，性情温顺安静，不再斗架，很少啼鸣，腿缩短等。鸡还可适用于霉形体病、马立克病、病毒病等传染病、关节炎和白血病等研究。

九、鸽

鸽属鸟纲、鸽形目、鸠鸽科，又名鸽子，是由野鸽驯化而成的变种。为了适应飞行，家鸽在身体结构上出现一系列的适应性变化。它具有流线型的体形，前肢变为翅。牙齿、膀胱、大肠和一侧卵巢都已退化，这些都是为利于飞行而减轻体重的适应性变化。脏器结构与鸡大致相似。

鸽不仅听觉和视觉非常发达，对于姿势的平衡反应也很敏锐，故在生理学实验中常用鸽观察迷路与姿势的关系，即当破坏鸽子一侧半规管后，其肌紧张协调发生障碍，在静止和运动时失去正常的姿势。还可用切除鸽大脑半球的方法来观察其大脑半球的一般功能。鸽的大脑皮层并不发达，纹状体是中枢神经系统的高级部位，因此，单纯切除其大脑皮层影响不大，若将其大脑半球全部切除，则其不能正常生活。

鸽性成熟年龄为6个月，寿命10年，妊娠期18天，心跳频率140～200次/分，血容量占体重的7.7%～10.0%，颈动脉血压19.29kPa，呼吸频率25～30次/分，潮气量4.5～5.2mL。

十、山羊

山羊属哺乳纲、偶蹄目、牛科，是饲养的家畜。雌雄皆有角，向后弯曲如弯刀状，雄性的角发达，角上有而明显的横棱。山羊喜欢干燥，性急，爱活动，好角斗，但又生性怯懦，怕雨淋，也怕烈日晒和冷风吹，喜欢吃禾本科牧草或树木枝叶，饲料和饮水都喜清洁，拒食粪便污染的食料和不洁的水。山羊是草食类反刍动物，以青粗饲料为主，精饲料不能过多。山羊具素食性，拒食含有荤腥油腻的饲料。

由于山羊性情温顺，不咬人和踢人，适应性较强，饲养方便，颈静脉浅而粗大，采血容易，因此医学上的血清学诊断、检验室的血液培养基等都大量使用山羊血。山羊还适用于营养学、微生物学、免疫学、泌乳生理学研究，也可用于放射生物学研究，进行实验外科手术和制作肺水肿模型等。

山羊性成熟年龄为6个月，繁殖适龄期为1.5岁，性周期21（15～24）天，发情持续2.5（2～3）天，为季节性（秋季）发情动物，发情后9～19h排卵，妊娠期150（140～160）天，哺乳期 3 个月，产仔数 1~3 头。体温 38~40℃，收缩压 15.96（14.90~16.76）kPa，舒张压 11.17（10.11~11.97）kPa，呼吸频率 12~20 次 / 分，潮气量 310mL，血容量占体重 8.3%，心率 70~80 次 / 分，每分输出量 3 100mL。

十一、绵羊

绵羊较山羊温顺，灵活性与耐力较差，不善于登高，耐寒怕热，雄羊间常角斗，不喜吃树叶嫩枝而喜吃草，主要靠上唇和门齿来摄取食物，绵羊上唇有裂隙，便于啃食短草。绵羊的胰腺不论在消化期或非消化期都持续不断地进行分泌活动，胆囊的浓缩能力较差。

绵羊性成熟年龄为 7~8 月，寿命 10~14 年，繁殖适龄期 8~10 个月，性周期 16（14~20）天，发情持续时间 1.5（1~3）天，季节性（秋季）多发情动物，发情后 12~18h 排卵，妊娠期 150（140~160）天，哺乳期 4 个月，产仔数 1~2 只。体温 38~40℃，心率 70~80 次 / 分，每分输出量 3.1L，血容量占体重的 8.3%，呼吸频率 12~20 次 / 分，潮气量 310mL。

绵羊是免疫学研究中常用的实验动物，如可用绵羊制备免疫血清，免疫血清可用于早期骨髓瘤、巨球蛋白血症和一些丙种蛋白缺乏症的研究；绵羊的红细胞是血清学"补体结合试验"必不可缺的实验材料，因而绵羊是微生物学教学实习及医疗检验工作不可缺少的实验动物；绵羊还适用于生理学实验和实验外科手术；绵羊的蓝舌病还能够用于人的脑积水研究。

十二、马

马是单胃草食性动物，多属于容易兴奋的神经类型，易受惊吓，具有较好的记忆能力，有特殊的消化系统，如容积较小的单胃、胃的贲门与幽门距离较近、有宽大如汽车内胎似的盲肠、有上升并带有三个急转弯的大结肠。马性情比较暴烈，注射时会由于疼痛而反抗，出现咬、拍、弹和踢等动作。

马的性成熟年龄为 1~2 年，繁殖适龄期 3~5 年，性周期 21 天，多数为季节性多次发情，发情持续时间 3~5 天，发情后 3~6 天排卵，妊娠期 335 天，体温 37.5~38.8℃，呼吸频率 11.9（10.6~13.6）次 / 分，血容量占体重的 6.7%，每分输出量 21.4L，全血容量 109.6（94.3~136）mL/kg 体重，血浆容量 61.9（45.5~79.1）mL/kg 体重，收缩压 13.03（11.97~13.83）kPa，舒张压 8.51（5.99~11.44）kPa，血液 pH 为 7.32（7.20~7.55）。

马由于体型大、血量多，对若干抗原物质的反应又比较敏感，因此，血清学研究以及生物制品（如免疫血清的制造等方面）通常用马来进行。如进行抗银环蛇毒马血清的研制，以及肝癌早期诊断的胎儿甲种球蛋白血清的研制等。另外，马还用于生产特异性抗血清或抗菌素，如抗白喉血清和破伤风抗血清等；马还可用于传染病的研究，如以马传染性贫血研究人的溶血性贫血等；还可用其对无虹膜症、小脑退化症和白斑病等遗传性疾病进行研究。

十三、牛

牛属哺乳纲、侧蹄目、牛科。牛为有胎盘、有蹄的反刍动物。性周期 21 天，发情持续时间 18h，发情结束后 11h 排卵，发情后 4 天受精卵进入子宫，发情后 35 天植入胎盘，胎盘类型为上皮绒膜型，妊娠期282天。体温37.5～39.5℃，呼吸频率20（10～30）次/分，收缩压17.82（16.50～22.08）kPa，舒张压11.70（10.64～15.96）kPa，血容量占体重的7.7%，全血容量57.4（52.4～60.6）mL/kg（体重），血浆容量38.8（36.3～40.6）mL/kg（体重）。

选用乳牛制备的小牛血清是进行各种免疫学实验的基础材料。制备小牛血清要选用刚出生未进食的乳牛，无菌操作下采血制备，为增加补体活性，应将制备好的不同小牛血清混合在一起，保存在冰箱中备用。牛还可用在以下几项研究中：使用其正常个体的组织或液体为实验材料制作培养基，进行传染性疾病研究，如结核病、布氏杆菌病和副结核病等；研究代谢紊乱，可作为人的发育不全性贫血、表皮角化症和低血钙（产褥热）的研究；还有用肝片吸虫病研究人的胆酸性肝炎；环境科学的研究，如对温度和湿度提高的适应性；遗传性疾病的研究，如软骨发育不全性侏儒症、先天性毛发稀少症、遗传性白内障、先天性甲状腺肿瘤、先天性心脏病、遗传代谢功能不全和卟啉病等。

第二节　实验动物的营养需要及饲养管理

动物为了维持生长和繁殖等生命过程，需要各种营养物质。由于动物种类的不同，其生长、妊娠和泌乳等生理状态各异，以及温度、湿度等气候条件，耐受实验刺激和感染等外部条件的不同，因此动物对营养物质的需要会有所差异。通过研究动物所需各种营养物质的种类，不同种类动物在不同生理条件、不同环境条件和不同生产水平下对各种营养素的需要量，以及不同营养素之间的相互作用等，可以掌握不同种类动物的营养需要量，为动物配合饲料的制定提供依据。

一、动物所需营养素的种类及影响营养需要量的因素

实验动物和其他动物一样，所需的营养物质根据化学组成的不同共有约50种，就其主要功能可大略分为以下三大类：①作为能量来源的脂肪、碳水化合物和蛋白质；②作为身体构成成分的蛋白质和矿物质；③调节身体功能的维生素和矿物质。各种实验动物对以上营养素的需要量不同，除受遗传因素影响而存在明显的种间差异外，还因性别、年龄和生理状况而不同。

（一）动物维持的营养需要

动物维持是指健康动物体重不发生变化，不进行生产，使体内各种营养物质处于平衡状态。维持需要量是指动物处于维持状态下对能量和蛋白质等营养素的需要量。从生理角度来讲，维持状态的动物其体内的养分处于合成与分解速度相等的"平衡"状态。在满足这个动态平衡需要的基础上，多余的营养物质才能用于生产。

（二）动物生长的营养需要

生长是指动物通过机体的同化作用进行物质积累、细胞数量增多和组织器官体积增大，从而使动物的整体体积及重量增加的过程。从生物化学角度看，生长是体内物质的合成代谢

超过分解代谢的结果。从解剖学和组织学角度来看，即使是同一动物，由于在不同生长阶段时不同组织和器官的生长情况不同，故在不同的生长时期对营养的需要也不同。

（三）动物繁殖的营养需要

动物的繁殖过程包括两性动物的性成熟、性机能的形成与维持、受精过程、妊娠及哺育后代等许多环节。这就要求在不同的繁殖过程提供适宜的营养物质。

二、常用实验动物的饲养标准和营养需要特点

饲养标准是根据动物种类、性别、年龄、生理状态、饲养目的与水平，以及饲喂过程中的经验，结合饲养试验的结果，科学规定一只动物每天应该给予的能量和各种营养物质的数量。饲养标准是制定全价营养饲料的重要依据，我国于 1994 年 10 月 1 日颁布了实验动物全价营养饲料的国家标准，规定了全价营养饲料的质量要求、试验方法、检验规则、标志、包装运输及储存要求，并规定了相应的测定方法。该标准是实现实验动物标准化的重要保证。

遗传和环境因素都会影响实验动物的营养需要。有许多文献证明小鼠各品系间营养需要存在明显差异。在隔离或屏障环境中培育的动物，其营养需要和在开放环境中饲养的同品系动物差别更为明显。由于实验动物品种、品系繁多，饲养环境各异，对其营养需要量自然不能一概而论，但也不能对每一品种、品系逐一论述，这里仅就实验动物的营养特点和正常环境下同种动物的最低营养需要量做一简要叙述。实验动物各种营养物质的需要量见表 3-1～表 3-4。

表 3-1　常见实验动物的营养需要量

营养指标	大鼠	小鼠	豚鼠	狗	猫	灵长类	兔	繁殖兔
热量 /cal	344	350	311	361	365	341	307	307
粗蛋白 /%	12.0	12.5	18.0	22	28.0	15.0	16.0	17.0
粗脂肪 /%	5.0	5.0	—	5.0	9.0	—	2.0	3.0
粗纤维 /%	—	5.0	10.0	—	—	—	11	14.0
钙 /%	0.5	0.4	0.8～1.0	1.1	1.0	0.5	0.4	1.1
磷 /%	0.4	0.4	0.4～0.7	0.9	0.8	0.4	0.22	0.7

表 3-2　常见实验动物的必需氨基酸需要量　　　　　　　　　　　　　　%

氨基酸	大鼠	小鼠	兔	繁殖兔
赖氨酸	0.7	0.4	0.65	0.75
甲硫氨酸	0.6	0.75	0.6	0.6
色氨酸	0.15	0.1	0.2	0.15
苏氨酸	0.5	0.4	0.6	0.6
亮氨酸	0.75	0.7	1.1	1.2
异亮氨酸	0.5	0.4	0.6	0.65
缬氨酸	0.6	0.65	0.7	0.8
组氨酸	0.3	0.2	0.3	0.4
精氨酸	0.6	0.3	0.6	0.9
苯丙氨酸	0.4	0.8	1.1	1.25

表 3-3　常见实验动物的矿物质需要量　　　　　　　　　　　　　　　　　mg/kg

矿物质	大鼠	小鼠	豚鼠	狗	猫	灵长类	兔	繁殖兔
镁	0.04	0.05	0.2	0.04	0.05	0.15	0.03	0.04
铁	35.00	25.00	50.00	60	100	180	—	100
铜	5.0	4.5	6.0	7.3	5.0	—	3.0	5.0
锰	50.0	45.0	40.0	5.0	10.0	40.0	8.5	8.5
锌	12.0	30.0	20.0	50.0	30.0			70.0
碘	0.15	0.25	1.0	1.54	1.0	2.0	0.2	0.2
硒	0.10	0.10	0.10	0.11	0.10			
钴								0.1

表 3-4　常见实验动物的维生素需要量

维生素	大鼠	小鼠	豚鼠	狗	猫	灵长类	兔	繁殖兔
A/（IU/kg）	4 000	500	1 000	5 000	10 000	10 000	580	10 000
D/（IU/kg）	1 000	150	1 000	500	1 000	2 000	—	900
E/（IU/kg）	30	20	50	50	80	50	40	50
K/（μg/kg）	50	3 000	5 000	—	—	—		2 000
B_1/（mg/kg）	4.0	5.0	2.0	1.0	5.0	—		2.0
B_2/（mg/kg）	3.0	7.0	3.0	2.2	5.0	5.0		4.0
泛酸/（mg/kg）	8.00	10.0	20.0	10.0	10.0	15.0		20.0
烟酸/（mg/kg）	20.0	10.0	10.0	11.4	45.0	50.0	180	50
B_6/（mg/kg）	6.0	1.0	3.0	1.0	4.0	2.5	39	2.0
叶酸/（mg/kg）	1.0	0.5	4.0	0.1	1.0	0.2		5.0
生物素/（mg/kg）	0.2	0.3	0.1	0.05	0.1	—		0.2
B_{12}/（mg/kg）	0.05	0.01	0.01	0.022	0.02			0.01
胆碱/（mg/kg）	1 000	600	1 000	1 200	—	2 000		1 200
C/（mg/kg）			200			100		

（一）小鼠营养需要特点

小鼠饲料中含有 16% 左右的蛋白质即可满足需要。也有文献指出，只要蛋白质消化率高，12% 的饲料蛋白质也不会发生蛋白质缺乏。小鼠喜食含糖量高的饲料，糖的比例可适当大些。有关小鼠对必需脂肪酸需要的研究较少，但泌乳期小鼠喜食含脂类高的饲料。小鼠对维生素 A 和维生素 D 的需要量较高，应注意补充。小鼠对维生素 A 的过量很敏感，特别是妊娠小鼠，过量的维生素 A 会造成胚胎畸形。

（二）大鼠营养需要特点

大鼠饲料中含 15%～20% 的蛋白质即可满足需要。在生长期后蛋白质需要量锐减，可适当减少饲料中的蛋白质含量，以延长其寿命。生长期的大鼠易发生脂肪酸缺乏，饲料中必需脂肪酸的需要量应占热能物质的 1.3%，一般在饲料中应添加脂肪。大鼠对钙、磷的缺乏有较大的抵抗力，但对镁的需要量较高，应注意补充。

（三）豚鼠营养需要特点

豚鼠对某几种必需氨基酸需要量很高，其中最重要的是精氨酸。用单一蛋白质饲料若不补充其他氨基酸，则饲料中蛋白质含量需高达 35% 时才能生长最快。豚鼠饲料中粗纤维应达 12%～14%，若粗纤维不足，可发生排粪较黏和脱毛现象。豚鼠不能自身合成维生素 C，因此，对维生素 C 的缺乏特别敏感，缺乏时可引起坏血病、生殖机能下降、生长不良、抗病力降低，最后导致死亡，故必须在饲料中补充。一般每只成年豚鼠每日需要量为 10mg，繁殖豚鼠为 30mg。

（四）家兔营养需要特点

在必需氨基酸中，精氨酸对兔特别重要，是第一限制性氨基酸。兔可以耐受高水平的钙。在初生时有很大的铁储备，因而不易发生贫血。兔肠道微生物可以合成维生素 K 和大部分 B 族维生素，并可通过食粪行为而被其自身利用，但繁殖兔仍需补充维生素 K。家兔是草食动物，应保证饲料中的粗纤维含量在 12% 以上，而饲料中只要含 15% 左右的蛋白质即可满足需要。

（五）狗营养需要特点

对狗来说，供给脂肪和蛋白质除考虑满足能量之外，还应考虑改善饲料的适口性。狗能耐受高水平的脂肪，并要求日粮中有一定水平的不饱和脂肪酸。狗的维生素 A 需要量较大，另外，尽管狗肠道内微生物可合成 B 族维生素，但仍需要定期补充。

（六）猫营养需要特点

猫对脂肪需要量较高，特别是初生小猫。猫对蛋白质的需要量高，尤其是生长猫对蛋白质的数量和质量都要求较高。猫还需要一定数量的牛磺酸，其对亚油酸的需求水平不能低于 1%。

三、实验动物饲料的分类及其营养价值评定

（一）实验动物饲料的分类

实验动物饲料的原料以植物为主，为了弥补蛋白质的不足，也采用少量的动物性饲料。按饲料的来源、理化性状和消化率等可将饲料分为植物性饲料、动物性饲料、矿物质饲料和其他添加剂饲料。为了能够反映出饲料的营养特性，1983 年中国农业科学院畜牧研究所依据国际饲料命名及分类原则，按饲料营养特性不同，将其分为粗饲料、青绿饲料、青贮饲料、能量饲料、蛋白饲料、矿物质饲料、维生素饲料和添加剂饲料八大类。

（二）饲料营养价值评定

评定饲料的优劣主要看它对动物的饲养效果。某饲料的饲养效果既取决于其营养素的含

量，又决定于不同动物对该营养素的利用率。

1. 饲料营养素的含量

饲料化学成分表中所列各种营养素含量的数值，是多次分析结果的平均数，是评定饲料营养价值的标志之一，但它与具体采用饲料中的营养素含量有一定的差异。这种差异受很多因素的影响，如植物生长所处的土壤、肥料、气候等条件和植物的品种、收获期、收获和储存时间、加工处理及贮存的方法等因素的不同都会影响该饲料的营养素含量。

2. 饲料营养素的可消化性

饲料一般都是难溶解的大块物质，其营养素分子结构也极为复杂，不能直接被动物所利用，必须先经过消化。消化是吸收的前提，被吸收的营养素由血液循环输送到机体各组织供其利用。因此，在评定饲料营养价值时，不仅要看饲料营养素的含量，还要看饲料营养素的可消化性。饲料营养素含量减去粪中营养素含量即为可消化营养素。两者的百分比称为饲料营养素的消化率，它是评价饲料可消化性的一个客观指标。

3. 饲料营养素的可代谢性

营养素的代谢是指动物吸收的营养素被利用的过程。因此，研究动物营养、评定饲料的营养价值，除了饲料营养素含量及其可消化性外，还要研究饲料的可代谢性。在研究动物的物质及能量代谢、测定饲料代谢方面，国际上通用的方法有屠宰对比试验法、物质代谢试验法和直接测热的能量代谢试验法。

四、实验动物饲养的辅助设施和设备

在动物房舍设施内用于动物饲养的器具和材料，主要包括笼具、笼架、饮水装置、垫料、层流架、隔离罩和运输笼等。这些器具和物品与动物直接接触，产生的影响最直接，务必予以重视。其中，层流架和隔离罩等设备可在房舍设施中独立使用，隔离罩是现今用于无菌动物饲育和实验的主要设备。

（一）笼具和笼架

在笼外环境符合质量控制标准的前提下，包围动物小环境的质量很大程度取决于笼具和笼架的情况。笼具要求能对动物提供足够的活动空间，通风和采光良好；坚固耐用，里面的动物不能逃逸，外面的动物不能闯入；操作方便，适合消毒、清洗和储运；成本低廉，经济实用。笼架是承托笼具的支架，使笼具的放置合理，有些还设有动物粪便自动冲洗装置和自动饮水器。

（二）饮水设备和灭菌设备

动物饲养用的饮水设备一般是饮水瓶、饮水盆和自动饮水器。小动物多使用不易破碎的饮水瓶；大动物如羊、犬等多使用饮水盆。这些器具的制造材料要求耐高温、高压和消毒药液的浸泡。自动饮水器虽有方便操作、节省劳动力的优点，但易漏水，供水管道不易清洗和消毒，目前国内使用得不多。大型的实验动物设施，往往装有无菌水生产设备，采用过滤系统和紫外线照射来清除细菌、真菌和病毒。实验动物的饮水一般不需要做蒸馏、离子交换或反渗透等处理，这有助于动物对微量元素的利用。

（三）层流架和隔离罩

层流架带有空气净化装置和通风系统，置于普通房间内，可作清洁级动物短时间饲养或实验操作及实验后的观察等，如果放置在清洁级房舍内，可用作无特定病原体动物的饲养或实验观察。层流架结构简单，投资少，不需要辅助设备，可独立运转，该设备只能控制空气洁净和通风指标，而其他环境指标如温度、湿度等要由设施内其他装置加以控制，所以使用有较大的局限性。

隔离罩是保持罩内无菌环境的全密封装置，是无菌动物饲养、实验操作和实验观察的唯一设备。它主要是用作无菌控制，其他环境指标由罩外设备控制，好的设备可维持1～3年的罩内无菌状态。用于无菌动物的隔离罩是正压装置，若做烈性感染实验应采用负压隔离罩。

（四）运输笼和垫料

国际上常用的运输笼具带有空气过滤通风系统和控制温度、湿度的装置，运输车辆上也装有各种环境指标的控制系统，形成一个可移动的实验动物饲养设施。我国目前尚无此类装备，动物运输时多采用简易运输笼，经过运输后的动物可能达不到质量控制指标，因此研制符合标准又适合国情的运输笼具已成为实验研究的当务之急。

垫料能吸附水分和动物的排泄物，利于维持笼内和动物本身的清洁卫生。垫料应无毒性，不含挥发性和刺激性等干扰动物实验的物质。垫料的原料常用锯末、木刨花、木屑、碎玉米芯等。垫料的原材料常会携带各种微生物和寄生虫，使用前要经加工处理、消毒灭菌和除虫等。综合考虑材料的毒性因素和取材的难易，欧洲国家多用白杨木屑做垫料，而美国多用碎玉米芯。

第三节　实验动物常用操作技术

一、动物实验中常用的手术方法

动物实验中常以血压和呼吸等为测定指标，以静脉注射和放血等为实验方法。实验需要暴露气管、颈总动脉、颈外静脉、股动脉和股静脉等，并做相应的插管，以及分离迷走神经、减压神经及股神经等。因此，手术主要在颈部及股部进行，现将实验动物常用操作技术分述如下。

（一）兔、狗颈部手术

颈部手术目的在于暴露气管、颈部血管并做相应的插管以及分离神经等。颈部手术成败的关键在于熟悉动物颈部解剖结构及掌握手术要领，防止损伤血管和神经，现以兔为例说明如下：

1. 动物处理

家兔背位固定于兔台上，颈部剪毛。

2. 动物麻醉

一般做局部浸润麻醉，在颈部正中线皮下注射 1% 普鲁卡因，亦可选用 20% 氨基甲酸乙酯做全身麻醉。

3. 气管及颈部血管神经分离术

（1）气管暴露术：用手术刀沿颈部正中线从甲状软骨处向下靠近胸骨上缘做一切口（兔长约 4～6cm，狗长约 10cm），因兔颈部皮肤较松弛亦可用手术剪沿正中线剪开。切开皮肤后，以气管为标志，从正中线用止血钳钝性分离正中的肌肉群和筋膜即可暴露气管，分离食道与气管，在气管下穿一粗线备用。

（2）颈总动脉分离术：正中切开皮肤及皮下筋膜，暴露肌肉。将肌肉层与皮下组织分开。此时可见在颈中部位有两层肌肉。一层与气管平行，为胸骨舌骨肌。其上又有一层呈 V 字形走行并向左右两侧分开的肌肉，为胸锁乳突肌。用镊子轻轻夹住一侧的胸锁乳突肌，用止血钳在两层肌肉的交接处（即 V 形沟内）将它分开（注意，切勿在肌肉中分，以防出血）。用眼科镊子（或纹式止血钳）细心剥开鞘膜，避开鞘膜内神经，分离出长约 3～4cm 的颈总动脉，在其下穿两根线备用。

（3）颈外静脉暴露术：颈外静脉浅，位于颈部皮下。颈部正中切口后，用手指从皮肤外将一侧组织顶起，在胸锁乳突肌外缘即可见很粗而明显的颈外静脉。仔细分离长约 3～4cm 的颈外静脉，在其下穿两根线备用。

（4）颈部迷走、交感、减压神经分离术：于家兔颈部找到颈动脉鞘后，将颈总动脉附近的结缔组织薄膜镊住，向外侧轻拉使薄膜张开，即可见薄膜上有数条神经，根据各条神经的形态、位置和走向等特点进行辨认。迷走神经最粗，外观最白，位于颈总动脉外侧；交感神经比迷走神经细，位于颈总动脉的内侧，呈浅灰色；减压神经细如发丝，位于迷走神经和交感神经之间，家兔的减压神经为一独立的神经，沿交感神经外侧行走。将神经细心分离出 2～3cm 即可，然后各穿一细线备用。

（5）颈动脉窦分离术：在剥离两侧颈总动脉的基础上，继续小心沿两侧上方朝深处剥离，直至颈总动脉分叉处膨大部分，即为颈动脉窦，剥离时勿损伤附近的血管和神经。

4. 气管及颈部血管插管术

在前述分离术的基础上，按需要选做下列插管术：

（1）气管插管术：暴露气管后，在气管中段于两软骨环之间，横向剪开气管直径 1/3 的切口，在向头端作一 0.5cm 呈倒 T 形的小纵切口，用镊子夹住 T 形切口的一角，将适当口径的气管套管由切口向心端插入气管腔内，用粗线扎紧，再将结扎线固定于 Y 形气管插管分叉处，以防气管套管脱出。

（2）颈总动脉插管术：颈总动脉主要用于测量颈动脉压。为此，在插管前需使动物肝素化，并将口径适宜的充满抗凝液体（也可用生理盐水）的动脉套管（也可用塑料管）准备好，将颈总动脉离心端结扎。插管时以左手拇指及中指拉住离心端结扎线头，食指从血管背后轻扶血管。右手持锐利的眼科剪，使之与血管呈 45°，在紧靠离心端结扎线处向心一剪，剪开动脉壁直径 1/3 左右（若重复数剪易造成切缘不齐，当插管时易造成动脉内膜内卷或插入层间而失败），然后持动脉套管，以其尖端斜面向下，并向心方向插入动脉内，用细线扎紧并在套管分叉处打结固定。最后将动脉套管做适当固定，以保证测压时血液通畅进出套管。

（3）颈外静脉插管术：颈外静脉可用于注射、输液和中心静脉压的测量。血管套管插入方法与股静脉相似，现将中心静脉压测量方法介绍如下。

在插管前先将兔全身肝素化，并将连接静脉压检压计的细塑料导管充盈含肝素的生理盐水。在导管上做一长5～8cm的记号，导管准备好后，先将静脉远心端结扎，在靠近结扎点的向心端做一剪口，将导管插入剪口，然后一边拉结扎线头使颈外静脉与颈矢状面、冠状面各呈45°，一边轻柔地向心端缓慢插入，遇有阻力即退回，改变角度重插，切不可硬插（易插破静脉进入胸腔），一般达导管上记号为止，此时可达右心房入口处。若导管插管成功，则可见静脉压检压计液面随呼吸而上下波动。

（二）兔、狗股部手术

股部手术目的在于分离股神经、股动脉、静脉及进行股动脉、静脉插管，以备放血、输血、输液和注射药物等。

狗、兔等动物手术方法基本相同。现以兔为例介绍如下：

（1）动物背位固定于兔手术台上，腹股沟部剪毛。

（2）用手指触摸股动脉，辨明动脉走向，在该处做局部麻醉，并做与动脉走向一致的切口（长约4～5cm）。用止血钳小心分离肌肉及深部筋膜，清楚地暴露股三角区，肌动脉及神经即由此三角区通过。股神经位于外侧，股静脉位于内侧，股动脉位于中间偏后。

（3）用止血钳首先将股神经分出，然后分离股动脉、静脉间的结缔组织，清楚地暴露股静脉，如做插管可分离出一段静脉（约2～2.5cm），穿两根细线备用。再仔细分离股动脉，将股动脉与其周围的组织分离开（约2～2.5cm），切勿伤及股动脉分支。动脉下方穿两根细线备用。

（4）将动物肝素化后做股静脉、动脉插管。狗的血管粗大，插管较易。家兔血管细，插管较难，因此要细致耐心和掌握以下要领：

① 股静脉插管术：股静脉插管术除不需用动脉夹外，基本与股动脉插管相同。但因静脉于远心端结扎后静脉塌陷呈细线状，较难插管，因此，可试用静脉充盈插管法。即在股静脉近心端用血管夹夹住（也可用线提起），活动肢体使股静脉充盈，股静脉远心端结扎线打一活扣，待剪口插入套针后，再由助手迅速结扎紧。

② 股动脉插管术：于股动脉近心端用动脉夹夹住，近心端用细线结扎，牵引此线在贴近远心端结扎处，剪开血管向心插入动脉套针或塑料管，结扎固定后用于放血或注射。

二、实验动物的急救

在实验进行中因麻醉过量、大失血、过强的创伤和窒息等各种原因，而使动物血压急剧下降甚至检测不到，呼吸极慢且不规则甚至呼吸停止、角膜反射消失等临床死亡症状时，应立即进行急救。急救的方法可根据动物情况而定，对狗、兔、猫常用的急救措施有下面几种。

（一）注射强心剂

可以静脉注射 0.1% 肾上腺素 1mL，必要时直接做心脏内注射。肾上腺素具有增强心肌收缩力，使心肌收缩幅度增大、加速房室传导速度、扩张冠状动脉、增强心肌供血供氧及改善心肌代谢、刺激高位及低位心脏起搏点等作用。

当动物注射肾上腺素后，如心脏已搏动但极为无力时，可从静脉或心腔内注射 1% 氯化钙 5mL。钙离子可兴奋心肌细胞，而使心肌收缩加强，血压上升。

（二）针刺

针刺人中穴对挽救家兔效果较好。对狗用每分钟几百次频率的脉冲电刺激膈神经，效果较好。

（三）注射呼吸中枢兴奋药

山梗菜碱或尼可刹米是呼吸中枢兴奋药，可静脉注射上述药物。给药剂量和药理作用如下。

（1）山梗菜碱：每只动物一次注射 1% 的山梗菜碱 0.5mL，可刺激颈动脉体的化学感受器，反射性兴奋呼吸中枢。同时，此药对呼吸中枢还有轻微的直接兴奋作用。作为呼吸兴奋药，它比其他药作用迅速而显著。呼吸可迅速加深加快，血压亦同时升高。

（2）尼可刹米：每只动物一次注射 25% 的尼可刹米 1mL，可直接兴奋延髓呼吸中枢，使呼吸加速加深，但对血管运动中枢的兴奋作用较弱。在动物抑制情况下作用更明显。

（四）动脉快速输血、输液

多在失血性休克或死亡复活等实验时采用。可在动物股动脉插一软塑料套管，连接加压输液装置（血压计连接输液瓶上口，下口通过胶皮管连接塑料套管）。当动物发生临床死亡时即可加压（23.94～26.60kPa）或快速从股动脉输血和低分子右旋糖酐。如实验前动物曾用肝素抗凝，由于微循环血管中始终保持通畅，不出现血管中血液凝固现象，因此，就算动物出现临床死亡数分钟后，采用此种急救措施仍易救活。

（五）动脉快速注射高渗葡萄糖液

一般常采用经动物肌肉动脉逆血流加压、快速、冲击式地注入 40% 葡萄糖溶液。注射量根据动物而定，如狗可按 2～3mL/kg 体重计算。这样可刺激动物血管内感受器，反射性地引起血压和呼吸的改善。

（六）人工呼吸

可采用双手压迫动物胸廓进行人工呼吸。如有电动人工呼吸器，可行气管分离插管后，再连接人工呼吸器进行人工呼吸。一旦见到动物自动呼吸恢复，即可停止人工呼吸。

有条件时，当动物呼吸停止而心搏极弱或刚停止时，可用 5% CO_2 和 60% O_2 的混合气体进行人工呼吸，效果更好。

采用人工呼吸器时，应调整其容量：大鼠为 50 次 / 分，每次 8mL/kg；兔和猫为 30 次 / 分，每次 10mL/kg；犬为 20 次 / 分，每次 100mL/kg。

三、实验动物的护理

（一）慢性实验中动物的护理

对待慢性实验动物，需要细心和耐心，否则会造成实验结果不准确。需时较长的实验不能每天进行以免使动物过于疲劳。对带有慢性瘘管的动物要特别加以照顾，以免损伤手术部位及瘘管。对肠的体外吻合瘘管，要经常用细的橡皮管疏通，以免堵塞，每星期至少通 2～3 次。实验期间，应将创口用温热生理盐水纱布盖好，以免组织干燥和体内热量散失。

（二）急性实验中动物的护理

实验前不要使动物缺水或长期饥饿，但也不能喂得过饱。手术前，要先将动物麻醉和保定。在手术过程中不可粗心大意，分离组织时，应当用止血钳，切勿用尖锐的器具，如须切断时，应看清部位，一层层地进行，不可用刀任意切割，以免损坏血管引起大出血。在打开头骨时发生出血，可用融化的骨蜡涂抹在出血部位，若神经组织的小血管出血，则用淀粉海绵覆压其上，经过一段时间即可止血。动物处于麻醉状态时，失去了体温调节的能力，因此，要特别注意保温。

（李留安　于晓雪）

第四章　实验动物的选择方法

第一节　选择实验动物的基本原则

实验动物是生命科学研究的基础和重要的支撑条件，几乎涉及生命科学有关的各个领域，是生命科学研究的三大条件（实验动物、仪器设备、文献资料）之一，被称作"活的试剂"和"精密仪器"。实验动物已成为现代科学技术领域不可分割的一个组成部分，因此，实验动物的标准化程度可直接影响生命科学研究成果的获得、研究水平的高低和研究产品的质量等。实验动物学已经发展为一门独立的综合性基础科学，它的发展水平已成为衡量生命科学发展水平的重要标志之一。

将实验动物应用于试验研究的实例可以追溯至1871年，俄国动物学家潘德尔在研究动物发育过程中发现了胚胎发育的三个阶段，他在人类胚胎研究中也得到了同样的结论。又如，小儿麻痹疫苗在应用于人体之前，首先要进行小鼠试验，然后再进行猿猴试验，最终才得以在人体上应用。现在实验动物被更广泛地运用于疾病的研究、疫苗的开发、药物毒性测试、抗癌研究、疾病诊断及遗传等领域。近代人类在医药、农业、生物科技、免疫学、癌症、器官移植等方面取得的成就，都离不开实验动物。

实验动物的种类繁多，依据其形态结构与生理功能可分为脊椎动物（哺乳类、鸟类、爬行类、两栖类、鱼类）和无脊椎动物（甲壳类、昆虫类）两大类。传统的实验动物是指小鼠、大鼠、仓鼠、天竺鼠等啮齿类动物，以及兔子、狗、猫、猿猴等。现在使用的实验动物还包括了大型哺乳类，如猪、牛、羊、马等，以及非哺乳类脊椎动物，如鸟、鸡、蛇、蛙和鱼，甚至还包括无脊椎动物如昆虫等。

属于同一类别动物的器官、组织、细胞、基因结构与生理代谢机能的相似度较高。例如，小鼠和大鼠因其体型小、繁殖能力强、寿命短和成本低等原因，已成为研究者使用最多的实验动物。由于不同实验的研究目的和要求不同，不同种类实验动物也有其各自的生物学特点和解剖生理特征，随意选择动物用于某项实验可能会得出不可靠的实验结果，甚至导致整个实验前功尽弃。

选择实验动物应遵循以下具体原则：

一、相似性原则

相似性原则是指利用动物与人类在某些机能、代谢、结构及疾病特点等方面的相似性来选择实验动物的方法。因此，动物的物种进化程度在选择实验动物时应该是优先考虑的问题。在可能的条件下，应尽量选择在结构、功能、代谢方面与人类相近的动物做试验。

由于实验动物和人类的生活环境不同，因此，它们各自的生物学特性存在许多相同和相异之处，因此，研究者在选择实验动物之前，应充分了解各种实验动物的生物学特性。通过实验动物与人类之间的比较，做出恰当的选择。

犬的循环系统、神经系统及消化系统与人类相似，在毒理方面的反应和人比较接近，适于做实验外科学、营养学、药理学、毒理学、生理学和行为学等研究。

猪的皮肤组织结构、上皮再生性、皮下脂肪层及烧伤后内分泌与代谢等与人类皮肤相似。用猪皮做人烧伤后的敷料比常用的液体石蜡纱布要好，其愈合速度比后者快一倍。

蛙的大脑很不发达，和人类比相差甚远，因此，蛙不宜做高级神经活动的实验动物。但要做简单的神经反射弧实验，选用蛙则很合适。因为最简单的反射中枢位于脊髓，蛙的脊髓符合实验要求，而且反射弧结构越简单，对其结果的分析越明确。高等动物的反射弧复杂，反而难以分析实验结果。

二、特殊性原则

特殊性原则是指利用不同种系实验动物具有特殊构造或某些特殊反应，选择解剖、生理特点符合实验目的和要求的动物。恰当地使用具有某些解剖生理特点的实验动物，能大大地减少实验准备方面的麻烦，降低操作难度，同时也是保证实验成功的关键。

犬的甲状旁腺位于甲状腺表面，故常用其做甲状旁腺摘除实验。兔的甲状旁腺分布在不同部位，摘除甲状腺后仍能保留甲状旁腺，故宜做甲状腺摘除后研究甲状旁腺功能的实验。

兔的主动脉弓压力感受器传入纤维自成一束，与迷走神经伴行，被称为减压神经。该神经可用于观察减压神经对心脏功能影响的实验。兔胸腔中有纵膈膜，做开胸和心脏实验时，只要不弄破纵膈膜，动物就不需要人工呼吸，给实验操作带来许多方便。同时，兔对体温变化十分灵敏，易产生发热反应，且反应典型、恒定，适于发热、解热和检查致热原的研究。相反，大、小鼠体温调节不稳定，因此不宜选用。

大多数实验动物，如猴、犬、大鼠和小鼠等，按照一定的性周期排卵，而兔和猫属典型的刺激性排卵动物，它们只有经过交配刺激才能排卵，因此，兔和猫是避孕药研究的常用动物。

三、可靠性原则

生理学科研实验中的一个关键问题，就是怎样使动物实验的结果准确、可靠、有规律，从而精确判定实验结果，得出正确结论。因此，要尽量选用经遗传学、微生物学和营养学控制和培育的标准化实验动物。只有这样才能排除因实验动物携带细菌、病毒、寄生虫和患有潜在的疾病等对实验结果的影响。同时应排除因杂交所导致的实验动物在遗传上的不均质、个体差异大和反应不一致的现象。这样才能便于把我们所获得的研究成果在国内外学术刊物上发表或在会议上进行交流。

动物生理学实验研究中一般应尽量不选用经随意交配的杂种动物或在开放条件下繁殖饲养的带细菌、病毒和寄生虫的普通动物。根据研究的目的和要求，应选择采用遗传学控制方法培育出来的纯系动物（或称近交系动物）、突变系动物、封闭群动物和系统杂交动物；或采用微生物控制方法培育的无菌动物、已知菌动物（或称悉生动物）、无特定病原体动物

（ specific pathogen free，SPF ）。近交系动物由于存在遗传的均质性、反应的一致性、实验结果精确可靠等优点而被广泛用于科学研究的各个领域。

四、标准化原则

标准化原则是指动物实验中选择和使用与研究内容相匹配的标准化实验动物。实验动物作为科研中的生物反应器，它的各项指标是否标准直接影响实验结果的准确性，所以在选择动物做科研实验时不仅要选择标准化动物，而且要在实验动物的遗传背景、品种、品系、性别、年龄、体重及动物等级等方面加以了解和选择。为了保证实验结果的准确性和可重复性，使用标准化实验动物是极其重要的。实验动物标准化由实验动物质量标准化、实验动物环境条件标准化和实验动物营养条件标准化三部分组成。选择何种微生物等级的实验动物，要根据各级动物的特点，结合课题研究的水平、内容及目的而定。

五、重复性原则

理想的动物实验应该是可重复和可标准化的。在设计时选用标准化实验动物是增强动物实验可重复性的关键环节，同时应在标准化动物实验设施内完成动物实验的重复工作，并在许多因素上保证实验的一致性，如选用动物的品种、品系、年龄、性别、体重、健康状况、饲养管理；实验环境及条件、季节、昼夜节律、应激、消毒灭菌、实验方法及步骤；试剂和药品的生产厂家、批号、纯度、规格；给药的剂型、剂量、途径和方法；麻醉、镇静、镇痛及复苏；所使用仪器的型号、灵敏度、精确度、范围值；还包括实验者操作技术、熟练程度等方面的因素。

六、可控性原则

设计动物实验，应尽量控制其实验研究的进程，以便于开展研究工作。例如，大鼠和小鼠对革兰氏阴性细菌具有较高的抵抗力，不易形成腹膜炎，因而不应选其复制实验性腹膜炎动物模型。再如，腹腔注射粪便滤液极易引起犬腹膜炎，犬在短时间大量死亡（80% 的腹膜炎模型犬 24h 内死亡），因此，该模型不适宜用于实验治疗观察；此外，粪便滤液的剂量和细菌种类难于控制，该动物模型不易被准确地复制。

七、规格化原则

规格化原则是指选择与实验要求一致的动物规格。由于不同动物对外界刺激的反应存在着个体差异，在选择时除了注意动物的种类及品系外，还应考虑到动物的年龄、体重、性别、生理及健康状况等指标也要符合规格，这是保证实验结果可靠性和可重复性的另一重要环节。

八、经济性原则

经济性原则是指尽量做到方法易行和节约的原则。在选择实验动物时还必须考虑成本因素。在不影响整个实验质量的前提下，尽量做到方法简便和降低成本。这就涉及选用易于获得、最经济和易于饲养管理的实验动物。

很多小动物（如小鼠、大鼠、地鼠和豚鼠等）可以复制出近似人类某些疾病的动物模型，而且容易做到遗传背景明确、微生物等级可控、模型性状显著且稳定，其年龄、性别、体重等指标可任意选择，且具有数量多、来源方便、价格低廉、便于饲养管理等特点。猴、狒狒、猩猩等灵长类动物，其进化程度高，与人类最接近，在许多疾病研究方面有着不可替代的优越性。但由于它们来源稀少，加之繁殖周期长，饲养管理困难，因此，不能得到普及使用。除非不得已或某些特殊的研究外，应尽量避免选择此类动物。

在动物模型设计时，除了在动物选择上要考虑易行性和经济性原则外，在模型复制方法的选择和指标的检测观察上也要注意这一原则。

综上所述，在进行课题实验设计时，如何选择最合适的实验动物必须掌握好这些基本原则。在实际工作中，首先必须了解实验动物生物学特性方面的基本知识，为正确选择合适的动物打下理论基础。其次，还应充分查阅相关文献，利用前人的实践经验积累，选择在科研、检验和生产传统上应用的实验动物。同时，加强与实验动物科学工作者的交流，及时有效地利用实验动物学的最新成果，用较少的人力、动物和时间，以最小的代价最大限度地获得科学性强的实验结果。

第二节　常见动物实验中实验动物的选择

实验动物与生命科学研究密切相关，选择合适的实验动物来建立动物模型是非常重要的，它可以达到既省时、省力又能取得满意的实验结果的目的。实验动物不但在其来源及遗传背景、种类及品系、性别、体重和等级上有差别，而且在组织结构、系统机能、生理特性、繁殖特性、体液成分、解剖特性和疾病特点等方面各具特点。下面介绍在科学研究中选择实验动物时应注意的问题。

一、实验动物的来源及遗传背景

科研用实验动物的来源要求清楚，遗传背景明确。要明确说明它来源于什么单位，应在有国家统一颁发动物生产和使用合格证书的地方购买和使用实验动物。

二、实验动物的种类

不同种属动物的生命现象，特别是一些最基本的生命过程具有一定的共性。这正是在生物实验中可以应用的基础。另一方面，不同种属的动物，在解剖、生理特征和对各种因素的反应上，又各具特性。例如，不同种属动物对同一致病因素的易感性不同，甚至对一种动物是致命的病原体，对另一种动物可能完全无害。如炭疽杆菌对牛羊是强毒，而对禽类则无害。因此，熟悉并掌握这些种属差异，有利于动物实验的进行，否则可能贻误整个实验。根据不同的科研目的，应选择不同品种的实验动物。目前在科研中最常用的实验动物为大鼠、小鼠、兔、犬、小型猪、羊、猴和猫等，由于不同种类的动物具有不同的解剖生理特点，因此，其对药物的反应既有共性又有特殊性。不同种属的动物对药物作用的反应有质与量的区别。如以兔为对象研究排卵的生理实验时，则应知道兔是"诱发性排卵动物"，即一般情况下只有交配才引起排卵，这一特点可以用来方便地检验各种处理因素的抗排卵作用；又如选择做毒性试验的实验动物时，应考虑该动物对药物的反应以及药物在动物体内的吸收、分布、代谢和排泄与人类异同的程度；在研究药物对心脏作用时，可选择青蛙和蟾蜍，因为它们的心脏在离体情况下仍能长时间有节律地搏动；在研究药物对神经传导的影响时，首选动物是猫；研究药物对神经 - 肌肉接头的影响时，常用动物是猫、兔、鸡、小鼠和蛙；对影响副交感神经效应器接点的药物进行研究时，首选动物是大鼠。总之，研究不同药物的作用时应选择合适的动物，因采用实验动物的种类不同，其实验结果可能不一样。

三、实验动物的品系

实验动物由于遗传变异和自然选择的作用，同一品种的动物根据不同的培育方式可分成不同品系，主要为近交系、远交系（封闭群）和杂交一代（F_1 代）动物。不同的品系经过采用不同遗传育种方法，可使不同个体之间基因型千差万别，表现型参差不齐。因此，同一种属不同品系动物，对同一刺激的反应有很大差异。不同品系的小鼠对同一刺激具有不同反应，而且各个品系均有其独特的品系特征。例如 DBA/c 小鼠对声音刺激非常敏感，100% 可发生听源性癫痫，而 BALB/c 小鼠根本不出现这种反应。

近交系动物一般称为纯系动物，如小鼠或大鼠等啮齿类动物同胞兄妹连续交配 20 代以上，是指在遗传上具有高度纯合性和稳定性的一类动物。近交系个体有 99% 的基因位点是纯合的，动物对各种应激刺激反应一致，用它做实验所获得的实验结果精度高，具有周期短、重复性、可靠性和可控性好以及使用动物量相对较少的特点。但是，由于近交系动物是高度近交培育而成，必然造成近交衰退，因此，它对生长的环境条件要求较高，产仔少，对饲料营养要求较高。

远交系动物也称"封闭群"动物，它是指只在一定的群体中进行繁殖，5 年以上不从外部引种，为提供实验动物而进行生产的群体。其繁殖率高，具有杂合的特性，适于大量繁殖，以满足各种药品的安全性和效价评价实验等大量使用动物的需求。

杂交一代（F_1 代）是指两个不同近交系杂交所获得的第一代动物，它具有清楚的遗传背景和双亲的特性。具有遗传和表型上的一致性，并具有杂交优势，有较强的生命力，主要用于干细胞及移植免疫研究。常用的 F_1 代小鼠主要有 B6D2F1 和 BDF1 等。

四、实验动物的性别

许多实验证明，动物不同性别对同一药物的敏感性差异很大，对外界刺激的反应也各不相同，即便是同一品系的动物也是如此。药物反应中性别差异的例子很多，如激肽释放酶能增加雄性大鼠血清中的蛋白结合碘，降低胆固醇，但对雌性大鼠不仅不能使碘增加，反而使之减少；角新碱对 5～6 周龄的雄性大鼠有镇痛效果，但对雌性大鼠则没有镇痛作用；氯仿只对雄性小鼠的肾脏造成损害；巴比妥类药物对雌性大鼠的损伤程度不如雄性等。因此，科研工作中要结合实验目的正确选择动物的性别。

五、实验动物的年龄

年龄是一个重要的生理指标，动物的解剖生理特征和对实验的反应性随年龄的不同而有明显变化。动物年龄的差异对各种实验刺激的反应性不尽相同。因此，要根据不同目的选择不同年龄阶段的实验动物。一般而言，幼龄动物较成年动物敏感，这可能与其免疫系统发育不健全、机体解毒相关的酶系尚未完善有关。因此，一般动物实验应选用成年动物。但一些慢性实验，由于观察时间较长，可选择年幼、体重较小的动物做实验。研究性激素对机体影响实验时，一定要用幼年的或新生的动物。有些特殊实验，如老年病学的研究，则应考虑用老龄动物。只有了解动物与人类之间的年龄对应关系，才能更好地进行实验设计、分析和总结实验结果。

六、实验动物的体重

实验动物年龄与体重一般呈正相关性，小鼠和大鼠可按体重推算其年龄。但生长到一定程度时将会较为恒定。体重除了与年龄密切相关外，不同品种（系）、营养及饲养管理均可影响动物体重。故选择时，既要考虑体重符合要求的动物，又要注意其发育是否正常。

七、实验动物的生理及健康状况

动物在特殊生理状态下，如雌性动物性周期的不同阶段、妊娠及哺乳期，机体对实验的反应性将发生较大改变，易导致其体重和某些理化指标也发生变化，从而影响实验结果。因此，在一般实验研究中不宜采用这一阶段的动物。但当为了某种特定的实验目的，如为了阐明药物对妊娠母体及后代的影响时，就必须选用这类动物。又如动物所处的功能状态不同也常影响对药物的反应，动物在体温升高的情况下对解热药比较敏感，而体温不高时对解热药就不敏感。

动物的健康状态会直接影响动物对各种外界刺激的反应性及耐受性，故选择健康动物用于实验研究是十分重要的。健康动物对各种刺激的耐受性一般比不健康、患病的动物要强，实验结果稳定，因此，一定要选用健康动物进行实验，患病或处于衰竭、饥饿、寒冷和炎热等条件下的动物，均会影响实验结果。常见实验动物生命过程中某些生理数据见表4-1。

表 4-1　常见实验动物生命过程中某些生理数据

种类	妊娠期	哺乳期	性成熟	寿命
猕猴	170 天	3 个月	4～5 年	20 年
狗	63 天	1 个月稍多	6 个月	15 年
猫	57～63 天	1 个月稍多	7 个月	10 年
家兔	30～32 天	42 天	7.2 个月	7～8 年
豚鼠	60～72 天	15 天	40～70 天	6～7 年

续表

种类	妊娠期	哺乳期	性成熟	寿命
大鼠	18~22 天	20~25 天	50~80 天	2~3 年
小鼠	18~22 天	17~21 天	40~50 天	2~3 年
猪	114 天	30 天	8.5 个月	16 年
山羊	152 天	30 天	6~7 个月	8~10 年
绵羊	149 天	30 天	6~7 个月	10~15 年

八、实验动物的等级

实验动物一般按所携带微生物的情况分为普通级、清洁级、SPF 级和无菌级动物。普通级动物又称常规动物，是指在一般自然环境中饲养，允许带有寄生虫和细菌，但不允许带有人畜共患病病原的动物，它是实验动物中微生物控制要求最低的动物，只用于要求不严格的一般实验或教学实验等。清洁级动物是指除不能带有普通级应排除的病原外，还不能携带对动物危害大和对科研干扰大的病原的动物，而 SPF 动物是指动物体内外均无寄生虫和特殊病原菌，但又不是绝对无菌的动物。无菌动物指在无菌的环境下，用灭菌饲料和饮水饲养的动物，或经剖腹取胎后，转移到无菌条件下饲养的动物，在无菌动物的体表及肠管中均不能检出任何活的微生物和寄生虫的动物。根据各级实验动物特点，有人将其在实验中的优、缺点总结于表 4-2。

表 4-2   普通动物、无特定病原体动物与无菌动物的特点比较

实验项目	普通动物	无特定病原体动物	无菌动物
传染病	有或可能有	无	无
寄生虫	有或可能有	无	无
实验结果	有疑问	明确	明确
应用动物数	多（或大量）	少数	少数
统计价值	不准确	可能好	好
长期实验	困难	可能好	可能好
自然死亡率	高	低	很低
长期实验存活率	约 40%	约 60%	约 100%
实验的准确设计	不可能	可能	可能
实验结果讨论价值	低	高	很高

SPF 级动物由于排除了传染病和寄生虫病的干扰，实验结果准确可靠，在生物研究各个领域得到了广泛应用和肯定，它们已成为标准的实验动物。而普通实验动物群中许多病原体是隐性感染。一般条件下，其微生物和宿主间能保持相对平衡，动物不显现症状。一旦条件变化或动物承受实验处理时，平衡遭到破坏，隐性感染被激发，动物将出现各种疾病症状，干扰实验结果，尤其在非短期实验中，这种现象在时间、经济及实验的准确性方面，将带来巨大损失。为此国家专门制定关于实验动物的法规和使用标准，并要求有关课题及研究生毕

业论文等科研实验必须应用清洁级以上的实验动物。

第三节 实验设计与技术操作对结果的影响及控制

影响动物实验结果的控制因素包括很多方面，如对照问题、手术技巧、麻醉深度、实验季节等，其中实验设计的科学性及技术操作的规范性是影响动物实验结果的关键环节。因此，要善待动物，合理设计实验，严格按标准实验操作程序操作才能得到科学而准确的实验结果。具体需注意如下几个方面。

1. 动物实验要求

应严格执行实验室操作规范（good laboratory practice，GLP）和标准操作程序（standard operation procedure，SOP），法规中对实验动物、实验室条件、工作人员素质、技术水平和操作方法都有明确要求。

2. 精神因素对实验研究的影响

当动物受到虐待等意外刺激时，其内分泌系统、循环系统和免疫功能等均处于异常状态。因此，应善待动物，并熟练掌握捉拿、固定、注射、给药和手术等技能，减少对动物的不良刺激。

3. 给药途径

这也是影响实验结果的重要因素。如有的药品可在胃内被破坏或在肝内分解，经口服给药就会影响其效果；有些中药制剂经静脉注射与口服的疗效差异很大；有些药物的效果与给药次数和浓度关系很大。另外，不同动物用药剂量的换算应准确。

4. 保定和麻醉

动物实验中需要保定和麻醉，不同动物种属（系）对不同麻醉剂和麻醉方法的反应有所不同，必须根据实验要求结合动物种类加以选择。麻醉的深度控制是顺利完成实验、获得正确实验结果的保证。如麻醉过深，动物处于深度抑制，甚至濒死状态，动物各种正常的反射就会受到抑制；麻醉过浅，在动物身上进行手术或实验，将会引起强烈的疼痛刺激，使动物全身，特别是呼吸、循环和消化功能发生改变，从而给实验带来难以分析的误差。特别注意怀孕动物、新生动物和有攻击性动物的保定和麻醉，以防止在操作时发生意外。

5. 营养因素

实验前后对动物的管理也非常重要，特别应保证动物有足够的营养供给。营养缺乏或过多都会影响实验结果。

6. 实验季节和时间

很多动物的体温、血糖、基础代谢率及内分泌激素水平等都有年、月、日节律性的变化。动物实验应注意动物的这些变化。应选择在同样季节，每日在同样的时间进行操作才能得到正确的实验结果。如犬在春夏季节辐射照射后死亡率比秋冬为高；家兔的放射敏感性也在春、夏两季升高，秋、冬两季降低。机体的有些功能还有昼夜的规律性变动。如在对大小鼠的照射实验中发现，白天放射敏感性降低，夜间升高，同时还发现，夜间（21~24时）达到高峰，白天（小鼠9～12时，大鼠15时）放射损伤加重。

7. 实验对照

在动物实验中对照问题也非常重要。对照的方法很多，有空白对照、自身对照、条件对照、相互对照、组间对照、历史对照以及正常值对照等。一般对照的原则是"齐同对比"。对照要考虑到各种因素，必须要条件、背景和指标技术方法相同才可进行对比，否则将会得出不恰当的，甚至错误的结论。肯定一个实验结果最好采用两种以上的动物进行比较观察，尤其是动物实验结果要外推到人的实验，所选用的动物品种应不少于三种。常用的生物序列是小鼠→大鼠→犬→猴。

综上所述，为了获得准确而科学的实验结果，动物实验工作人员应科学地设计实验，确保实验动物、试剂仪器和环境符合标准，熟练掌握实验操作技术，准确观察实验过程并详细记录实验结果，最终选用正确的数据处理方法得出科学的结论。

（金天明　滑　静）

第五章　动物生理学实验室的生物安全及对实验者的要求

第一节　动物生理学实验室的生物安全

生物安全通常是指在现代生物技术的开发和应用过程中，避免对人体健康和生态环境造成潜在威胁而采取的一系列的有效预防和控制措施。广义的生物安全可分为三个方面：人类的健康与安全；人类赖以生存的农业生物安全；与人类生存息息相关的生物多样性，即环境生物安全。实验动物科技工作者必须考虑生物安全问题，因为在实验动物或动物实验的工作中，存在着各种危险的生物因素。

在动物实验工作中，生物危害因素主要来自动物所感染的各种微生物，或来自不合格实验动物所携带的各种人兽共患病的病原体。在应用这些动物进行实验期间，这些病原菌可能会传染给接触人员。实验人员可能会因缺乏经验或不了解实验设备和功能，甚至违章操作，从而造成对实验人员或环境的污染。

一、病原体分级

将病原微生物分级是对其危害进行正确评估的依据，主要根据其对人类的危险程度常将病原体的安全度分为四级。值得注意的是：有些病原微生物，诸如小鼠易感的仙台病毒、小鼠肝炎病毒，大鼠易感的肺炎支原体以及兔出血病病毒等病原体，虽对人类无致病性，在分类上被列入 I 级，但易导致实验动物间的交叉感染，严重影响实验动物的健康水平，进而影响实验结果的准确性。

二、生物安全等级

生物学研究领域中的动物实验内容繁多，要求不一，为此而产生了各种各样的动物实验室。动物实验室按用途可分为教学、科研和生产三种；按动物实验室的要求分，分为急性实验和慢性留观两种；按实验动物质量等级分，分为普通级、清洁级、SPF级和无菌级四种；按动物实验对人体的危害性（环境污染）分，分为无害实验和有害实验两种；按屏障系统气流方向分，分为正压式和负压式两种。

三、影响动物实验室的环境因素

实验动物的生存环境被严格限制在固定的空间中，其自身并不能选择适当的生活环境。环境因子不仅可以影响其生长发育、繁殖性能以及各种生物学特性，而且会影响其接受实验处理后的反应结果。为了取得精确可靠、反应一致、可重复的实验结果，就必须对动物实验室的环境进行控制。下面就环境因素中温度、湿度、气流、臭气、噪声、光照、笼器具及废弃物等对实验动物的影响分述如下。

（一）温度

恒温动物在一定的温度范围内均具有保持体温相对稳定的生理调节能力，能很好地调节发热和散热机制。但环境温度变化过大、过急时，动物表现不适应现象，将出现诸如生殖、泌乳和新陈代谢等方面的改变。国家标准规定实验动物繁殖、生产设施静态的环境温度应控制在 20～26℃。

（二）湿度

空气湿度的高低对动物的散热有显著影响。高温高湿下，动物体表热量蒸发受到抑制，容易引起代谢紊乱，并导致动物抗病力下降，发病率增加，高湿条件有利于病原微生物和寄生虫的繁衍，也易引起垫料和饲料发生霉变，影响动物健康。国家标准规定动物实验室的环境相对湿度应控制在 40%～70%。

（三）气流

气流大小对动物机体的热量散发有显著影响。气流越大，散热越快；反之，则越慢。通风可以保持动物室内的污浊空气及时被更换，使动物能呼吸到新鲜的空气，保证动物正常的生长和繁殖需要。气体交换方式一般采用顶送风和墙角排风两种方式。我国要求屏障环境风速平均值在每秒 0.1～0.2m，换气次数为每小时 10～20 次。

（四）臭气

实验动物的粪、尿等排泄物经细菌作用释放出 NH_3 和 H_2S 等废气，室中的恶臭主要来源于 NH_3 和 H_2S 等。这些气体的浓度越高，对动物呼吸道、眼部黏膜的刺激就越大，导致动物咳嗽、流涎。随着室内温度、湿度升高，这些气体含量会增高，其中以 NH_3 含量最高。国家标准规定动物实验室的 NH_3 浓度应控制在 $14mg/m^3$ 以下。

（五）噪声

噪声可使动物受到刺激，引起动物紧张，引起心跳和呼吸次数及血压的增加。噪声可妨碍动物的受孕、受精卵的着床，或导致流产，甚至出现食仔，泌乳量减少，动物间的咬杀率升高等。国家标准规定无论动物繁育室或动物实验室噪声均应控制在 60dB 以下。

（六）光照

光照对实验动物的生理功能有着重要的调节作用，过强和过弱的光照对动物的健康都不利。影响动物生理和代谢的照明因素包括照度、波长和照明时间。国家标准规定小鼠、大鼠、豚鼠、地鼠的照度均控制在 15～20lx；犬、猴、猫、兔、小型猪则控制在 10～200lx；鸡控制在 5～10lx。

（七）笼具

实验动物笼具的大小要使动物具有自由活动、保持正常姿势的充分空间，并使动物保持干燥的清洁状态为宜。在选材方面均应选择无毒、耐腐蚀、耐高温、易清洗、不锈钢或全树脂的聚丙烯等制品。

（八）食斗、饮水器

一般食斗采用不锈钢制品，且便于动物采食和防止食物被动物扒出。饮水瓶一般也是采用耐高温、耐酸碱的塑料制品。饮水瓶不宜交叉使用，因为当动物抵饮水嘴时，会有少量唾液和食物细渣进入水嘴，易造成笼具间动物疾病的交叉感染。另外，不要往瓶内补充水，而应该定期换上经过洗净消毒并灌满酸化水的新瓶。

（九）垫料

垫料不应使用含有对动物生物学反应有重要影响的物质，尤其不能有农药残留与致癌物质。使用垫料的目的是为了动物的保温和舒适以及维持笼内的清洁，应选用吸湿性好、尘埃少、无异味、无毒性、无油脂、耐高温易消毒的材料。我国多采用刨花。但有些材料却不适合用做垫料，如用松、杉类树木碎屑做垫料会释放挥发性碳氢化合物，引起小鼠、大鼠肝脏线粒体酶系发生变化，从而影响实验结果。

（十）废弃物

实验动物在饲养、实验过程中会产生大量固体、液体和气体废弃物，其中有些对人和动物有微生物性、化学性和/或放射性危害，如不妥善处理，不但会影响动物实验的准确性，也极易污染环境，并直接或间接地影响工作人员或周围群众的生活和健康安全。

固体废弃物应进行化学消毒并装入密封袋，放入高压灭菌器灭菌。液体废弃物也应经过化学消毒或热处理，才可排出。安全操作柜等在被使用后应首先做灭菌后清洗，再进行消毒灭菌，以便下次实验使用。

第二节　动物生理学实验中对实验者的要求

随着动物生理学的发展，对实验动物的质量提出了更高的要求。在动物生理学实验中，实验动物饲养管理的规模较小，但动物品种品系较多，这就要求实验人员在实验动物的品种、品系、体重、日龄和性别等方面具备较强的专业知识来满足学科发展的需要。

实验者应针对自身的工作特点，定期进行实验动物法律、法规、实验动物福利、实验动物管理、动物实验技术、实验动物质量监控等内容的培训，使其掌握实验动物的基本理论知识和饲养管理的基本技能。在具体工作中应注意以下几点：

一、实验动物的订购与运输

（1）必须向具有实验动物生产许可证的单位订购符合实验要求的实验动物。自 2002 年 1 月 1 日起，国家科学技术部、卫生部、教育部、农业部、国家质量监督检验检疫总局、国家中医药管理局、中国人民解放军总后勤部等 7 部局，联合实施了《实验动物许可证管理办法（试行）》，该办法适用于在中华人民共和国境内从事与实验动物工作有关的组织和个人。

（2）实验动物在运输过程中，必须符合相应的微生物学等级要求，运输动物时必须注意尽可能避免对动物的健康产生干扰。运输动物的容器必须能防止动物外逃，且有足够的空间，使动物能够站立、卧躺和转身。在运输过程中必须注意动物的环境温度。如果运输时间较长，必须提供适当的食物和保障动物在运输过程中免遭饥渴。

（3）普通级实验动物购入后，必须进行健康检查和隔离检疫，才能用于实验。对于来源可靠的啮齿类实验动物和兔，在其运抵实验室后，通常需要 1～2 天的实验前适应期，并进行大体的观察。随意来源的犬、猫、猪、羊和灵长类等动物的遗传背景有限，但微生物学质量难以控制，对这些动物必须在兽医的参与下进行健康检查和隔离检疫，并进行相应的诊断试验和免疫。

二、实验人员的保护

实验人员受到病原体感染的危险高于一般人群。造成实验室相关感染的原因很多，如某些患病的实验动物本身可能携带人兽共患的病原，会感染实验者。在抓取、固定、给药、手术等过程中，实验人员可能会因受到实验动物抓咬、器械损伤或接触被污染的物品而被感染，此外还有许多不明原因的实验室相关感染。根据对不明原因的实验室感染的研究表明，在这些感染中，大多数可能是因为病原微生物形成感染性气溶胶后随空气扩散，实验室内工作人员吸入了感染的空气而发病。此外，实验室操作不慎，不仅可以造成工作人员的感染，也可以造成实验室以外的环境污染，导致意想不到的危害。

在动物实验室内必须建立一套符合国家标准的规章制度和操作细则，有效防止人兽共患病的发生，以及健全防范对其他动物和实验动物工作人员构成某些特殊危害的机制。为了使接触实验动物的实验人员尽可能避免生物危害，必须遵循如下规定：

（1）在接触动物或动物组织时，工作人员必须戴上手术手套。

（2）对过敏及原有过敏史的工作人员，在工作前应进行针对动物过敏反应的皮肤预试验；在工作时，无论是否过敏人员，参与手术或动物实验的工作人员必须穿实验服，以杜绝或尽量减少直接接触动物的机会。

（3）对随意来源动物的实验，尽可能在生物安全柜内操作。

（4）为了工作人员的健康，每年应组织全体实验人员进行一次体检。

（5）对所有与实验动物接触的人员接种布氏杆菌疫苗和乙肝疫苗。

（6）保持个人卫生，做到"四勤"，即勤洗澡、勤理发、勤剪指甲、勤换洗个人衣物。严禁将个人物品带入饲养区。进入饲养室不得使用有芳香、刺激味道的护肤品。

（7）根据实验室的实际情况，制定饲养管理操作规程。在确保人身安全的前提下，严格按照操作规程进行各项操作。杜绝着火、爆炸和触电等恶性事故的发生。

（8）根据物品的不同特点采用不同的灭菌消毒程序，避免因灭菌不完全导致动物污染事故的发生。

（9）搞好实验室环境卫生，降低动物源病原的感染机会。动物室内应保持整洁，与饲养和实验无关的物品必须清理出去。应用消毒药浸泡过的拖把或抹布拖洗实验室地面、笼具、盛粪盘，以减少病原的扩散。

（10）一旦发生可疑疾病，应及时去医院作出明确诊断和及早治疗。切勿抱有侥幸心理，延误治疗时间。

（11）高压消毒器操作必须作记录，包括操作者姓名、压力、温度、灭菌时间以及物品名称等。灭菌过的物品应做好标记。

（金天明）

第六章　动物实验的基本技术方法

动物生理学是一门实验性科学，其理论知识需要通过实验进行反复实践才能加以掌握。因此，只有熟练掌握了实验的基本技术和方法，才能保证实验的顺利进行，减少实验动物的痛苦，获得可靠的实验结果，更好地验证生理学理论。

动物实验设计要遵循一定的科学原则，还应充分考虑受试动物的特点，设计出科学合理的实验方案，以取得准确可靠的结果，并尽可能通过简单的实验，解决复杂的问题。

第一节　动物实验前的准备

根据实验的目的和要求首先需要选择实验动物，由于不同的动物具有不同的特点，故所选用的动物应能满足实验的目的和预测得到较好的实验结果，因此，实验前要确定实验动物的数量、所用试剂的剂量和进行预实验等。

一、样本与剂量

（一）样本的确定

实验的样本数反映在实验动物上就是同一处理条件下使用的动物数。确定实验的样本数首先要考虑获得可靠的结论，其次是使用最少例数，即遵循最大效果和最小成本原则。动物实验的样本数主要根据经验估计法和计算法来确定。

1. 根据经验估计法选取样本数

根据常规经验，对不同类型实验动物样本数的选取是不同的。

（1）小动物（如小鼠、大鼠、鱼、蛙）　每组应为 10～30 例。获取计量资料进行 2 组对比时，每组应不少于 30 例；获取计数资料时，每组不少于 30 例。

（2）中等动物（如兔、豚鼠）　每组 8～12 例。获取计量资料时，每组应不少于 6 例；获取计数资料时，每组应不少于 20 例。

（3）大动物（如犬、猫、猴、羊）　每组一般 5～10 例。

以上数据是根据一般情况估计的样本数，在实际工作中，还要根据具体实验的性质、观察指标的特点来确定具体数据。如果观察指标特别明显并且非常稳定的实验，所需的样本数就可以适当减少。

2. 根据计算法选取样本数

计算法是根据统计学原理进行测算的方法，这种测算法应依据一定的实验基础，或是已有的参考结果或预实验的结果，并考虑该实验所要求的精确度，最后确定样本数。对于体外实验方法或其他实验方法，可以根据实验性质的不同，确定样本数。

（二）剂量的确定

在进行某种受试物（如药物）对动物的作用时，剂量的准确与否是一个很重要的问题。剂量太小，作用不明显；剂量太大，又可能导致动物中毒死亡。一般采用下列方法确定剂量。

（1）先用少量小鼠粗略摸索中毒剂量或致死剂量，然后用中毒剂量或致死剂量的若干分之一作为应用剂量，一般取 1/10～1/15。

（2）确定剂量后，如第一次实验的作用不明显，动物也没有中毒的表现（体重下降、精神不振、活动减少或其他症状），可以加大剂量再次实验；如出现中毒现象，作用也明显，则应减少剂量再次实验。在一般情况下，在适宜剂量范围内，受试物的作用强度常随剂量的加大而增强。所以，有条件时最好同时用几个剂量做实验，以便迅速获得关于受试物较完整的资料。如实验结果出现剂量与作用强度毫无规律时，则应慎重分析。

（3）用大动物进行实验时，开始的剂量可采用鼠类剂量的 1/15～1/2，以后可根据动物的反应调整剂量。

二、预实验与筛选

（一）预试验

预实验是指在正式动物实验前进行的初步实验。其目的在于检查各项准备工作是否完善，实验方法和步骤是否切实可行，测试指标是否稳定可靠，初步了解实验结果与预期结果的距离，从而为正式实验提供补充、修正意见和经验。预实验是动物实验必不可少的重要环节，预实验可使用少量动物进行，实验方法和观测指标应与正式实验一致。

预实验应着重解决的问题是：修正实验样本的种类和例数；检查实验的观察指标是否客观、灵敏和可靠；改进实验方法和熟悉实验技术；探索受试物剂量大小与反应的关系，确定最适受试物的剂量；初步预测可能的实验结果；发现进一步研究的线索；完善实验方案。

（二）筛选

筛选是在预实验的基础上，用少量动物对多数受试物进行试验。一般以 $P<0.1$ 为筛选合格标准，以免漏筛有价值的受试物。具体的筛选试验有：

1. 保护试验

筛选有毒药物时，常将各解毒药与毒剂的半数致死量（LD50）合用，连用 4 只动物，如均不死亡表示该药筛选合格（$P<0.1$）；如有 1 只死亡，可加试 3 只，若不死，也为筛选合格。总之，当死亡数为 0/4、1/7、2/9、3/12、4/14 时均可认为筛选合格。当然，筛选合格表示可以进行正式试验，不能说明正式试验必定有良好效果。

2. 概率判别试验

本法应用范围更广。对几只动物用药检测其阳性反应数，就可根据概率论推算出该药阳性率的大致情况。例如，欲筛选疗效在 60% 以上的药物。如连用 5 只仅 1 只有效，该药可以筛弃（阳性率＜60%，$P<0.1$）。连用 5 只均有效，该药筛选合格（阳性率＞60%，$P<0.1$）。

三、手术动物的准备

　　实验动物在实施手术前，根据实验目的，需对施术动物进行必要的准备。为增强动物的体质和抵抗力，以及对手术的耐受力，应给施术动物采用强心、输液和抗菌等措施。

　　术前要对动物进行清洁、揩擦或洗刷，以减少切口感染的机会。根据手术性质、麻醉安全和保定方法，需要术前禁食 12～24h；为避免施术时粪便污染，可在术前灌肠、导尿；为避免手术中因胃、肠鼓气压迫隔肌而引起呼吸困难，可在术前内服制酵剂或采取胃肠穿刺放气减压；对有可能流血较多的手术，应采取预防性止血的措施。

第二节　动物实验设计与分组

一、实验设计的基本原则

　　由于动物实验的对象是特定的生物个体，其个体之间存在着一定的差异性，为了保证实验结果的准确、可靠，必须对要开展的实验进行设计，以便控制可能影响实验结果的各种条件。进行实验设计必须遵循的基本原则是随机、对照和重复。

（一）随机原则

　　随机是减少实验材料差异性最基本的方法，通过随机的方法，将客观存在的影响实验结果的各种差异降至最小。在生物学（包括生理学）实验中，虽然可以通过不同的方法控制实验条件，但仍然不可避免由于各种差异造成的影响，特别是在动物实验中，动物间的个体差异是无法排除的客观存在，对这种差异，是可以通过随机的方法，将其分配到各实验组中，使这种差异不至于影响实验结果。

1. 随机原则的应用

　　在动物实验中，随机原则的应用非常广泛，凡是具有客观差异存在的各种物质分配，如动物的分组、时间的先后、操作人员、不同的仪器等，都应采用随机原则。在实际动物实验研究中，随机原则应用最为普遍的是动物的分组，实验动物存在着不可避免的个体差异，而且分组方法不同得到的结果也不一样，因此，随机原则的应用应受到重视。例如，采取抓取动物的方法对同一批动物进行分组，可能产生的结果是多样的。如果按照先后分组，首先抓到的动物可能是体弱和运动不良的动物，而最后抓到的动物则是体格强壮的动物，这样分组的结果必然产生显著的组间差异。因此，只有采用随机的方法，才能够将这种体质差异以及动物个体之间其他方面的差异按随机的原则分配到各组中。

　　动物实验过程中产生差异的因素很多，如果要避免这些因素对实验结果造成的影响，就需要采用随机的方法将客观差异产生的影响降到最小程度。近年来提倡"均衡下的随机"，即将能控制的主要因素（如体重和性别等）先行均衡后归类分档，然后在每一档中随机取出等量动物分配到各组，使那些难控制因素（如活泼、饥饱、疲劳程度及性周期等）得到随机化的安排。

2. 随机的方法

在实验过程中实施随机原则，可以根据具体实验的特点，采取不同的随机分组方法，从而实现实验设计和实施过程的随机化。动物随机分组的方法主要有以下几种。

（1）抽签法：这种方法的特点是操作简便，但在实际应用中受到一定的限制，特别是实验规模较大时，抽签的方法就受到了限制。

（2）投硬币法：这种方法的特点是操作简便，但一般只能在两种因素中确定一种。因此，对于复杂的实验设计，这种方法有很大的局限性。

（3）随机数字表法：这种方法是预先将随机产生的数字列表上的所有数字按随机抽样原理编制，表中任何一个数字出现在任何一个地方都是完全随机的，使用时可以从任意地方开始，向任意方向按顺序取得数据，每个数据代表一个被分配的个体，然后根据数据确定分配的组别。这种方法适用范围广，使用方便，在动物实验的分组过程中，可以减少实验者主观因素及其他因素所造成的实验误差，是常用的方法。

（4）随机数字法：这种方法是应用计算机自动生成随机数字的方法，由这些数字代表每一个待分配的个体，根据数字确定分配的组别。这种方法适用性强，使用方便，也是实验中常用的方法。

随机原则的应用并非仅仅依靠上述几种方法，重要的是通过对随机原则的理解，将随机原则应用于实验设计和实验过程中，以求得最大限度地降低各种客观因素对实验产生的影响。

（二）对照原则

在实验研究中，为准确表现出特定因素产生的结果，必须设立对照。比较研究是科学实验不可少的条件，没有比较，就难以鉴别，也就缺乏科学性，所以实验设计必须设立对照组。

在特定的情况下，有时需要设立多种对照，以限定实验的条件，客观反映出所需要的变化。在动物实验中，就是要通过设立各种对照，排除各种无关因素可能产生的影响，以便准确观察受试物产生的作用。设立对照应符合"齐同对比"的原则，即对照组与实验组之间除用以实验的受试物、处理的区别之外，其他一切条件如实验动物、方法、仪器、环境及时间等均应相同，动物的种属、品系、性别、窝别、年龄、体重、健康状况等方面尽量一致，以减少误差。一般将"齐同对比"归纳为"同时、同地、同环境、同种、同重、同批号"等几个方面。对照一般可分为以下几种类型：

1. 自身对照

即观察同一个体（如动物）在给药前后某项观测指标的变化，或者两种受试物一前一后交叉比较，这样可以减少个体差异的影响，自身对照比组间对照效率高，且个体差异的影响较小，是比较有效的对照比较方法。

2. 组间对照

组间对照是指在实验中，设立若干与研究组相平行的组别，以便将实验组的结果与其相比较。这种与实验组相平行的组别称为对照组。组间对照是动物实验中最常用的对照方法，组间对照可以是两两对照，也可以是多组对照，要根据实际工作需要来确定。对照组可以根据数据处理方法的不同，分为空白对照、实验对照、阳性对照等。

（1）空白对照：是设立不给受试物处理的对照组，用于观察不给药（或不加处理）时实验对象的反应和观察指标的变化。

（2）实验对照：是对实验对象进行与实验组同样的实验处理，但是不给予受试物。这种对照设立的目的是为了消除实验过程对实验结果的影响，如麻醉、注射和手术等处理过程。特别是在制备动物病理模型时，必须考虑设立实验对照组。

（3）阳性对照：阳性对照就是在同样实验条件下，设立给予同类受试物已知标准品的实验组，以检查实验方法及技术可靠性的实验方法。该方法在动物实验中应用非常普遍。

在实验设计中，必须认真全面考虑应该设立的对照组。在一项实验中，可以同时设立多种对照（如空白对照、实验对照和阳性对照等），以便准确有效地获得实验结果、达到实验目的，保证整个实验的成功。

（三）重复原则

重复是保证实验结果可靠性的重要措施之一。重复包含两方面的含义，即重现性和重复数。

1. 重现性

是指在同样的条件下，可以得到同样的实验结果。只有能够重现的实验结果，才是科学可靠的实验结果。不能重现的结果可能是偶然现象，偶然获得的结果，是没有科学价值的。实验中偶然结果可见于两种情况，一是由于某些非常规因素引起的假象，是错误的结果，这种结果必然不可能重现；二是由于尚未认识的影响因素导致的客观表现，但由于对影响因素缺乏足够的认识，暂时不能获得重复的结果。对于前者，要及时排除，减少假象的干扰；而对于后者，如果获得结果确实具有重要价值，而且符合逻辑，则应该认真研究影响因素，以求实现结果的重现。无论何种情况，不可重现的结果都是没有价值的结果。

2. 重复数

是指实验要有足够的次数或例数。如进行动物实验，在每次实验中需要使用一定数量的动物，对于其他实验，也应该有一定次数的重复。

在实验中要求一定的重复数，具有两方面的意义：一方面是消除个体差异和实验误差，提高实验结果的可靠性。在生理学实验中，仅仅根据一次实验或一个样本所得的结果，往往很难下结论，在适当的范围内重复越多，获得的结果就越可靠。另一方面是对实验结果的重现性验证。因此，在实验中设置一定的重复数，是动物实验的基本要求。

对于重复数的数值大小，或者究竟用多少动物或多大的样本进行动物实验，是研究者遇到的首要问题。样本过少不符合重复原则的要求，而重复数过多则增加实际工作中的困难和研究成本，而且单纯加大样本量并不能完全排除实验的偏差。所以，在实验设计时要对样本大小进行估计，争取以最小的实验例数获得可靠的实验结论。

二、常用的实验设计方法

动物实验设计的方法很多，最常用的实验设计方法是分组实验设计，此外，还有拉丁方设计和序贯设计等。对于实验组别的设置，可根据实际工作的需要和实验基本原则来确定。

1．单组比较设计

单组比较设计是以动物做自身对照，即在同一个体上观察给受试物前、后某种观测指标的变化，例如比较给药前后，药物对动物血压、血脂和体重的影响。本法的优点是能消除个体生物差异，但不适用于在同一个体上多次进行实验和观察的情况，还应注意有时生理盐水等阴性对照也可能在前后两次测量时出现一定差异（如体重和血压等）。

2．配对比较设计

配对比较设计是实验前将动物按性别、体重或其他有关因素加以配对，以基本相同的两个动物为一对，配成若干对，然后将一对动物随机分配于两组中。两组的动物数、体重和性别等情况基本相同，从而减少误差及实验动物的个体差异。

3．随机区组设计

随机区组设计是配对比较设计法的扩大，将全部动物按体重、性别及其他条件等分为若干组，每组中动物数目与拟划分的组数相等，体质条件相似，再将每个区组中的每一只动物进行编号，利用随机数字法将其分到各组中。

4．完全随机设计

完全随机设计是将每个实验对象随机分配到各组，并从各组实验结果的比较中得出结论。通常用随机数法进行完全随机化分组，此法的优点是设计和统计的处理都较简单，但在实验对象例数较少时往往不能保证组间的一致性。

5．拉丁方设计

拉丁方设计是指由拉丁字母所组成的正方形排列，在同一横行与同一纵列中没有重复的字母，适用于多因素的均衡随机。如比较某药与阳性、阴性对照组的作用时，要求用4种药物编成A、B、C、D四个号码，再按4×4拉丁方进行排列，每个动物（纵列）没有重复使用的药物，同一日期（横行）也没有重复使用的药物，这样既可以控制动物间的个体差异，也可避免因注射日期的先后带来的实验误差，若样本是5、6个，则可采用5×5或5×6拉丁方等。

6．正交设计

正交设计是用正交表作为因素分析的一种高效设计法。其特点是利用一套规范化的正交表来安排实验，适用于多因素、多水平、实验误差大和周期长等一类实验的设计。在实验设计过程中只要根据实验条件直接套用正交表即可，而不需要另行编制，正交表在统计学书上都可查到。

7．序贯设计

该法适用于能在较短时间内做出反应的受试物，可同时用作图或查表法随机了解统计结果，一旦达到所规定的标准，即可停止实验，做出结论。序贯设计所用的时间较长，因此，只适用于作用出现快（几分钟或几小时内）的受试物和供应数量受限、价格高的大动物实验，还适用于病例数稀少的临床研究。

第三节　实验动物的抓取与固定

抓取和固定是动物实验操作中一项最基本的技术，正确的抓取和固定要做到不损害动物健康，不影响指标观察，不被动物咬伤，并且保证实验能够顺利进行的原则。

　　动物害怕陌生人，对各种刺激有一定的防御能力，故在抓取和固定前，应先了解动物的生活习性，抓取时动作要大胆、迅速、熟练、准确，争取在动物感到不安之前抓取并固定好。下面介绍几种常用实验动物的抓取和固定方法。

一、小鼠的抓取与固定

　　小鼠属小型啮齿类动物，性情温驯，一般不会主动咬人，但若抓取不当也容易被咬伤，所以，抓取时动作要轻缓，先用右手抓住鼠尾提起，然后将其放在鼠笼盖或粗糙的平面上，并向后拉，当鼠向前挣扎时，迅速用左手的拇指和食指抓住其头颈部的皮肤，把鼠体置于左手中，用左手无名指和小指压紧鼠尾和后肢（图 6-1）。右手即可进行各种操作，如皮下注射、肌内注射和腹腔注射以及灌胃等实验操作。

　　有经验者可徒手固定。直接用左手的拇指和食指摁住鼠尾，提起小鼠置笼盖上，待其向前爬行时，将鼠尾移至小指夹住，腾出左手的拇指和食指顺鼠背向前移，迅速捏住两耳和颈部皮肤，中指捏住背部皮肤，并调整好动物在手中的姿势，即可进行实验操作（图 6-2）。

图 6-1　小鼠的抓取　　　　图 6-2　小鼠的固定

　　进行解剖、外科手术和心脏采血时，需将小鼠固定，可取一块边长 15～20cm 的木板，在板的前方边缘扎 1 根针头或钉入 1 根钉子，左右边缘再钉入 2 个钉子，消毒后使用。将小鼠麻醉后，用线绳将鼠头部和四肢依次固定在木板上。

　　尾静脉取血或注射时，可让小鼠直接钻入固定架里，也可采用一种简易的办法，即倒放一个烧杯或其他容器，把小鼠放在里面，只露出尾巴，然后用乙醇擦拭或尾部用 45～50℃的温水浸润几分钟以便暴露血管，然后进行注射或采血。这种容器或烧杯的大小和重量要适中，既能够压住鼠尾且又不让其活动，同时又起到压迫血管的作用。

　　抓取时如果用力过度，易使动物窒息或颈椎脱臼；用力过小，动物头部能反转过来咬伤实验者的手。因此，实验者必须反复练习，熟练掌握。

二、大鼠的抓取与固定

　　大鼠的牙齿尖锐，容易咬人，不易用袭击方式抓取，另外，大鼠在惊恐或激怒时易咬伤实验者的手指，提拿时最好戴上防护手套。4～5 周龄以内的大鼠和小鼠的抓取方法相同。周龄较大的大鼠尾部皮肤因为角质化容易被剥脱，所以需用左手从背部中央到胸部捏起来抓住。

　　轻轻抓住尾巴提起大鼠，将其置于粗糙的平面或笼盖上，迅速将拇指和食指插入大鼠的腋下，其余三指及掌心握住大鼠身体中段，并保持仰卧位，调整左手拇指抵在下颌骨上，即可进行操作（图6-3、图6-4）。尾静脉取血或注射时，可将大鼠放入固定盒内，或者倒放一个烧杯或其他容器，只留尾巴，即可进行操作。

图6-3 大鼠的抓取

图6-4 大鼠的固定

如需长时间固定操作，可将麻醉的大鼠仰卧或俯卧，用胶布缠粘（或用棉线扎腿固定）四肢，再用针透过胶布扎在泡沫板上，固定好四肢。为防止大鼠苏醒时咬伤人和便于颈、胸部等实验操作，要用一根棉绳拉住大鼠的两只上门齿固定在其头部后面的木板上。

三、豚鼠的抓取与固定

豚鼠性情温驯，一般不咬人，但因胆小易惊，不宜强烈刺激，抓取时要稳、准、迅速。抓取幼小豚鼠时，用两手捧起，成熟动物则用手掌迅速扣住豚鼠背部，抓住其肩胛上方，用拇指和食指环扣颈部。另一只手托住臀部（图6-5、图6-6）。由于该法容易引起豚鼠窒息，如果在实验过程中豚鼠挣扎频繁，应避免用此法。另外，也可用固定器固定豚鼠，将豚鼠四肢用线绳固定在木板或泡沫板上，方法和大、小鼠基本一样。

图6-5 豚鼠的抓取

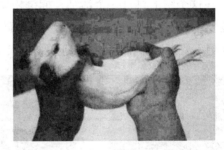
图6-6 豚鼠的固定

四、兔的抓取与固定

家兔性情比较温顺，不会咬人，但脚爪尖，挣扎时极易抓伤操作人员，因此，必须防备其四肢的活动。

抓取时，应轻轻打开兔笼门，不要让兔受惊，然后右手伸入笼内，从兔头前部把两耳轻轻压于手掌内，兔便卧伏不动，此时将颈背部的毛和皮肤一起抓住提起，并用左手托住兔腹部，使其体重主要落在这只手上，拿到兔笼外，即可进行皮下注射、腹腔注射和肌内注射、测肛温等实验操作（图6-7）。

注意不能单提两耳，易造成疼痛而引起挣扎。仅抓背部或腰部会造成耳、肾、腰椎的损伤或皮下出血。

如果只对兔的头部进行操作，如耳静脉注射、采血、颅内接种和观察兔耳血管变化时可用兔固定盒来固定头部（图6-8）。

图6-7　兔的抓取

图6-8　家兔的盒式固定

对兔进行测量血压等手术时，要将兔麻醉后固定在兔台上，拉直四肢，用棉绳固定在实验台两侧，头用固定夹固定，或用一根棉绳拴住兔的两只门牙，另一端固定在实验台上即可（图6-9）。

五、犬的抓取与固定

犬性凶恶，能咬伤人，因此，对于未经训练和调教的用于急性实验的犬，可用特制的长柄铁钳固定犬的颈部，或用长柄铁钩钩住犬颈部项圈，让助手绑住犬嘴；驯服的犬固定时，可从侧面靠近轻轻抚摸其颈背部皮肤，用手将其抱住（图6-10），然后由助手迅速用布带绑住其嘴，用粗棉带从下颌绕到上颌打一个结，再绕回下颌打第二个结，然后将棉带引至头后颈项部打第三个结，在这个结上再打一个活结，捆绑松紧要合适。麻醉后应立即解绑，特别是乙醚麻醉时，容易发生鼻腔黏膜充血水肿，阻塞气道而造成窒息。也可用特制的铁钳或长柄犬夹夹住犬的颈部（但不要夹伤嘴和其他部位）后，使犬头向上，颈部拉直，然后套上犬链。

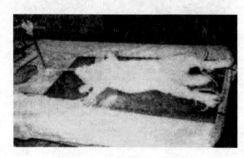

图6-9　家兔的台式固定

图6-10　犬的固定

慢性实验时可将已驯服的犬拉上固定架，将犬头和四肢绑住，再用粗棉带吊起犬的胸部和下腹部，固定在架的横梁上，即可进行体检、灌胃、取血和注射等实验操作。

固定犬时要先固定头部，再固定四肢。固定犬头需用一特制的犬头固定器，犬头固定器为一圆铁圈，圈的中央有一弓形铁，与棒螺丝相连，下面有一根平直铁闩。操作时先将犬舌拉出，把犬嘴插入固定器的铁圈内，再将平直铁闩横贯于犬齿后部的上下颌之间，然后向下旋转棒螺丝，使弓形铁逐渐下压在动物的下颌骨上，把铁柄固定在实验台的铁柱上即可。四肢固定时如果取仰卧位，其方法与家兔相同。

经过多次实验的犬比较驯服，甚至还能配合实验，这时不必强施暴力，可采取舒适的体位固定。固定的姿势一般采用仰卧位和腹卧位。仰卧位常用于做颈、胸、腹和股等部位的实验，腹卧位常用于做背和脑脊髓的实验。

六、猫的抓取与固定

抓取已驯服的猫时，伸手入笼抓猫肩部的皮肤将其提出，另一只手抓住其前肢并托住，然后将其夹在腋下，注意防备猫的锐爪和牙会伤人。

未驯服猫抓取时，一定要谨慎，先向猫打声招呼，然后伸进一只手，由头至颈轻轻抚摸，抓住肩背部皮肤，将猫从笼里拖出，用另一只手抓住腰背部皮肤，即可将猫抓住。

性情狂暴的猫抓取时可用布袋或网捕捉，抓取时要戴皮手套，以防猫的利爪和牙齿伤人。

固定可采用两种方法：一种是徒手固定，另一种是固定架固定。前者需两人配合，先由一人抓住猫的颈背部皮肤，同时捏住两只耳朵，不让其头部活动，用另一只手抓住两前肢，实验者抓住两后肢，将猫固定在实验台上。或者由助手一只手抓住猫的颈背部皮肤，另一只手抓住猫腰部皮肤，将其按压在台上（图6-11）。用固定架固定猫时，方法基本同兔。

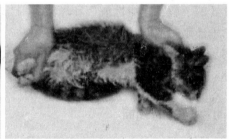

图6-11 猫的固定

七、蛙类的抓取与固定

蛙类抓取方法是用左手将其背部贴紧手掌固定，以中指、无名指、小指压住其左腹侧和后肢，拇指和食指分别压住左、右前肢，右手进行操作。

在抓取蟾蜍时，应注意勿挤压其两侧耳部突起的毒腺，以免毒液喷出射进眼中。实验如需长时间观察，可在枕骨大孔处用蛙针破坏其脑和脊髓（观察神经系统反应时不应破坏脑脊髓）或麻醉后用大头针固定在蛙板上，依据实验需要采取俯卧位或仰卧位固定。

第四节 常见实验动物性别鉴定与日龄判断

实验表明，不同性别和日龄的实验动物对受试物的敏感性不同。一般情况下，实验动物性别和日龄的判断方法如下。

一、实验动物性别鉴定

（一）小鼠、大鼠的性别鉴定

可根据外生殖器（阴蒂或阴茎）与肛门之间的距离来判定这些动物新生幼仔的性别，一般间隔短的是雌性，间隔长的是雄性。另外，成熟期雌性有阴道口，乳腺明显，雄性有膨起的阴囊和阴茎。

（二）豚鼠的性别鉴定

豚鼠的性别容易通过外生殖器的形态来判定。雌性外生殖器阴蒂突起比较小，用拇指按住这个突起，其余手指拨开大阴唇的皱褶，可看到阴道口，但要注意的是豚鼠的阴道口除发情期以外有闭锁膜关闭着。雄性外生殖器处有包皮覆盖的阴茎小隆起，用拇指轻轻按住包皮小突起的基部，龟头突出容易判别。

（三）兔的性别鉴定

新生仔兔的性别判定比大鼠困难，雌雄是根据肛门和尿道开口部之间的距离以及尿道开口部的形态来判别，肛门和尿道开口部之间的距离，雄性的是雌性的1.5～2倍。手指压靠近尿道开口处的下腹部，雌性肛门和尿道开口部之间的距离不明显伸长，尿道开口依然指向肛门方向；雄性则距离明显伸长，尿道开口与肛门方向相反。尿道开门部的形状，雌性为裂缝，细长形，雄性为圆筒形。成年兔根据雌性阴道口以及雄性阴囊部膨胀和阴茎等特征加以区别。

二、实验动物日龄的判断

实验动物的寿命各不相同，在发育上，有的以日计龄，有的以月计龄，有的以年计龄。若对犬和小鼠均观察一年，所反映的生命过程是完全不同的，即使同样是犬，不同的年龄段所反映的生命过程也不尽相同，即年龄不同，其生物学特性不同。在受到外界因素的作用时，不同年龄的动物可呈现不同的反应和应激状态，如兔出生2周以上肝脏才有解毒功能，4周后才达到成年兔水平。一般来说，应选择性成熟的青壮年动物为宜，老龄动物的代谢、各系统功能均下降，除特殊实验外，不宜选用。所以在选择实验动物年龄时，应注意到各种实验动物之间的年龄对应关系，以便进行分析和比较。

动物一般可按体重推算年龄。例如，昆明小鼠6周龄时雄性约32g，雌性约28g；Wistar大鼠6周龄时雄性约180g，雌性约160g；豚鼠2月龄时体重约400g；日本大耳白兔8月龄时体重约4 500g。应该注意的是，实验动物的体重与年龄间有一定的相关性，但这种关系依赖于一定的营养水平及饲养条件。在正常营养状态及饲养条件下，也可根据体重选择发育正常和体重符合要求的实验动物，不宜笼统对待。同一实验中，动物体重尽可能一致，若相差悬殊，则易增加动物反应的个体差异，影响实验结果的正确性。

第五节 动物标记法及去毛法

动物在实验前通常要分组，需将其标记并加以区别。标记的方法有很多，良好的标记方法应满足标号清晰、耐久、简便、适用、无明显损伤、无毒和易辨认等要求。常用的标记方法有染色法、耳缘剪孔法、烙印法和挂牌法等。

一、动物标记法

（一）染色标记法

此标记方法在实验室中最常用，也很方便，常用化学药品涂染动物背部或四肢一定部位的皮毛，使其代表一定的编号。常用的涂染化学药品有如下几种：①红色：0.5% 中性红或品红。②黄色：3%～5% 苦味酸溶液。③咖啡色：2% 硝酸银溶液。④黑色：煤焦油乙醇溶液。

染色标记法对白色皮毛动物如大耳白兔、大白鼠和小白鼠都很适用。常用的染色方法有：①直接用染色剂在动物被毛上标号码。此法简单，但如果动物太小或号码位数太多，就不能采用此法。②用一种染色剂染动物的不同部位。其惯例是先左后右，从上到下。其顺序为左前腿 1 号，左腹部 2 号，左后腿 3 号，头部 4 号，腰部 5 号，尾根部 6 号，右前腿 7 号，右腰部 8 号，右后腿 9 号。③用多种染色剂染动物的不同部位。可用一种颜色作为十位，一种颜色作为个位，配合两法，交互使用可编到 99 号。比如要标记 12 号就可以在左前腿涂上红色，左腹部涂上黄色。

染色标记法简便、清晰，适用于短期试验，如要做长期实验，避免褪色，可每隔 2～3 周重染一次。也可用鼠尾标记法编号，用苦味酸或其他染色剂涂画在鼠尾部（图 6-12）。

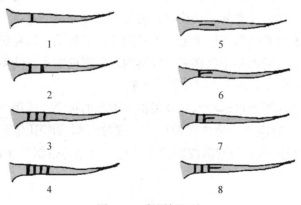

图 6-12　鼠尾标记法

（二）耳缘打孔或剪口法

可用剪子在耳朵不同部位剪一缺口或用打孔器打一小孔表示号码，此方法常在饲养大量动物时作为终生号采用。需特别注意的是，打孔后要用消毒滑石粉抹在打孔局部，以免伤口愈合后辨认不出来（图 6-13）。

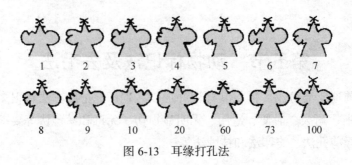

图 6-13　耳缘打孔法

（三）烙印法

用刺数钳在动物耳上刺上号码，然后用棉签蘸着溶在乙醇中的墨黑在刺号上加以涂抹，烙印前最好预先用乙醇消毒烙印部位。

（四）挂牌法

用金属制的号牌固定于实验动物的身上或笼门上，金属号牌可固定于动物耳上，大动物可系于颈上。金属号牌应选用不锈钢等对动物局部组织刺激小的金属制品。

二、动物去毛法

动物的被毛会影响实验操作和实验结果的观察，因此，实验中常需去除或剪短动物的被毛，标号或区别动物时有时也需剪毛或脱毛。常用的去毛方法有剪毛、拔毛和脱毛三种。

（一）剪毛法

剪毛前先将动物适当固定，然后在选定部位先用剪刀小心将毛剪短，再用理发用的推剪或电动剃须刀沿皮缘修理，注意勿损伤皮肤。剪毛时需注意以下几点：①应把剪刀贴紧皮肤剪毛，必要时用拇指和食指拉紧皮肤剪毛，不可用手提起被毛，以免剪破皮肤；②依次分批剪毛，不要乱剪；③剪下的毛集中放在一个容器内，容器内加水以防剪下的毛乱飞，在手术部位或实验环境中勿遗留剪下的毛，以免影响实验。

在进行手术前，需用肥皂水刷洗术部及周围大面积的被毛，再用干布拭干，然后将术部被毛剪短、剃净。剃毛时应避免造成微细伤口，或过度刺激而引起充血，剃毛最好为手术前夕，以便有时间缓和因剃毛引起的皮肤刺激。剪、剃毛的范围要超出切口周围 10～15cm 以上。

（二）拔毛法

拔毛就是用拇指和食指将所需部位皮毛拔出，兔的耳缘静脉注射或取血时以及给大、小鼠做尾静脉注射时常用此法。拔毛既暴露了血管，又可刺激局部组织，起到了扩张血管利于操作的作用，也可用胶布或医用橡皮膏在去毛部位反复轻贴轻拉去毛，这些去毛方法简便，但毛囊易受损，一般需观察 1～2 天再进行实验。

（三）脱毛法

在兽医临床上也可使用脱毛剂代替剃毛，配制硫化钠或硫化钡制成的溶液，用棉球蘸少许在术部涂擦约 5 分钟，当被毛呈糊状时，用纱布轻轻擦去，再用清水洗净即可。为了避免脱毛剂流散，也可以配成糊剂，配方为：硫化钡或硫化钠 50.0g，氧化锌 100.0g，淀粉 100.0g，最后用温水调成糊状。使用前最好先将脱毛区的被毛剪短，然后用水湿润，再将糊剂涂一薄层，约经 10 分钟擦去糊剂，用水洗净。

脱毛剂使用方便，脱毛干净，不影响术后愈合，不破坏毛囊，术后被毛可再生长。缺点是个别动物对此敏感，有时可使皮肤增厚，切开皮肤时出血增多。因此，脱毛剂最好在手术前夕使用。

第六节 动物的麻醉方法

在动物实验中，为减少动物的挣扎和保持安静，便于操作，确保实验动物的安全和实验的顺利进行，常对动物采取必要的麻醉。由于动物种属间的差异、实验目的不同、日龄和健康状况各异等因素，所采用的麻醉方法和选用麻醉剂亦有所不同，目前较常应用的兽医外科麻醉方法可分为三大类。

一、全身麻醉

全身麻醉是指利用全身麻醉剂对中枢神经系统产生抑制，从而暂时地使动物的意识、感觉、反射和肌肉张力部分或全部丧失，当麻醉药在体内排出或代谢破坏后，实验动物逐渐清醒，不留后遗症的一种麻醉方法。

全身麻醉时，如果单纯地采用一种全身麻醉剂施行麻醉的方法，称为单纯麻醉。为了增强麻醉剂的效果，降低其毒副作用，利用多种麻醉剂或麻醉方法的联合应用，称为复合麻醉。在复合麻醉时，如果同时注入两种以上麻醉剂的混合物达到麻醉的方法，称混合麻醉（如水合氯醛硫酸镁）；在采用全身麻醉的同时配合应用局部麻醉，称为配合麻醉；间隔一定时间，先后应用两种以上麻醉剂的麻醉方法，称为合并麻醉。在合并麻醉中，开始输入较大剂量或较高浓度的麻醉剂，使麻醉达到一定的深度，然后再减小麻醉剂的剂量或降低其浓度，使麻醉维持在一定水平，前者称为诱导麻醉，后者称为维持麻醉。

根据麻醉剂引入体内的方法不同，可将全身麻醉分为吸入麻醉法和注射麻醉法。麻醉剂的给药途径有静脉注射、皮下注射、肌内注射、腹腔注射、胸骨内注射、口服以及直肠灌注等方法，其中最常使用的是静脉注射。

根据动物种类的不同，注射部位也不同。在马、牛、绵羊和山羊使用颈静脉注射；在猪最常使用耳静脉和前腔静脉；在犬可选择臂头静脉和股静脉；在猫常利用臂头静脉和股静脉。

（一）注射麻醉法

在动物实验中比较常用的注射麻醉药有下面几种方法。

1. 巴比妥类药物

它由巴比妥酸衍生物的钠盐组成。根据巴比妥类药物作用的持续时间可将其分为长时作用、中时作用、短时作用和超短时作用四大类。所有供临床麻醉使用的巴比妥类如戊巴比妥、甲己炔巴比妥、硫喷妥和硫戊巴比妥都属于短时作用和超短时作用类；而供镇静、催眠和镇痉用的巴比妥类都属于长时作用和中时作用类。

巴比妥类的主要药理作用是阻碍冲动向大脑皮层中枢的传导，因而对中枢神经系统产生抑制。使用催眠剂量时，对呼吸系统和基础代谢的影响不大；使用麻醉剂量时，可抑制呼吸和心血管系统，使呼吸减慢、血压下降，降低基础代谢，导致体温下降等。过量用药将导致呼吸麻痹和死亡。

巴比妥类药物可以单独用作诱导麻醉或维持麻醉。如果作为吸入麻醉前的诱导麻醉使用时，应小心地计算药量，迅速静脉注射1/2的计算剂量，然后再缓慢地注入剩余剂量，达到麻醉效果后插入气管插管。如果在使用巴比妥药物之前，给动物使用过镇定剂或镇静剂，应该减少巴比妥类的用药量，通常减少计算剂量的1/3，甚至1/2。

巴比妥类药物除单独或与麻醉前用药合并使用外，还可与其他麻醉剂合并使用，如戊巴比妥钠与水合氯醛硫酸镁混合（混合液中含6% 水合氯醛，3% 硫酸镁，0.65% 戊巴比妥钠），用于马属动物的诱导麻醉和维持麻醉。常用麻醉药的用法与剂量见表6-1。

表 6-1　常用麻醉药的用法与剂量

麻醉药名	适用动物	给药途径	常配浓度 /%	用药量 /（mg/kg）	麻醉维持时间
戊巴比妥钠	犬、猫、兔	静脉	3	1.0	2～4h，中途加 1/5 量，可多维持 1h 以上
		腹腔	3	1.4～1.7	
	豚鼠	腹腔	2	2.0～2.5	
	大鼠、小鼠	腹腔	2	2.3	
	鸟类	肌内注射	2	2.5～5.0	
氨基甲酸乙酯（乌拉坦）	犬、猫、兔	腹腔、静脉	25	3～4	2～4h，主要适于小动物，有时可降低血压
	豚鼠	肌内注射	20	7.0	
	大鼠、小鼠	肌内注射	20	7.0	
	鸟类	肌内注射	20	6.3	
	蛙类	皮下淋巴囊	20	2～3mL/ 只	
异戊巴比妥	犬、猫、兔	静脉	5	0.8～1.0	4～6h
		腹腔、肌内注射	10	0.8～1.0	
	鼠类	直肠	10	1.0	

2. 盐酸氯胺酮

它是一种持续作用时间较短、静脉内注射并且具有镇静、镇痛作用的"分离麻醉剂"。其镇痛效果较强，但不抑制所有的大脑皮层中枢，外界刺激易使动物惊动，现已广泛用于各种动物的保定。如给猫静脉注射龙朋（2.2mg/kg）10min 后，静脉注射盐酸氯胺酮（11mg/kg），能造成平均 125min 的深睡时间。没有禁食的猫，使用龙朋 - 氯胺酮后常引起呕吐反应。

3. 静松灵（二甲苯胺噻唑）

它是我国合成的一种具有镇静、镇痛和肌肉松弛作用的药物。国内已经广泛用于家畜和野生动物的麻醉、保定和运输等。其肌内注射量：牛为 0.2～0.6mg/kg，水牛为 0.4～1mg/kg，羊为1～3mg/kg，马、骡为 0.5～1.2mg/kg，驴为 1～3mg/kg，马鹿为 2～5mg/kg，梅花鹿为1～3mg/kg。

4. 水合氯醛

水合氯醛能抑制大脑皮层的活动，使反射的兴奋性降低，是一种良好的催眠剂。由于造成麻醉的用药量接近动物的致死量，麻醉剂量的水合氯醛严重地抑制心血管中枢和呼吸中枢，导致血压下降和呼吸衰竭，且镇痛效果较弱，当不留心注射到静脉外时，存在剧烈的刺激性，所以它不是一种良好的麻醉剂。但由于它使用简便、价廉，目前仍作为马属动物的全身麻醉剂。一般不做深麻醉，仅在浅麻醉或中麻醉下配合其他麻醉方法进行手术。另外，也可用作牛和猪的诱导麻醉和维持麻醉，但现已逐渐用龙朋取代牛的水合氯醛麻醉，而且水合氯醛不被用作小动物的麻醉。

（二）吸入麻醉法

吸入麻醉是指通过呼吸道吸入挥发性麻醉剂的蒸汽和气体麻醉剂，从而产生麻醉作用的方法。根据呼吸气体在麻醉装置中运转的方式不同，可将吸入麻醉的方法分为四种，即开放式、半开放式、半关闭式和关闭式，后两者均用于环行式给药麻醉。吸入麻醉的优点是可迅速准确地控制麻醉深度，可较快终止麻醉，复苏快。缺点是操作比较复杂，麻醉装置价格昂贵。吸入麻醉剂的种类多，以乙醚较为常用。近二十年来，氟烷、甲氧氟烷、安氟醚和氧化亚氮等新的吸入麻醉剂已广泛应用于临床实践，但各有其优、缺点。

1. 麻醉剂

（1）乙醚：作用安全可靠的麻醉剂。乙醚能被空气、光和热分解为醋酸、醛和过氧化物，这些物质具有一定的毒性，因此，麻醉时宜采用新开瓶的乙醚。乙醚对呼吸道黏膜有强烈刺激性，使分泌物增多，在麻醉过程中，动物心率增加，支气管和冠状动脉扩张，肠蠕动减弱。循环麻痹所需剂量为呼吸麻痹的 2.6 倍。安全范围比较广，肌松良好。对心脏、肝、肾功能影响较微。其最大缺点是气味难闻、易燃易爆、麻醉诱导和术后复苏时间均较长。

（2）氟烷：麻醉性能强（为乙醚的 4 倍），诱导和复苏迅速平稳，对呼吸黏膜无刺激，且具有扩张支气管的作用，氟烷不引起燃烧和爆炸，可用于需要电灼的手术，过量时，可发生循环抑制。氟烷麻醉镇痛效果良好，但肌松不充分，对肝脏有不良影响。

（3）甲氧氟烷：麻醉性能类似氟烷，但诱导和复苏较慢，镇痛效果好，对呼吸道无刺激作用。麻醉开始，呼吸频率稍微增加，随着麻醉加深，呼吸频率和每分钟呼吸量也逐渐减少。深麻醉时心率和心输出量均减少，对肝、肾功能有显著影响。

（4）安氟醚：麻醉性能强，诱导和复苏平稳。不刺激呼吸道黏膜，也不引起分泌物增加，随着麻醉深度的增加，呼吸频率渐进性减慢，血压逐渐下降，但不引起心率的变化，对肝、肾功能影响小。在深麻醉时，可获良好的肌肉松弛。在用安氟醚麻醉过程中，禁用肾上腺素。

（5）氧化亚氮：它是一种毒性最小的吸入麻醉剂，对身体各器官的功能基本上无不良影响。镇痛效果良好，单独使用时麻醉作用弱，肌松效果较差。常和其他全身麻醉剂或全身麻醉辅佐剂复合使用，使麻醉更加平稳，容易操作和管理。

2. 麻醉方法

（1）开放式：开放点滴法是乙醚麻醉中最简易的方法，不需要特殊的设备，只需要一个面罩或口筒即可进行麻醉。麻醉前先用凡士林涂在动物口鼻周围，然后用盖有4～6层纱布的口罩将动物的口鼻罩住，周围用纱布或毛巾塞紧，往口罩上点滴麻醉剂，使动物在吸气时吸入。除乙醚外，氟烷和三氯乙烯也可以使用开放点滴法麻醉。开放式滴加乙醚时，大部分乙醚散发在大气中，浪费较多，因此，在诱导麻醉完成后，常改用气管内插管以维持麻醉。

（2）半开放式：用氧气（或空气）吹汽化器中的麻醉剂，麻醉剂挥发的蒸气与氧气（或空气）混合后被动物吸入到呼吸道，而后进入动物体内。最后，随呼气排到大气中。

（3）半关闭式和关闭式麻醉：可用规范的麻醉剂做半关闭式和关闭式给药麻醉，这两种麻醉方法的不同仅在于重新呼吸呼出来的气体量、吸收二氧化碳的量和需要新鲜气体流量上的差别。在半关闭式（部分重呼吸）给药方法中，呼出的气体部分被释放到大气中去，部分被吸收剂重吸收。另一方面，在关闭式给药方法中，呼出的气体二氧化碳被吸收剂吸收。为了满足代谢需要，应补偿渗漏部分，因此，必须把足够的氧气添加到麻醉装置系统中去。

二、局部麻醉

局部麻醉具有全身生理干扰小、比较安全、操作简便、费用低的特点，可用于全身各部的许多手术。对牛、羊、猪常使用麻醉前用药配合局部麻醉的方法施术。

常用的局部麻醉剂按其化学结构可分为酯类和酰胺类。普鲁卡因、丁卡因、可卡因和盐酸普鲁卡因等属于酯类；利多卡因、地布卡因、卡博卡因和布大卡因等属于酰胺类。

局部麻醉方法如下所述：

1. 表面麻醉

表面麻醉是指将局部麻醉药喷滴、涂布或填充于黏膜表面，使黏膜产生麻醉作用，常用于角膜、结膜、口、鼻和直肠黏膜的麻醉方法。

2. 浸润麻醉

浸润麻醉是指将局部麻醉药注射在拟施行手术的部位，使其在组织中浸润感觉神经纤维产生麻醉作用的方法。其方法有直线浸润麻醉、菱形浸润、扇形浸润和分层浸润麻醉等。

3. 区域阻滞麻醉

区域阻滞麻醉是指将局部麻醉药注射在手术部位的周围及其基底部的组织内，形成一个圆锥形、盆形或环形包围圈，阻滞圈内组织疼痛传导的方法。

4. 神经干阻滞麻醉

神经干阻滞麻醉是指将局部麻醉药注射在神经干周围，阻滞神经的传导，使该神经所支配的区域内产生局部麻醉作用的方法。

5. 硬膜外腔麻醉

硬膜外腔麻醉是指将局部麻醉药注入脊髓硬膜外腔，阻滞某一部分脊神经，使躯干的某一节段得到麻醉的方法。常见有腰和荐部硬膜外腔麻醉。一是荐尾硬膜外腔麻醉，由于牛、马第1尾椎和最后荐椎往往紧密连接或融合，所以多在第1或第2尾椎间隙进行注射。注射方法是把动物置于柱栏内保定，剪去第1、3尾椎间隙背侧的被毛，清洁、消毒，在第1或第2尾椎间隙刺入针头至皮下，注入少量局部麻醉药（简称局麻药），然后垂直刺入或针头呈30°向前刺入，刺穿弓间韧带，将针头插至椎管底盘后稍许后退，确信针头扎在硬外腔时，注入局麻药。用药量依动物体的大小而定：牛，2%～4%普鲁卡因10～15mL，2%利多卡因5～10mL；马，3%普鲁卡因5～10mL，2%利多卡因5～10mL；山羊和绵羊，2%～3%普鲁卡因3～5mL，1%～2%利多卡因2～5mL。二是腰荐硬膜外腔麻醉，犬、猫、猪、小反刍动物和牛等均可采用此方法麻醉。根据动物种类、个体大小选择适用的针头，最好选用短斜面带有管芯针的椎管注射针头，小心谨慎地把针头刺入硬膜外腔内，在背脊中线进针，在进入硬膜外腔前，有刺穿弓间韧带的感觉。当针插入硬膜外腔时，针头刺入的阻力突然减小，推动注射器针栓无液体回流。

绵羊和山羊侧卧保定，向前抓住后肢使背腰部弯曲。在脊中线与两髂前线连线交点稍后方，紧靠最后腰椎棘突的后方，刺入带管芯针的针头，针头稍向前缓慢地推进，穿过弓间韧带，置于硬膜外腔内。依羊体重的大小，注入4%普鲁卡因或2%利多卡因5～12mL。

猪以仰卧或站立的姿势保定。在两肋骨连线中点后方2.5～5cm处，将针头稍微向前、向下刺入，穿过弓间韧带。依猪体型的大小，进针的深度为5～10cm，注射量为2%普鲁卡因1mL/4.5kg体重或2%利多卡因1mL/7.5kg体重。

在麻醉前，给犬注射镇静剂，有利于注射时的保定。把犬置于手术台上站立，妥善固定嘴部，助手把犬头置于一手臂的掖内夹住颈部，两手在犬的膝关节上方抓住后腿或用体躯把犬按压呈胸卧姿势，两手抓住后腿，使两后肢屈曲在手术台旁，术者以左手拇指和中指置于两侧髂嵴上，食指紧接在第7腰椎棘突结节后方中央触摸腰荐间隙。对于中等大小的犬，针头稍倾斜向前刺入，穿过弓间韧带后，进一步推进，针头抵达椎管底盘后，稍微向后退出，缓慢地注入2%利多卡因1mL/4.5kg体重。

用绷带分别把猫四肢捆住，猫呈胸腹卧的姿势保定在手术台上。术者站立在猫的右侧，麻醉前宜给予镇静剂。左手拇指和中指置于猫的两髂嵴上，食指在脊中线上触摸腰荐窝的凹陷，右手握针头，在腰荐窝的前线正后方垂直刺入，穿过弓间韧带时，有一种破裂音的感觉，随后阻力降低，当针准确置入和开始注射时，猫尾常作纤维性颤动。

三、椎管内麻醉

在椎管内注射麻醉药，阻滞脊神经的传导，使其所支配的区域无疼痛，称椎管内麻醉。

根据麻醉药注射的部位不同又分为蛛网膜下腔麻醉、硬脊膜外腔麻醉和骶管麻醉。以上方法常适用于大型动物（如猪、马、牛、羊等）。使用该方法必须熟悉椎管的局部解剖特点，尽可能避免或减少并发症的发生。常用药为普鲁卡因和可卡因等。

1. 牛腰椎旁神经传导麻醉

本法用于阻滞第13胸神经和第1、2腰神经。注射部位是在腰椎棘突侧方5cm，分别靠近第1腰椎横突的前缘、后缘和第2腰椎的后缘，如切口在腰椎旁后窝，还需麻醉第3腰神经（其部位是在紧靠第3腰椎横突的后缘）。局部剪毛消毒后，刺入针头，当针头抵达横突时，移动针头使其离开横突缘，再刺入1～1.5cm，注射局部麻醉药5～10mL，麻醉腹侧支。然后把针头退出约2.5cm，再注入局部麻醉药5mL，麻醉背侧支，10min后可出现麻醉效果。

2. 肋间神经传导麻醉

在欲切除肋骨的后缘与髂肋肌外侧缘的相交处将针垂直刺入，当针尖抵达肋骨后缘时，将针尖滑过肋骨后缘向深处刺入0.5～0.7cm，注入局部麻醉药10mL，以麻醉肋间神经，再将针尖退至皮下，注射等量的局麻药以麻醉背侧。

四、动物麻醉深度的判定

不管什么情况，过深的麻醉会导致动物死亡，过浅又不能获得满意的效果。要根据动物的呼吸、眼睛的表现等情况进行安全有效的麻醉，表6-2是麻醉深度判定的指标。

表6-2　麻醉深度判定指标

指标	浅麻醉	中麻醉（最佳麻醉）	深麻醉
呼吸方式	不规则	规则的胸腹式呼吸，呼吸次数，换气量减少，血压、心跳次数保持一定	腹式呼吸，换气量明显减少，心跳次数减少，血压下降
循环系统	频低，血压下降		
眼的表现	有眼球运动，对光反射眼球向下方，瞳孔收缩，结膜露出，流泪咽下，尚有咽喉头反射	眼球置于中央或靠近中央，眼睑反射迟钝，对光反射亦迟钝，瞳孔稍开大	眼睑对光和角膜反射消失，瞳孔散大，角膜干燥
口腔反射	有	无	无
肌松弛		腹肌明显	腹肌异常运动
其他表现	流涎，出汗，分泌物增多，排便和排尿等	内脏牵引引起的迷走神经反射和收缩反射消失	

第七节　动物给药途径与方法

在动物试验中，为了观察某种药物的药效，都需要对动物采用一定形式的给药，然后观察动物机体的生理功能和代谢等变化。给药途径与方法的选择主要是根据实验目的、实验条件及药品性质而定。常见的给药方法有灌胃、气管注入、皮下注射、肌内注射、静脉注射和腹腔注射、吸入给药以及皮肤给药等，有时根据实验的特殊要求可采用皮下或组织给药（埋藏）、滴眼、对离体细胞体外混药培养等。

一、注射给药

（一）皮下注射

皮下组织疏松的部位都可做皮下注射。大鼠、小鼠和豚鼠可取颈后肩胛间、腹部或腿内侧皮下注射；兔可取背部或耳根部皮下注射；犬及猫常在大腿外侧皮下注射；蛙可在脊背部淋巴腔注射；鸽通常采用翼下注射。注射部位常规消毒后，左手提起皮肤，右手持针，针头水平刺入皮下即可注射，注意勿将药液注入皮内。一般皮下注射采用 5 号半针头，不宜采用较大的针头，以免注入皮下的液体由针口溢出。

（二）皮内注射

皮内注射时需将注射部位局部脱毛、消毒，然后用左手拇指和食指按住皮肤使之绷紧，在两指之间，用卡介苗注射器配 4 号半细针头，紧贴皮肤表层刺入皮内，然后再向上挑起并向下刺入。或先将针头刺入皮下，然后使针头向上挑起直至看到透过真皮为止，如在皮内，肉眼可见到针头的方向，然后即可缓慢注射，皮肤表面应马上出现白色橘皮样隆起，证明药液已进入皮内。

（三）肌内注射

肌内注射应选择肌肉发达、无大血管通过的部位，一般多选臀部、大腿内侧或外侧，注射时垂直快速刺入肌肉，回抽针栓如无回血，即可进行注射。大、小鼠、豚鼠常选在大腿内侧肌内注射；兔可在颈椎或腰椎旁侧的肌内注射；猫、犬等大动物常在臀部肌内注射。一般肌内注射选用针头应较小，给小鼠、大鼠等小动物注射，多选用 5 号半针头。

（四）腹腔注射

用大、小白鼠做实验时，以左手抓住动物，腹部向上，头稍向下倾斜，右手将注射针头于左（或右下腹部）刺入皮下，针头向前推进 0.5～1.0cm，再以 45°穿过腹肌，固定针头，缓缓注入药液。动物处于头低位可避免伤及内脏，另外腹腔进针速度不可过猛、过快，以免脏器无法避开针头。若实验动物为兔，进针部位多为下腹部的腹白线旁开 1cm 处。

（五）静脉注射

不同种动物其注射方法和注射部位各不相同。

1. 大鼠和小鼠

鼠尾可见 4 条血管，上、左、右两侧为静脉，下部为动脉。注射时，先将动物固定在鼠筒内或烧杯中，使尾巴露出，尾巴用 45～50℃的温水浸润半分钟，待血管扩张后或小鼠出现甩尾时取出小鼠尾部，擦干消毒，在末端 1/3 或 1/4 处针头与静脉平行（小于 30°），缓慢进针，以左手拇指、食指将针头与鼠尾一起固定，试注入少许药液，如果注射部位皮肤不发白，并感觉进药阻力不大时，表示针头刺入静脉，此时，应更换部位重扎，最好一次刺入成功，第二次再刺因药液外渗引起水肿及血管被刺伤后引起痉挛等常使再次静脉注射更加困难，假如第一次穿针失败可逐渐向鼠尾根部上移进行再次穿刺。注射速度一般为 0.05～0.1mL/s，一般注射量为 0.05～0.1mL/10g 体重。注射完毕后把尾部向注射侧弯曲以止血，或拔出针头后随即以左手拇指按注射部位，以防止溶液及血液流出。

静脉注射时一定要注意局部的环境温度，一般局部外境温度在 30℃ 左右或以上时，静脉注射时较易进行，环境温度低可增加尾静脉注射时的困难。小鼠尾静脉较易注射，大鼠尾部因表皮角质较厚、较硬，先用温水或乙醇使角质软化后再擦干进行静脉注射，静脉注射多为 4 号半针头。

2. 兔

兔耳缘的血管为静脉，耳中间的血管是动脉。注射部位去毛，热敷和消毒，待血管扩张后，以左手拇指与食指压住静脉耳根端并使静脉充盈，将 4 号半针头平行刺入静脉，抽动针管，见有回血即可推注，注射完毕，拔出针头，用手或药棉压迫针眼片刻。耳内缘静脉深且不易固定，故一般不用或少用，外缘静脉浅易固定，因此常用。

3. 豚鼠

一般用前肢皮下静脉注射，后肢小隐静脉在上部比较明显，接近下部的静脉不明显，却容易固定，易于插入，而上部的静脉虽较明显，但容易动，不易刺入。也可将皮肤切开一小口，使胫前静脉露出后注射，注射量不超过 2mL。也有利用耳缘静脉或雄豚鼠的阴茎静脉给药。

4. 猫

将猫装入固定袋或固定笼，取出前肢，紧握肘关节上部或用橡皮带扎紧，使前肢皮下静脉充血，用 75% 乙醇消毒，从前肢的末端将注射针刺入静脉，证实针在静脉内后，放松握猫前肢关节上部的手或取下橡皮带，用右手缓缓注入药液。亦可从后肢的静脉、颈静脉、舌下静脉注射。

5. 犬

已麻醉的犬可选用股静脉给药。未麻醉的犬则可选用前肢皮下头静脉或后肢小隐静脉给药。注射前先将注射部位毛剪去，在静脉向心端处用橡皮带绑紧（或用手抓住）使血管充血。针向近心端刺入静脉，为保证药物确实注入静脉，应在注入药液之间回抽针栓，若有回血即可推注药液。犬也可在颈部静脉注射。助手抱住犬，术者用左手拇指压迫颈部的上 1/3 处，使颈静脉充血，注射针刺入静脉，回血后缓缓注入药液。不熟练者，可先剪掉注射部位的毛，待看到清楚的静脉（充血）后再注射。

6. 猴、鸽

常在猴后肢的小隐静脉或股静脉进行注射。鸽可从翼下静脉注射。

7. 蛙（或蟾蜍）

将蛙或蟾蜍脑脊髓破坏后，仰卧固定于蛙板上，沿腹中线稍左剪开腹肌，可见到腹静脉贴着腹壁肌肉下行，将注射针头沿血管平行方向刺入即可。

8. 猪

在耳静脉和颈静脉处注射。

（六）淋巴囊注射

蛙及蟾蜍皮下有数个淋巴囊，主要可注入颌下、胸、腹及大腿等淋巴囊内，由于其皮肤薄，缺乏弹性，如果用注射针刺入，抽针后药液易自注射处流出，因此，注射胸淋巴囊时，应从口角入口腔底部刺入肌层，再进入皮下，针尖在胸淋巴囊后，再进行注射。注射大腿淋巴囊时，针尖从腿部皮肤刺入，通过膝关节进入大腿淋巴囊。注射腹淋巴囊时，针尖从胸淋巴囊刺入，进入腹淋巴囊后再注射，注射量为每只 0.25～1mL。

二、经口给药

1. 喂饲

对较大动物灌胃给药，虽剂量准确，但费时、费力，特别长时间反复给药时，一次灌胃插错灌胃管，就有可能导致动物死亡或被呛住，出现肺部炎症，因此，可考虑将药物混入饲料或饮水中。不溶于水的药物可拌入饲料，溶于水的可溶入饮水中，但渗入饲料或饮水的药物应具有易挥发、不易破坏的特性，且不与食物起化学反应，没有特殊的气味等。虽此种给药方式简便易行，但存在给药量不准和动物服药量差异较大的缺点。

2. 经口滴入

将动物保持相应的体位，用金属管或硬塑料管接上注射器，将药液或混悬液滴入动物口腔，注意应送至咽部，让其自行吞咽，为了不使滴入的药液流出口外，可将药物配成淀粉糊剂，在滴入口腔之后，可给予动物较喜爱吃的食料，如兔给些青菜，猫和犬给些肉类食物等，以使滴入的药物全部进入胃内。

3. 经口吞咽

将药物按照一定剂量，事先装在药用胶囊内，直接送至动物口腔，为避免胶囊被动物咬碎或吐出，应将胶囊直接送至咽部，便于吞入。此法多适用于兔、猫和犬等较大的动物。

三、吸入给药

常用的吸入给药有动式吸入给药法和静式吸入给药法两种，主要是在染毒柜内吸入给药，有时亦可利用面罩吸入给药。根据实验目的，亦可采用动式和静式吸入染毒法的原理，进行生产现场或模拟吸入染毒试验。吸入给药也可采用气管注入法给药，如吸入乙醚麻醉动物，给动物定期吸入一定量的锯末烟雾等可造成慢性支气管炎动物模型等。

（一）动式吸入给药（染毒）法

动式吸入给药（染毒）是指采用机械通风装置，连续不断地将新鲜空气和药物（毒物）送入染毒柜，并排出等量的污染气体，使染毒浓度相对稳定的方法。染毒时间亦不受染毒柜的容积限制，可避免实验动物缺氧、二氧化碳积聚和温度增加等影响。因此，动式吸入染毒适用于一次较长时间的染毒和反复染毒的慢性实验，但是应用此法需要有一套产生毒物、控制浓度和含毒空气的净化装置。实验用毒物的消耗量亦较大，可适用急性、亚急性和慢性实验。

所用设备包括染毒柜、毒物发生系统和机械通风系统三个部分。染毒柜为实验动物染毒时放置动物用；毒物发生系统包括雾化器和流量计等；机械通风系统包括马达、离心式鼓风机和过滤器等。

（二）静式吸入给药（染毒）法

将实验动物放在某一体积的密闭容器内（染毒柜），加入一定浓度的含毒空气，在规定时间内观察实验动物的反应。

实验动物在呼吸时消耗氧，因此，随着染毒时间的延长，染毒柜内含氧量下降，二氧化碳浓度相应增加，时间过长时，动物可出现缺氧和二氧化碳潴留的症状。在染毒过程中，动物皮毛、排泄物及染毒柜壁可吸附一定量的毒物，毒物分解及动物经呼吸道吸收后，柜内毒物的含量可逐渐降低，这些因素对实验结果可带来一定影响，虽然本法存在这些缺点，但由于其设备简单、操作方便、消耗毒物少，只要注意控制实验条件，仍有一定的使用价值。染毒柜所需体积也可按实验动物总体重（kg）×100×染毒时间（h）来估算。为减少实验动物缺氧和二氧化碳的影响，染毒柜内氧含量不应低于19.0%，二氧化碳含量不应超过1.7%。

四、气管注入法

经气管注入毒物是观察毒物经呼吸道进入机体的方法之一。其优点是方法简单易行，不需复杂设备，染毒剂比较准确，形成中毒或尘肺病理模型速度快，毒物用量少。其缺点是气管注入与自然吸入的毒作用可能有差异，不能发挥上呼吸道的防卫作用，如操作不当可致动物窒息甚至死亡，故此法一般仅限于急性染毒实验，不宜用慢性染毒或染尘。

气管注入法可分为经喉插入法、气管穿刺法、暴露气管穿刺法三种。大鼠和豚鼠多采用经喉插入法；兔气管较粗，多取气管穿刺法。气管内注入的药液容量，大鼠和豚鼠不宜超过1.5mL，兔约为5mL，小鼠应少于0.2mL。

第八节　动物血液采集方法

在动物实验中常需对血液的组分进行检测，故必须掌握实验动物血液样品的采集、分离和保存的操作技术。

一、实验动物血液的采集

各种实验动物的采血部位与方法，与动物种类、检测目的、实验方法以及所需血量有关。常用的采血部位有眼眶静脉丛采血、尾静脉采血、断头采血、心脏采血、腋下静脉采血、颈静脉（动脉）采血、腹主动脉采血、股动脉采血、耳静脉采血、后肢外侧小隐静脉和前肢内侧皮下静脉采血等。

采血时，注意采血场所要有充足的光线，夏季室温最好保持在25~28℃，冬季20~25℃为宜，采血用具和采血部位要消毒。若需抗凝血，应在注射器或试管内预先加入抗凝剂。所需采血量应控制在动物的最大安全采血量范围内。不同动物采血部位和采血量的关系见表6-3。

表 6-3　不同动物采血部位和采血量

采血量	采血部位	动物品种
取少量血	尾静脉	大鼠、小鼠
	耳静脉	兔、犬、猫、猪、山羊、绵羊
	眼底静脉从	兔、大鼠、小鼠
	舌下静脉	犬
	腹壁静脉	青蛙、蟾蜍
取中量血	后肢外侧皮下小隐静脉	犬、猴、猫
	前肢内侧皮下头静脉	犬、猴、猫
	耳中央动脉	兔
	颈静脉	犬、猫、兔
	心脏	豚鼠、大鼠、小鼠
	断头	大鼠、小鼠
	翼下静脉	鸡、鸭、鹅、鸽
	颈动脉	鸡、鸭、鹅、鸽
取大量血	股动脉、颈动脉	犬、猴、猫、兔
	心脏	犬、猴、猫、兔
	颈动脉	马、牛、山羊、绵羊
	摘眼球	大鼠、小鼠

实验动物的采血量、血量占体重的百分比、血浆量、常规采血量、最大安全采血量和最小致死采血量见表6-4。

表 6-4　常用实验动物的血容量和采血量

动物	全血量/（mL/kg）	血量占体重/%	血浆量/（mL/kg）	常规采血量/mL	最大安全采血量/[（mL/kg）或mL]		最小致死采血量/mL
小鼠	74.5±17.0	6.0～7.0	48.8±17.0	0.10	7.7	0.1	>0.3
大鼠	58.0±14.0	6.0～7.0	31.3±12.0	0.50	5.5	1.0	>2.0
豚鼠	74.0±7.0	6.0～7.0	38.8±4.5	1.0	7.7	5.0	>10.0
家兔	69.4±12.0	6.0～7.0	43.5±9.1	1.0	7.7	10.0	>4.0
猫	84.6±14.5	6.0～7.0	47.7±12.0	1.0	7.7		
鸡	95.5±24.0	8.8～10.0	65.6±12.5	1.0	9.9	15.0	>30.0
犬	92.6±24.0	8.0～9.0	53.8±20.1	3.00～5.00	9.9	50.0	200
猴	75.0±14.0	6.0～7.0	47.7±13.0	2.00	6.6	15.0	>60.0
猪	69.4±11.5	5.0～6.0	41.9±8.9	5.00～10.00	6.6		
绵羊	58.0±8.5	6.0～7.0	41.9±12.0	5.00～20.00	6.6	300.0	>1 500
乳牛	57.4±5.5	6.0～7.0	38.8±2.51	0.00～20.00	7.7		
马	72.0±15.0	6.0～11.0	51.5±12.0	10.0～20.00	8.8		

实验动物采血时应注意不宜一次采血量过多或过于频繁，否则可影响动物健康，造成贫血，甚至死亡。动物多次重复采血时，采血时间应相对固定，尤其阶段试验的采血化验，因为有些血液检验项目在不同时间其数值变化很大（如家兔在不同时间血细胞数就相差很大）。

在取血时应注意，有些项目检查需要空腹或禁食一定时间后采血，如肝功能、血糖和血脂等。另外，也应注意多次采血测试时，其采血后的测定时间、室温、试剂盒批号等应尽可能一致。

二、常用实验动物的采血部位及方法

（一）大鼠和小鼠的采血方法

1. 割尾采血

需血量较少时采用此采血法。先将动物固定或麻醉，露出鼠尾，将鼠尾浸在45~50℃左右温水中数分钟或用乙醇涂擦鼠尾，使鼠尾血管充盈，然后擦干鼠尾，用锐器（刀或剪刀）割去尾尖，小鼠1~2mm，大鼠3~5mm，让血液顺管壁流入试管或用血红蛋白吸管吸取，如采取较多的血，可由手自尾部向尾尖按摩。采血结束后，伤口消毒，并压迫止血，也可用火烧灼（电器烧灼）或6%火棉胶涂敷止血。此种采血方法每鼠一般可采血十余次以上，小鼠每次可取血0.1mL左右，大鼠可取血0.3~0.5mL。

2. 刺鼠尾采血法

大鼠取血量很少时（仅做白细胞计数或血红蛋白检查）可采用本法。采血前的尾部处理方法同割尾采血，然后用7号或8号注射针头刺入鼠尾静脉，拔出针头时即有血滴溢出，一次可采集10~50mm^3，如长期反复取血，应先靠近鼠尾末端穿刺，以后逐渐向近心端穿刺。

3. 眼眶后静脉丛取血

左手抓鼠，固定好头部，并轻轻向下压迫颈部两侧，引起头部静脉血液回流困难，使眼球充分外突和眶后静脉丛充血。右手持长为7~10cm的玻璃制采血管（毛细管内径1~1.5mm，毛细管段长约1cm，另一端扩大成喇叭形）或连接7号针头的1mL注射器，使采血器与鼠成45°，将针头刺入下眼睑与眼球之间，轻轻向眼底部方向移动，在此处旋转采血管并切开静脉丛，把采血管保持水平位，稍加吸引，即可取出血液，当得到所需的血量后，即除去加于颈部的压力，同时将采血器拔出，以防止术后穿刺孔出血。

小鼠、大鼠、豚鼠和家兔都可以从眼眶后静脉丛取血，根据实验需要，可在数分钟后在同一穿刺孔重复取血，一般两眼轮换取血，小鼠每次可采血0.2~0.3mL，大鼠每次可采血0.5~1.0mL。

4. 心脏采血

该法适用于大鼠、小鼠、豚鼠和兔等。大鼠取血时将其仰卧固定好，将心前区部位剪毛，并用碘酒和乙醇消毒，在左侧第3~4肋间，用左手食指触摸心搏动处，右手取连接有4~5号针头的注射器，选择心搏最强处穿刺，当针刺入心脏时，血液自动进入注射器，也可用左手抓住大鼠，右手选择心搏最强处直接将针刺入心腔。心脏取血时最好一次刺中心脏，否则反复刺心脏，会引起动物死亡。

也可开胸采血，先将动物麻醉，打开胸腔，暴露心脏，用针头刺入右心室，吸取血液，小鼠可取 0.5～0.6mL，大鼠可取 0.8～1.2mL。

5. 颈静脉或颈动脉采血

将动物麻醉后背部固定，剪去颈部外侧被毛，解剖颈背，并分离暴露颈静脉或颈动脉，用注射针沿颈静脉或颈动脉平行刺入，抽取所需血量，此种方法小鼠可取血 0.6mL 左右，大鼠可取 5～8mL 左右。也可把颈静脉或颈动脉剪断，以注射器（不带针头）吸取流出来的血液，或用试管取血。

6. 腹主动脉采血

动物麻醉后仰卧固定，沿腹中线切开腹腔，使腹主动脉暴露，用注射器吸出血液，也可用无齿镊子剥离结缔组织，夹住动脉近心端，用尖头手术剪刀剪断动脉，使血液喷入盛血器皿中。

7. 断头采血

左手拇指和食指从背部较紧地握住鼠颈部皮肤，并将动物头部朝下，右手用剪刀剪断 1/2～4/5 的颈部，让血流入容器，小鼠可采血 0.8～1.2mL，大鼠 5～10mL。采血时应注意防止动物毛等杂物流入容器引起溶血。

（二）豚鼠的采血方法

1. 耳缘剪口采血

将耳缘采血部位消毒后，用锐器（刀或刀片）割破耳缘，在切口边缘涂抹 20% 柠檬酸钠溶液或 1% 肝素溶液，防止凝血，则血可自切口自动流出，进入容器。此法采血 0.5mL 左右，采血后用消毒纱布压迫止血 5～10s。

2. 心脏采血

豚鼠背位固定，先用左手触摸心脏搏动处，在心脏搏动最强处穿刺，一般在胸骨左缘第 4～6 肋间隙，若注射针正确地刺入心脏，血液随心脏跳动进入注射器。心脏采血要快，以免血液在注射器内凝固，豚鼠也可以不固定，由另外一人握住前后肢进行采血。

（三）家兔的采血方法

1. 心脏采血

家兔仰卧固定，用左手触摸心脏搏动处，选择心搏动最强处穿刺。穿刺部位是第 3 肋间隙，胸骨右缘 3mm 处，每次取血不超过 20～25mL，应用此法可进行心腔内注射和取血，一般经 6～7 天后，可重复进行心脏采血。

2. 耳缘静脉采血

将动物固定后，露出两耳，选静脉清晰的耳朵去毛，常规消毒，压迫耳根部，使静脉怒张或白炽灯稍烤片刻，即可用针头穿刺静脉采血，一次可采血 5mL 左右。

如取少量血液做一般常规检查时，可待耳缘静脉充血后，在靠近耳中央部血管，用 5 号半针头刺破血管，即血液从刺破口流出。

3. 兔耳中央动脉采血

将兔置于兔固定盒内，在兔耳的中央有一条较粗、颜色较鲜红的中央动脉，用左手固定兔耳，右手取注射器，在中央动脉的末端，沿着动脉平行方向刺入动脉，即可见动脉血进入针筒，取血后用药棉压迫止血，此法一次抽血可达 15mL。

取血用的针头一般用 6 号针头，不易太细，针刺部位应从中央动脉末端开始，不要在近耳部取血，因耳根部软组织较厚，血管位置略深，易刺透血管导致皮下出血。兔中央动脉易发生痉挛性收缩，因此，抽血前必须让兔耳充分充血，当动脉扩张，未发生痉挛收缩前，立即进行抽血。

4. 后肢胫部皮下静脉采血

将兔仰卧固定后，拔去胫部被毛、在胫部上端股部扎以橡皮管后，在胫部外侧浅表皮下可清楚见到皮下静脉。用左手两指固定好静脉，右手取带有 5 号半针头的注射器由皮下静脉平行刺入血管，抽动针栓如血液进入注射器即可取血，此法一次可取 2~5mL。取血后用棉球压迫取血部位止血，时间一般 0.5~1min，如止血不妥，可造成皮下血肿，影响连续多次取血。

（四）犬和猫的采血方法

1. 耳缘静脉采血

本法适用于少量取血的实验。训练过的犬一般不必绑嘴，剪去耳尖部短毛，即可见耳缘静脉。用 75% 乙醇局部消毒后，用手指轻轻摩擦耳部，使静脉扩张，用连有 5 号半针头的注射器在耳缘静脉末端刺破血管，待血液漏出后采血或将针头逆血流方向刺入耳缘静脉采血，采血后用棉球压迫止血。

2. 颈静脉采血

犬不需麻醉，经训练的犬不需固定，未经训练的犬应固定，取侧卧位，剪去颈部毛约 10cm×3cm 范围，用碘酒、乙醇消毒皮肤，将犬颈部拉直，头尽量后仰，左手拇指压住静脉回流入胸部位的皮肤，使颈静脉怒张，右手取连有 6 号半针头的注射器，针头沿血管平行方向向近心端刺入血管，左手固定针头，此法一次可取较多的血。但此静脉在皮下易滑动，针头刺入时要准确，针头需要固定，对易怒的犬取血时需进行麻醉。

3. 股动脉采血

此法是犬动脉采血常用方法。对训练过的犬，在清醒状态下将犬卧位固定于犬解剖台上，伸展后肢向外伸直，暴露腹股沟三角动脉搏动的部位，剪去被毛、碘酒、乙醇消毒。左手小指、食指探摸股动脉跳动部位，并固定好血管，右手取连有 6 号半针头的注射器，针头由动脉跳动处直刺入血管，如未见血，可轻微转动针头或上下轻微移动针头，血可自动进入针管。如刺入静脉，必须抽出重新穿刺。抽血后，迅速拔出针头，用干消毒棉球压迫局部 2~3min 止血。

4. 心脏采血

犬麻醉后固定在手术台上，前肢向背侧方向固定，暴露胸部，将左侧第 3~5 肋间的被毛剪去，用碘酒、75% 乙醇消毒，采血者用左手触摸左侧第 3~5 肋间处，选心搏最强处进针，一般在胸骨左缘外 1cm 第 4 肋间处，取连接 6 号半针头（或 7 号针头）的注射器，从动物背侧方向垂直刺入心脏，采血者可随针感受犬心跳的感觉，随时调整刺入的方向和深度，摆动的角度应尽量小，避免损伤心肌过重，或造成胸腔大出血。当针头正确刺入心脏时，血可自动进入注射器，此法可抽取多量的血液。

猫的采血方法与犬基本一致。常用的方法有前肢皮下头静脉、后肢股静脉、耳缘静脉采血，需较大量血样的可从颈静脉或心脏取血，方法同前。

（五）羊的采血方法

最常用的方法为颈静脉采血法。将羊蹄捆缚，按倒在地，助手用双手捏住羊下颌，向上固定头部，在颈部一侧缘剪毛约 4cm×4cm 范围，用碘酒、乙醇消毒后，用左手拇指按压颈静脉，使之怒张，右手取连有粗针头的注射器沿静脉一侧呈 30° 由头端向心方向刺入血管，然后缓慢抽血至所需量。一般一次取血量可达 50～100mL。

（六）鸡、鸽、鸭的采血方法

1. 翼根静脉采血

鸡、鸭、鸽的常用采血法是从其翼根静脉取血，采血时将动物翅膀展开，露出腋窝，拔去羽毛，可见由翼根进入腋窝的一条较粗静脉，用碘酒、乙醇消毒后，用左手拇指、食指压迫此静脉向心端，使血管怒张，右手取连有 5 号半针头的注射器，针头由翼根向翅膀方向沿静脉平行刺入血管，即可抽血，一般一次可取 10～20mL 血液。

2. 颈静脉采血

因右侧颈静脉较左侧粗，故常用右侧颈静脉取血。以食指和中指按住动物头的一侧，消毒右侧静脉部位，用拇指压颈根部以使静脉充血，右手持注射器刺入静脉采血。

第九节　动物各种体液的采集方法

一、尿液的采集

常用的尿液收集方法有代谢笼法、导尿管法、压迫膀胱法和输尿管插管法等，为了便于尿液采集，在实验前一定时间给动物灌服一定量的水或使动物有一定水负荷。

1. 代谢笼法

此法适用于大鼠和小鼠，将动物放在特制的笼内，动物排出的大小便可通过笼子底部的大小便分离漏斗将尿液与粪便分开，从而达到收集尿液的目的。由于大、小鼠尿量较少，各鼠膀胱排空不一致，一般需收集 2～5h 或更长时间内的尿量。为避免实验中尿液的蒸发和损失而导致较大的实验误差，尿液收集管和收集瓶要连接紧密，实验室温度以 20℃左右为宜。为了收集到较多尿液，多在实验前给大、小鼠灌服一定量的水（生理盐水）或腹腔注射一定量的生理盐水。一般大鼠灌服 5mL/100g（体重），或腹腔注射 2mL/100g（体重），小鼠灌服 0.3～0.5mL/10g（体重）。

2. 导尿管法

常用于雄性兔和犬。一般用 2kg 以上雄兔，按 30～60mL/kg（体重）给兔灌水，1h 后耳缘静脉麻醉，将兔固定于兔台上，由耳静脉以恒速注入 5% 葡萄糖生理盐水，由尿道插入导尿管（顶端应先用液体石蜡涂抹），并压迫下腹部排空膀胱，然后收集正常尿液，给药后再收集尿液，在收集尿液期间，应经常转动导尿管。犬的尿液收集法可参照此方法。

3. 压迫膀胱法

有些动物实验，为了某种实验目的，要求间隔一定的时间收集一次尿液，以观察药物的排泄情况。动物轻度麻醉后，实验人员用手在动物下腹部加压，手要轻柔而有力，当加的压力足以使动物膀胱括约肌松弛时，尿液就会自动由尿道排出，此法适合于家兔、猫和犬等较大动物。

4. 输尿管插管法

动物麻醉后固定于手术台上，剪毛、消毒后，于耻骨联合上缘正中线做皮肤切口（长3～4cm），切开腹壁及腹膜，找到膀胱翻出腹外，辨认清楚输尿管进入膀胱背侧的部位（即膀胱三角）后，细心地分离出两侧输尿管，分别在靠近膀胱处穿线结扎，在离此结扎点约2cm 处的输尿管近肾端下方分别穿一根丝线，用眼科剪在管壁上剪一斜向肾侧的小切口，分别插入充满生理盐水的细塑料管，用留置的线结扎固定，可见到尿滴从插管流出，塑料管的另一端与带刻度的容器相连或接在记滴器上，以便记录尿量。在实验过程中应经常活动一下输尿管插管，以防阻塞。在动物切口和膀胱处应以温湿的生理盐水纱布覆盖。

二、胆汁的采集

1. 总胆管插入法

多用于大鼠急性实验。大鼠灌服 25mL 的生理盐水后，腹腔注射 1.2g/kg（体重）乌拉坦麻醉，然后将大鼠仰卧固定在手术台上，沿腹部正中线剃毛后，切开皮肤及腹膜 2cm，从幽门向下找到十二指肠乳头部，再追踪总胆管，轻轻剥离。从总胆管下面穿过 2 根细线，将靠近乳头部的线扎牢固定，将充满生理盐水的头皮针管沿肝脏方向插入总胆管，用另一根线扎牢，确认有胆汁流出后用橡皮胶布将塑料管固定，经由此管收集胆汁。头皮针插入总胆管后，注意勿使其扭曲，以免影响胆汁引流不畅。

2. 用十二指肠瘘管收集胆汁法

犬麻醉后，沿腹中线切开腹壁，由总胆管入十二指肠的开口周围找到胰腺小导管，结扎并切断，然后在十二指肠上正对着总胆管开口处做纵切口，对准该开口安置一适当大小的瘘管套管，套管的直径约 1.7cm，随即在腹壁右侧做一个穿透切口，将套管通到皮外，用套管塞将管口塞紧，最后缝合腹壁切口。收集胆汁时，使犬站在犬架上，将套管塞打开，即开始收集胆汁。

三、胰液的采集

在动物实验中，主要是通过胰总管的插管而获得胰液，犬的胰总管位于十二指肠降部，在紧靠肠壁处切开胰管，结扎、固定并与导管相连，即可见无色的胰液流入导管。

大鼠的胰管与胆管汇集于一个总管，在其入肠处插管固定，并在近肝门处结扎和另行插管，即可收集到胰液，也可通过制备胰瘘来获得胰液。

四、淋巴液的采集

淋巴液的采集比较困难，一般主要采集大动物的淋巴液，常用的大量收集淋巴液的方法是解剖出胸导管后插管收集淋巴液。

以大鼠为例，取成年雄性大鼠，麻醉、固定、消毒后，从剑突起沿其右侧肋缘向下做一长约 5cm 的切口，再从剑突向下做正中切开，暴露膈肌与腹主动脉，胸导管紧贴在腹主动脉的左后侧，在胸导管上剪一斜口，将塑料插管的顶端插入，即可见淋巴管内乳白色的淋巴液流出。

五、唾液的采集

以犬颌下腺排泄管插管法为例，犬经麻醉后仰卧固定在手术台上，向后肢静脉内插入一静脉插管，需要时可通过插管进行追补麻醉。由下颌部开始进行颈部剃毛，做皮肤切开，找到颌下腺排泄管、舌下腺排泄管、舌神经及鼓索神经。在颌下腺排泄管上切一小口，然后插入聚乙烯管，固定结扎。将舌神经头端结扎、切断，保留鼓索神经。当刺激舌神经外周端时，有唾液流出，为便于观察刺激引起的唾液在管内上升的高度，可在管的末端注入红墨水等带色液体。

六、阴道液的采集

1. 棉拭子法

用消毒棉拭子旋转插入动物阴道内，然后在阴道内轻轻转动几下后取出，即可进行涂片镜检。有的实验动物如大、小鼠等，其阴道液较少，取其阴道液时，可先用无菌生理盐水浸湿后又挤尽的棉拭子取阴道液，这种棉拭子比干棉拭子容易插入阴道。对体形较大的实验动物，也可先按摩或刺激其阴部，而后再采集其阴道液。

2. 滴管法

用已消毒的钝头滴管吸取少量无菌生理盐水插入动物阴道内，然后挤出生理盐水后又吸入，这样反复几次后，吸取阴道冲洗液滴于玻片上涂片、染色和镜检。

七、精液的采集

1. 人工阴道采集精液

体形较大的实验动物，如犬、猪和羊等，可用一专门的人工阴道套在发情的雄性动物阴茎上采集精液；也可将人工阴道置入雌性动物阴道内，待动物交配完毕后，取出人工阴道采集精液；还可将人工阴道固定在雌性动物外生殖器附近，雄性动物阴茎开始插入时，立即将其阴茎移入人工阴道口，待其射精完毕后采集人工阴道内的精液。

2. 阴道栓采集精液

大、小鼠雌雄交配后，24h 内可在雌性动物阴道口出现白色透明的阴道栓，这是雄鼠精液和雌鼠阴道分泌液在阴道内凝固而成，取阴道栓涂片染色可观察到凝固的精液。

八、乳汁的采集

1. 人工按摩法

用手抚摩哺乳期动物的乳头，可使乳汁自动流出，也可朝乳头方向加压按摩动物乳房，可挤出大量乳汁。

2. 吸奶器吸奶法

采用吸奶器吸在动物乳头上，造成负压使乳汁被动吸出。

九、实验动物粪便的采集

小动物用动物代谢笼，即可采集尿又可采集粪便。大动物如猴、犬可圈养，选择新鲜大便，收入洁净容器内，取内层粪便分析。

第十节 受试动物的临床检查方法

一、肝脏活检方法

此种方法适用于实验性肝炎标本的检查。麻醉动物后，剃去胸部上腹被毛、消毒。在剑突下 1cm 处先用套管针先后刺入皮肤、肌肉和腹膜，然后用特制注射针刺入，再用特制注射器将一定量生理盐水注入腹腔，留少量液体在注射器内，反抽形成负压，最后，将针头与动物呈 45°，在动物呼气时立即刺入肝脏，迅速抽取。当肝组织被抽至注射器内时，立即拔出针头，用纱布或海绵按压针刺部位数秒钟，防止皮肤和肌肉出血，将肝组织由注射器注入平皿，再转至保存瓶内。

二、淋巴结活检方法

动物麻醉后，于腹股沟或腋窝处剃毛、消毒，然后手术切开腹股沟淋巴结处 1.0～1.5cm，钝性分离，用血管钳分离淋巴结，切勿直接夹住淋巴结，否则，会造成淋巴细胞挤压现象。分离淋巴结后，去除周围脂肪组织，用刀片轻轻切取，固定于 4% 的甲醛液中，或切成小块用 2.5% 戊二醛固定做电镜标本，或直接投入液氮冷冻，观察手术区无出血后，用丝线缝合皮下组织和皮肤。皮肤切口再用乙醇消毒，然后将动物放回笼内，注意保温，7 天后拆去皮肤缝线。

三、骨组织活检方法

以猴为例，术前禁食 12h，麻醉前注射阿托品（0.04mg/kg 体重），做气管插管和甲氧氯烷与氧混合气体吸入麻醉，并使猴呈仰卧位，沿髂嵴切开皮肤，逐层分离肌肉，达到髂嵴，用片锯锯出 1cm 长髂嵴，用骨凿轻轻切除，用作活检。锯断的碎骨用盐水冲洗，海绵压迫止血，修复骨膜和筋膜，用水平垫缝合关闭臀肌第三层和表层肌肉及皮下脂肪组织。标本用纱布擦去骨锯末，然后浸于 70% 乙醇固定，做切片。术后加强护理，防止感染。

四、阴道组织活检方法

以犬为例，选用改进的直肠镜装上冷光源做成阴道镜，取外径 15mm、长 150mm（外刻度可显示插入深度）、内径 12.5mm 的直肠镜，插入活检钳，用于观察阴道黏膜的变化。活检钳头端略倾斜，装在一个转管杆上，用以系统观察和定位取材，取材大小平均为 2mm×1mm×1mm，固定于 4% 甲醛液中，每只犬每 2 周可取材 1 次。

第十一节 动物的处死方法

动物的处死方法很多，通常根据实验的要求而定，原则上应遵循动物安乐死的基本原则，即尽可能缩短动物致死时间，尽量减少其疼痛。常用的处死方法有以下几种。

一、大鼠和小鼠

1. 脊椎脱臼法

右手抓住尾巴将动物放在鼠笼盖的表面上向后拉，用左手拇指和食指用力向下按住鼠头、使颈椎脱臼（脊髓与脑髓被拉断），动物立即死亡（图 6-14）。

2. 断头法

此法适用于鼠类等小动物。用剪刀在颈部将鼠头剪断，并使颈部对准容器，以免血液四溅，由于脑脊髓离断且大量出血，动物立即死亡。

图 6-14　小鼠脊椎脱臼法

3. 击打法

此法适用于大鼠和家兔等。抓住动物尾部，提起，用力摔击头部，或用木锤用力捶其后脑部，动物痉挛后立即死亡。

4. 急性失血法

常剪断动物的股动脉，放血致死。如果正在做手术性或解剖性实验，可剪断颈动脉、腹主动脉或剪破心脏放血；也可采用摘眼球法，即右手取一眼科弯镊，在鼠右或左侧眼球根部将眼球摘去，并将鼠倒置，头向下，鼠因大量失血而致死。

5. 化学药物致死法

在一密闭容器内，预先放置浸有全身麻醉作用的乙醚或氯仿棉花，将动物投入容器内，使动物吸入麻醉药而致死。

二、犬、猫、兔、豚鼠

1. 空气栓塞法

此法适用于较大动物的处死。向动物静脉内注射一定量的空气使之发生空气栓塞，形成严重的血液循环障碍而死，兔和猫用此法处死需注入 20～40mL 空气，犬致死的空气剂量为 80～150mL，一般注入后动物能很快死亡。本法的优点是处死方法简单、迅速。缺点是由于动物死于急性循环衰竭，各脏器瘀血十分明显。

2. 急性失血法

先使动物麻醉、暴露股三角区或腹腔，再切断股动脉或腹主动脉，迅速放血，放血时可用湿纱布擦拭，或用少量自来水冲洗切口，以保持其畅通，动物在 3～5min 内即可死亡。采用此法动物十分安静，对脏器无损害，但器官贫血比较明显。

3. 破坏延髓法

对家兔可用木锤用力捶其后脑部，损坏延髓，动物痉挛后死亡。

4. 化学药物致死法

（1）静脉注射 10% 氯化钾溶液：使动物心肌松弛，失去收缩能力，心脏发生急性扩张致心跳停止而死亡。成年兔由耳缘静脉注入 10% 氯化钾溶液 5～10mL，犬由前肢或后肢皮下静脉注入 20～30mL，即可致死。

（2）静脉注射 4% 甲醛溶液：使血液内蛋白凝固，动物由于全身血液循环严重障碍和缺氧而死。每只犬注入 20mL，即可致死。

（刘淑英　徐斯日古楞）

第七章 动物实验外科操作技术与常见手术方法

在动物生理学实验中，无论是急性实验还是生理实验，都要首先对实验动物进行外科手术操作，然后才能逐项进行生理实验。外科动物实验要求学生熟悉外科基本操作技术，如消毒、切开、止血、结扎和缝合等。培训学生掌握正规操作方法、增强动手能力，为畜牧兽医专业学生学习后续临床外科手术学奠定良好的理论和实践基础。

第一节 术前准备及术后处理

在进行外科手术操作时，要进行手术设备、手术器械、手术环境和实验动物的处置等准备工作。

一、术前准备

术前准备是指实验人员在进行动物手术之前所做的一系列准备工作，主要包括以下几方面。

（一）手术室的准备

清洗、消毒手术室，擦洗手术台和器械台等。手术前一天要将动物手术室彻底打扫干净，可用 2% 的来苏水、5% 石炭酸或 84 消毒液（按 1∶200 稀释）等进行地面擦洗和喷洒消毒。手术前 1h 要打开电子灭菌灯或紫外线灯进行空气消毒。

（二）手术仪器设备的准备

对一些手术中需要使用的仪器设备，动物外科实验室应尽量配备齐全，条件有限的情况下，至少应配置用途广、通用性强、经常使用的基本设备，以保证实验按计划进行，常用的基本设备包括：①常规设备，如冰箱、恒温箱、离心机、天平、搅拌器等；②固定设备，如动物手术台、手术显微镜、无影灯、器械台、麻醉台及麻醉用品、药品橱、敷料槽、吸引器、输液架、氧气瓶、电子秤、注射用具等；③检测设备，测定动物生理、生化、生物电和器官功能指标的各种分析仪器和描记仪，如半导体测温汁、心电图机、动物血压表、多导生理记录仪等；④其他设备，如心血管手术器械和体外循环装置等。

（三）手术器械、物品和敷料的准备

1. 手术器械的准备

外科手术器械是施行手术所必需的工具，虽然手术器械的种类、式样很多，但其中有一

些是各类手术所必须使用的基本器械，正确和熟练掌握这些器械的使用方法，对于保证手术操作的顺利进行至关重要。

1）手术刀

（1）手术刀的安装和分类：手术刀由活动的刀片和刀柄组成，其优点是刀片受到污染或刀刃变钝时，可以随时更换，刀柄有不同的规格，刀片也有不同的大小和型号。常用刀柄规格有 4、6、8 号，需安装 19、20、21、22、23、24 号刀片；3、5、7 号刀柄需安装 10、11、12、15 号刀片。刀片主要用于切割和分离组织，刀柄可作为钝性分离的工具。使用时，用止血钳夹持刀片的尖端，并安装在刀柄上，使用后再用止血钳夹持刀片的尾端，并稍提起刀片，然后取下（图 7-1）。

图 7-1　刀片的安装

在手术过程中，不论选用何种型号的刀片，都必须有锋利的刀刃，才能迅速而顺利地切开组织，为此，必须十分注意保护刀刃，避免碰撞，消毒前宜用纱布单独包裹刀刃。

（2）手术刀的使用方法：根据不同的需要，一般可将执刀姿势分为下列四种（图 7-2）。

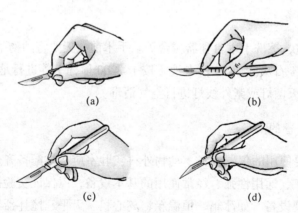

(a)　　　　　　　　(b)

(c)　　　　　　　　(d)

图 7-2　手术刀的使用方法

① 持弓式：力量在手腕。多用于力量较大、范围较广的切开，如切开较长的皮肤、肌肉和筋膜等组织 [图 7-2（a）]。

② 指压式：以食指按压在刀背处，用腕和手指的力量切割组织。多用于切开较坚韧的组织，如皮肤和肌腱等 [图 7-2（b）]。

③ 执笔式：如同执钢笔。多用于小力量、短距离的切开，或用手轻柔而精细的操作，如分离重要的血管和神经，其动作和力量主要在手指 [图 7-2（c）]。

④ 反挑式：刀刃由内向外挑开，以避免深部组织或器官损伤，如腹膜切开，或挑开小脓

肿和狭窄的腱鞘等［图7-2（d）］。

虽有各种不同的执刀方法，但不论采用何种方法，均应把拇指放在刀柄的横纹或纵槽处，食指和中指在近刀片端，以稳健执刀并控制刀片的方向和力量，捏刀柄的位置要适当，过低会妨碍视线，影响操作，过高会出现控制不稳的现象。在应用手术刀切开组织时，除特殊情况外，一般要用刀刃突出的部分，避免用刀尖刺入深层看不见的组织内，误伤重要器官或组织。在手术操作过程中，应根据不同部位的解剖特点，适当地控制力量和深度，否则容易造成组织的意外损伤。

2）手术剪

（1）手术剪分类：根据用途不同手术剪可分两种，一种是沿组织周围分离或剪断组织的，称为组织剪；另一种是用于剪断缝线的，称为剪线剪。根据剪刀的形状，组织剪分为直剪、弯剪、尖头和平头等类型。直剪适用于浅部手术的操作；弯剪多用于深部组织的分离，因手和剪柄不致妨碍视线，可达到安全操作的目的；十分精细的手术操作，常需使用尖头剪；一般修剪和分离组织，可采用平头剪，为保护内脏不受损害，在剪开腹膜时，也常使用平头剪。

（2）手术剪用法：正确的执剪法是以拇指和无名指插入剪柄的两环中，但不宜插入过深，中指放在无名指环前外方的剪柄上，食指轻轻压在剪柄和剪刀交界处，拇指、中指和无名指控制剪的张开和合拢，而食指则稳定地控制剪刀方向。

3）止血钳

又称血管钳，主要用于夹住出血的血管或出血点，以达到直接止血的目的，有时也用于分离组织，牵引缝线。止血钳分直、弯型，并有大小不同的规格。直止血钳用于浅部的止血和牵引缝线等；弯止血钳多用于深部止血和分离组织等操作。用于血管手术的止血钳，齿槽纹的齿较细而浅，弹性较好，对组织的钳压和对血管及内膜的损伤也较轻，称"无损伤"血管钳。钳的尖端带齿者，多用于夹持较厚的坚韧组织，也可用于骨的手术，在选用止血钳时，应尽可能选择钳端窄小者，以免不必要地钳夹过多的组织。

正确执止血钳的姿势，基本上与执剪法相似，关闭止血钳时，两手动作相同，但在松开止血钳时，两手的操作则不一致。左手用拇指和食指捏住止血钳的一个环，中指和无名指向前推动另一个环，止血钳即可松开。

4）手术镊

用于夹持、固定组织以利于切开和缝合。手术镊分有齿和无齿两类，并有大小、尖钝头之分，有齿镊用于夹持较坚韧的组织，如皮肤、筋膜和肌腱等；无齿镊用于夹持较脆嫩的组织，如黏膜、血管和神经等。

正确执手术镊的方法，是以拇指对食指和中指，轻稳有力地执手术镊，使之准确地夹持组织。

5）缝合针

简称缝针，主要用于闭合组织或贯穿结扎。缝针依其弯度不同，分为直针和弯针；依其尖端的形状不同，分为圆针和三棱针。直针可用手直接操作，其动作比较迅速，但需要较大的空间，适于浅表组织的缝合；弯针有一定的弧度，如1/2、3/8圆，使用时以持针钳夹持，不需太大的空间，适于深部组织的缝合；圆针尖端为圆锥形，穿过组织时，周围组织被压缩，留下的孔道较小，对组织损伤较轻，适于大多数软组织的缝合；三棱针带有锋利的角刃，能穿透较坚韧的组织，但留下的针眼较大，组织愈合时常遗留瘢痕，适于皮肤、软骨和韧带等组织的缝合。穿线用的针眼分为两种类型：一种为闭合的环形开口，多见于圆针；另一种为针眼的后方有一裂开的凹槽，缝线从凹槽压入针眼内，此针称弹机孔缝针，多见于三棱针。

另外，还有一种制作时已将缝线包在尾部的缝针，针尾较细，仅为单线，穿过组织后遗留的孔道最小，称无创伤缝针，多用于血管缝合或吻合。

6）缝线

缝线用于闭合组织和结扎血管。分为可吸收缝线和不吸收缝线两大类。

（1）可吸收缝线：主要为羊肠线，还有胶原纤维和人工合成纤维，如聚乙二醇酸和聚二噁烷酮。

羊肠线系由绵羊小肠黏膜下层或牛的小肠浆膜层精制而成，可分为素肠线和铬制肠线。由于植入组织后，素肠线能引起严重的组织反应和迅速失去其有效的拉力强度，所以，几乎不用于手术缝合；铬制肠线是经铬酸盐或甲醛溶液处理过的羊肠线，因其经铬酸盐处理程度不同而分为轻铬线和重铬线，在植入组织后，它们失去有效拉力强度的时间分别为10天、20天和40天。按其粗细编成各种不同的号码，号码越大线越粗，可根据需要选择使用。

肠线的最大优点是能被组织吸收，用于胆道、泌尿道和胃肠道黏膜的缝合，不致引起结石的形成或功能紊乱。对已污染或感染的创伤，用肠线不致留下异物，可以预防窦道的形成。肠线的缺点是组织反应较大，失去有效拉力强度较快，打结技术要求高和价格较贵等，因此，它的使用受到了一定的限制。

使用肠线应注意的是从玻管储存液中取出的肠线质地较硬，须在灭菌温生理盐水中浸泡片刻，待柔软后再使用，但浸泡时间不可过长；不可钳夹肠线，也不要扭折，否则易断裂；因结扎处容易松脱，所以须用外科结或三叠结。

成胶纤维缝线是由牛屈腱编制加工和用甲醛或铬酸盐处理而成，主要用于眼科手术。

（2）不吸收缝线：有丝线、棉线和尼龙线等。

丝线是外科手术中最常用的一种缝线，它的优点是质地柔软坚韧、打结方便、结扎牢固、组织反应较小、价格低廉，常用于各种无菌切口的缝合、血管吻合、胃肠道吻合以及各种修补术。它的缺点是不吸收，一旦切口感染，会因异物作用而造成经久不愈的窦道，直至线头全部被清除后，才能愈合。若用于子宫黏膜的缝合，常引起顽固性子宫内膜炎和不孕，用于胆道和泌尿道缝合时易形成结石。

使用丝线时应注意，丝线的组织反应虽小，但不吸收，植入后为永久异物，因此，在不影响手术效果的前提下，尽量选择细丝线；消毒灭菌不当，如高压蒸汽灭菌时间过长，温度及蒸汽压力过高或重复灭菌等，易使丝线变脆，拉力减小，重复煮沸或煮沸时间过长也会减弱丝线的拉力。因此，在第一次灭菌后，手术未用完的丝线应及时浸泡在95%酒精内保存，待下次手术直接取出使用；对于感染创口、胆道、泌尿道及子宫的缝合，最好不使用丝线。

尼龙线的拉力强度比丝线大，组织反应也较小，多次灭菌并不减弱其拉力强度，故常用于血管吻合和整形修补手术。它的缺点是线结容易松脱，质地较硬，如结扎过紧易在线结处折断，所以结扎时常用三叠结。金属丝多由合金制成，称之为"不锈钢丝"，它具有灭菌简易、组织反应性最小、拉力强度最大的优点，常用于骨筋的固定，筋膜或肌腱的缝合，或污染伤口的缝合以减少感染的发生。它的缺点是不易打结，有割断或嵌入组织的可能性，且价格较贵。

7）牵开器

或称拉钩，用于牵开表面组织，显露深部手术部位。牵开器的种类很多，通常可分为两大类：一类是平滑的；另一类是有齿的。在一般情况下，平滑的牵开器使用较普遍，因为它对组织的损伤轻。只有在牵引比较坚韧的组织，为防止滑脱，才使用有齿的牵开器，其缺点是对组织的损伤较大。通常在手术过程中都使用手持牵开器，可以随手术操作的需要而改变牵引的力量和方向，在显露手术部位以后，如不改变位置，而且牵引力较大，或因人员不足时，可采用自行固定牵开器，无论采用哪种牵开器，都需要在创缘处垫以湿纱布，以免滑动，并可减轻组织的损伤。

8）肠钳与胃钳

肠钳用于肠管手术，以阻断肠内容物的移动、溢出或肠壁出血。肠钳的结构特点是齿槽浅、弹性好、对组织损伤小。使用时，在两钳翼上套上乳胶管，以减少对肠壁组织的损伤。

胃钳用于胃手术时，阻止胃内容物的溢出和胃壁出血，钳翼上的齿槽浅并与钳翼纵轴平行。

2. 物品、敷料的准备

（1）无菌服的准备：将洗涤干净的无菌服折叠，打包，高压灭菌后放入准备间备用。

（2）手套、口罩的准备：将橡胶手套撒上滑石粉，装入手套皮，经高压灭菌备用。

（3）创巾的准备：创巾用以遮盖手术野四周的皮肤，将创巾折叠，打包经高压灭菌后备用。

（4）消毒剂的准备：70% 乙醇、3% 碘酊、新洁尔灭、20% 软皂液和消毒灵等。

（5）麻醉药的准备：戊巴比妥钠、硫酸妥钠和乌拉坦等。

（6）急救药的准备：阿托品、多巴胺、回苏灵、去甲肾上腺素和尼可刹米等。

（7）敷料的准备：将纱布、纱布垫、绷带和棉球等打包高压灭菌。

3. 动物的准备

1）术前动物的适应性饲养与禁食

为了增加动物对手术的耐受力和实验结果的可靠性，术前应将动物置于新的实验环境饲养 1～2 周，以便动物能适应新的环境、饲料和饮水等。为避免麻醉和手术过程中发生呕吐或误吸，大动物术前 8～24h 应禁食，术前 6h 应禁水。啮齿类动物和家兔术前不需禁食和禁水，但若实行胃肠道类手术应禁食 24h。对于时间较长和创伤较大的手术，在禁食后和禁水前可供给 5% 的葡萄糖和 0.3%～0.5% 的氯化钠溶液适量饮用，以补充能量。

2）动物的麻醉

麻醉的主要目的是消除实验动物在术前的捆绑、皮肤脱毛、消毒和实验过程中所致的疼痛和不适感觉，保障动物的安全，使动物在实验中服从操作，确保动物实验的顺利进行。动物的麻醉有局部麻醉和全身麻醉，局部麻醉有表面麻醉，浸润麻醉和阻断麻醉等方式，使用最多的是浸润麻醉。全身麻醉又有气体吸入和注射麻醉两种方式。麻醉方式和麻醉剂的选用，因实验目的、动物的种类、日龄和动物健康状况不同而异，选择适当的麻醉方式有助于动物实验的顺利进行，获得满意的实验结果（详见第六章第六节）。

3）手术体位与视野

（1）一般情况下，多数动物手术时取动物背卧位，即用绳带将动物四肢拉直系于手术台的四角，四肢不宜过度伸展，捆扎不能过紧，以免影响动物的呼吸和肢体的血液循环。通常将背卧位动物的头部偏向一侧，或将舌提出口腔外，以免舌根后坠影响呼吸或呕吐误吸，有时为了更好显露手术野或适应不同类型的手术，需要取侧卧位或腹卧位。

（2）进行无菌手术时，手术视野应用1%碘酊由手术区的中心部向四周涂擦，对已感染的切口，则应由较为清洁处涂向患处。涂擦时，纱布要夹牢，不要使其在涂擦过程中散开，涂擦的面积大体上与剃毛区域相仿，且大大超过实际手术所需要的面积，以便临时延长切口或更换切口之用，手术区域一般以消毒三次为宜，且第三次要更换消毒钳。

（3）对于小动物可在手术台上进行皮肤被毛的剃除。先用剪毛剪剪去或电动推剪剃去被毛上层短毛，也可直接用脱毛剂脱去被毛，再用肥皂水清洗湿润留下的绒毛，然后用剃须刀片沿顺毛方向慢慢刮除绒毛，剃毛区域要大于手术切口周围2～3cm以上。使用剪毛剪剪毛时，要小心勿伤及皮肤。使用脱毛剂时，要注意防止皮肤过敏。

二、术后处理

术后处理是指手术后24h对动物所进行的处理、监测和治疗，也是保证手术动物的生命体征能够平稳、安全地恢复到正常范围的重要环节。动物外科手术成功与否，不仅是指手术本身是否顺利完成，良好的术后处理和术后各种情况的及时处理也是至关重要的。动物由于受手术的影响，原来平衡的机体功能状态发生一系列的变化，饮食等功能也受到了不同程度的影响。

1. 环境要求

术后立即将动物转移至恢复区，在完全清醒后才可送回动物室，动物室的环境要求清洁、安静、温暖和光线柔和。在动物麻醉尚未清醒时，要注意保暖，室温可相对高些，可保持在25～30℃之间，低体温休克是实验动物术后死亡的一个重要原因，很多实验者往往只注意手术本身和术后感染，却往往忽略了手术后环境温度的控制。

2. 饮食要求

术后动物未完全清醒时不给任何饮食，清醒后可以先喂水，然后给予食物。若消化道手术，要禁食三天并补液。术后动物食欲降低甚至丧失，应尽可能使动物恢复饮食，尽量饲喂高蛋白和高能量饲料。有些暂时丧失了饮食功能的动物可用静脉输液或腹腔注射补液的方式补充一定的能量物质，以补充体力。但对于个体较小的大鼠和小鼠的脱水，当静脉补液难以进行时，也可采用腹腔补液。

3. 创口护理要求

术后创口一般用纱布或绷带固定，纱布或绷带的内面可涂适量敷料，有助于防止细菌感染，有引流管套管或瘘管要定时清洁。一般术后7～8天拆线，有感染可提前清创，更换纱布和绷带，并详细记录。

4. 动物的处死

对于术后无须继续观察或收集资料的动物，以及实验结束后不再使用的动物应当及时处死。动物处死应遵循无痛苦或痛苦小、快速、安全、效果明显和便于操作等原则（详见第六章第十一节）。

5. 动物护理记录

动物护理记录是实验研究中原始文字材料的一部分，和 X 线照片、病理切片、各种实验描记图等共同构成一个完整的实验记录，最后集中归为实验档案，实验人员要及时、客观、准确、真实、完整、简明扼要地填写。实验记录主要包括以下三方面：

（1）实验动物、饲料的来源、凭证，试剂、消耗物品、仪器设备购入或维修记录。

（2）仪器设施等实际运行状态的记录。

（3）完整、真实的实验操作及结果。

所有的实验记录都要有记录人及更改人的亲笔签名和签名时间，并对此负责。

第二节 动物实验外科基本操作技术

在生理实验中，当将实验动物麻醉保定在实验台上时，常常需要找出某部分肌肉（如制作坐骨神经 - 腓肠肌标本等）。在进行呼吸生理实验和血压测定时，都需要分离神经和剥离肌肉，还要进行某些组织的切开、止血和缝合等技术操作。

一、组织分离

组织分离是以机械的方法，根据手术的需要和术部解剖的特点，将原来完整的组织切开与分离，以显露深部组织或器官，游离或切除某一器官或病变的组织，分离的操作方法大致有钝性分离和锐性分离两种。

1. 钝性分离

用手术刀柄、止血钳、骨膜分离器或手指进行。方法是将这些器械或手指插入组织间隙内，用适当的力量分离或推开组织，这种方法适用于正常的肌肉、筋膜、骨膜和腹膜下间隙，或脏器与良性肿瘤之间、囊肿包膜和疏松组织之间的分离。优点是迅速省时，且不致误伤血管和神经，但不应粗暴勉强进行，否则易造成重要血管和神经的撕裂或穿破邻近的空腔脏器或组织。

2. 锐性分离

用手术刀或手术剪进行。用手术刀时，应在牵拉两侧组织的情况下，以刀刃作垂直的、轻巧的切开，不要做刮削的动作；用手术剪时，以剪刀尖端伸入组织间隙内，不宜过深，然后张开剪柄分离组织，在确定没有重要的血管和神经后，再予以剪断。在分离过程中，如遇血管，须用止血钳夹住、结扎后再剪断。锐性分离对组织损伤较小且术后反应也小，但必须熟悉局部解剖特点，在辩明组织结构时方可进行手术，动作要正确精细。

锐性分离和钝性分离各有优点，在手术过程中可以根据具体情况，选择使用。

为了充分地显露深部组织和器官，同时又不致造成过多组织的损伤，切开组织时应尽可能符合下列原则：

（1）切口须接近病变或主手术部位，最好能直接到达主手术区，并根据手术需要，可适当延长。

（2）切口应与该部重要血管和神经的走向平行，以免损伤这些组织，影响伤口愈合和术后功能。

（3）切口须考虑与皮肤的纹理相平行，这样缝合时张力小，而且愈合后瘢痕小，对功能的影响也较小。

（4）切口的大小必须适当，切口过小不能充分显露，而做不必要的大切口，势必损伤过多的组织。

（5）切开时必须按解剖层次分层进行，并注意保持切口从外到内大小相同或渐次减短。

二、组织切开

1. 皮肤的切开

（1）首先根据局部解剖特点和手术的需要，选择好切口的部位和长度。必要时用刀尖或带色的消毒液（如龙胆紫）预先描出切口，皮肤经消毒后，用无菌创巾铺在切口的附近，使切口皮肤与周围皮肤隔离。

（2）术者左手拇指和其余四指隔着纱布或创巾分别压在切口的两侧皮肤上，如切口较长，应由术者的左手与助手的手隔着纱布或创巾分别压在皮肤上，使其张紧。术者右手执刀，使刀刃与皮肤垂直，防止偏斜，力求均匀地一刀切开所需的长度与深度，避免中途起刀再切，造成创缘不整齐。

（3）当皮下组织甚为疏松，且在切口下面有大血管、大神经、分泌管及重要器官时，为使切口位置正确而不误伤其下部组织，术者和助手在预定切线的两侧，用手指或组织镊提拉皮肤内垂直皱壁，并进行垂直切开。

（4）皮肤切开后，在切口的两侧再铺以创巾，并用止血钳把灭菌创巾固定在切缘上，使切口内部与切口外皮肤完全隔离。

2. 筋膜的切开

用刀在筋膜上做一小切口（如在筋膜下有神经或血管，就用两个组织镊将筋膜提起，再做一小切口），用弯剪或弯止血钳在此切口的上、下角将筋膜下组织与筋膜分开，沿分开线剪开筋膜，筋膜的切口与皮肤切口等长。

3. 肌肉切开

要沿肌纤维的方向分离，少做切断，以减少损伤和影响愈合。先用刀切开肌肉上面的肌鞘，再用钝头剪或止血钳顺其纤维方向分开一小口，然后用刀柄或手指将其分离至所需要的长度。

4. 腹膜切开

在腹膜切开时，为了避免伤及内脏，可用止血钳提起腹膜做一小切口，然后用食、中二指或有沟探针伸入切口下的腹膜腔内，再用手术刀（或剪）切开。

在手术过程中，经常要用温热灭菌生理盐水纱布盖在暴露于创口内的组织上，以免因组织干燥而受损伤。

三、止血

在手术过程中，组织的切开、切除等都可造成不同程度的出血。因此，在手术操作中，完善而彻底的止血，不但能防止严重的失血，而且能保证术部清晰，便于手术顺利进行，避免损伤重要的器官，有利切口的愈合。手术中常用的止血方法有下列几种。

1. 压迫止血法　适用于毛细血管和较小血管的出血和渗血。一般用干灭菌纱布或泡沫塑料，在出血部位按压，但不可拭擦，以免损伤组织和使血栓脱落，若凝血功能正常，压迫片刻，即可止血。如为较大血管，用此法清除术部血液，在辨清组织及出血点后，采取其他有效的止血方法。

2. 填塞止血法　深部的较大血管出血，一时找不到出血点，钳夹或结扎止血有困难时，用灭菌纱布填塞创腔，压迫血管断端以达到止血的目的，填塞在创腔内的纱布通常置留12～48h 后取出。

3. 钳夹和钳夹扭转止血法　用纱布暂时压迫出血点，继而将纱布移开，用止血钳的尖端对准出血点，迅速而准确地夹住，夹住的组织不宜过多；在用止血钳夹住出血点以后，也可将止血钳扭转一周，然后松开止血钳。对于较小的出血，既可止血，又可避免不必要的结扎。

4. 结扎止血法

（1）单独结扎止血法：在切开和分离组织时，如血管已被切断出血，先用纱布暂时压迫止血，继而将纱布移去，随即用止血钳的尖端对准出血点，迅速而准确地夹住，然后用丝线绕过止血钳尖端进行结扎，结扎时应将止血钳尖端向上挺出，便于丝线在钳下结扎。对浅部较大的血管，应在尽可能分离清楚后，用两把止血钳夹住血管两端，在其中间切断，然后结扎血管断端；对深部的血管，先在血管两端穿线结扎，再从中间切断血管。

（2）缝合结扎止血法：出血点不易找到或不易夹住时，可用环绕缝合的方法进行结扎止血。对肌肉上的出血点，用单纯结扎止血时，常因肌纤维收缩而使结扎线脱落，因此，也多宜采用此法，其方法是在血管断端周围缝合数针后结扎。

（3）贯穿结扎止血法：对于像大网膜、肠系膜或其他粘连带等，内藏有数目较多的血管，个别分离结扎困难，可采用贯穿法予以结扎；其方法是先用止血钳夹住、剪断，以丝线和弯圆刃针做"8"字形贯穿，然后予以结扎。如果一次所夹组织太多，应在做"8"字形贯穿时，在两侧也穿过组织，以免在收紧缝线时两侧的组织滑走，但最好分成小段钳住，分段做贯穿结扎。

5. 电凝及烧烙止血法

（1）电凝止血：通过高频电流，使组织凝固止血，其方法是先用止血钳夹住出血点，向上轻轻提起，擦干血液，再用电凝器接触止血钳，通电 1～2s，即可止血。其优点是止血迅速，在组织内不留线端。缺点是止血效果不太可靠，凝固焦痂易脱落而再次出血，如设备失灵或安装不当可灼伤动物和手术人员，在采用乙醚或其他易燃吸入麻醉剂麻醉时，不宜使用电凝止血法，以免引起爆炸。

（2）烧烙止血：将电烧烙器或烙铁直接放在出血点上止血。使用时，将电阻丝或烙铁烧得微红，但不宜过热，否则组织炭化过多。烧烙时，将烙铁在出血点处稍加按压后即迅速拿开，否则组织黏附在烙铁上，当烙铁离开时，将组织扯离。

6. 局部药物止血法

压迫止血时，可用1%～2%麻黄素或0.1%肾上腺素溶液浸润的纱布按压出血点，以提高止血效果，对于用压迫止血法难以止血的创面，可采用明胶海绵、淀粉海绵等贴敷在出血面上或填塞在出血的伤口内，以达到止血的目的。

四、打结

手术中的止血和缝合，均需要进行结扎，所以，打结是外科手术最基本的操作之一。结的种类很多，打结的方法也不一致，但各有优点，最好都能熟悉，才能灵活应用。

1. 结的种类

结的种类很多，最常用的有方结、外科结和三叠结等（图7-3）。

（1）方结：又称平结，由两个方向相反的单结组成，它的线圈内张力越大则结越紧，故结扎后较为牢固，为手术中最常用的结。

（2）外科结：由于第一个结线圈绕两次，摩擦面比较大，再打第二个结时不易滑脱，用于大血管结扎和张力较大的组织缝合后打结。

（3）三叠结：又称三重结，在打好方结后，再打一个与第一个结方向相同的结，此结较为牢靠，但因遗留在组织内的结扎线较多，故仅用来结扎较大的动脉，或用于肠线、尼龙线结扎时用。

打结时应避免不正规打结，如假结（斜结）和滑结，打结时，握线的两手在拉紧线时应向两个相反的方向用力，如果一端横拉一端直拉，就会形成滑结，容易脱落，不宜应用。

2. 打结的方法

常用的打结方法有单手打结法、双手打结法和器械打结法三种，打出的结都应该是方结（图7-4）。

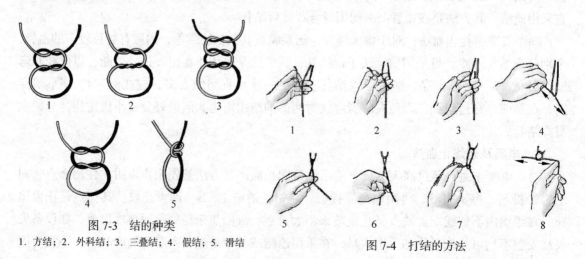

图7-3 结的种类

1. 方结；2. 外科结；3. 三叠结；4. 假结；5. 滑结

图7-4 打结的方法

（1）单手打结：使用范围较广，如操作熟练，打结速度很快，节省时间，也较简便。如操作不当，易打成滑结，分左手打结和右手打结，可根据个人习惯选择。

（2）双手打结：方法烦琐，但较稳固。适用于深部结扎，还用于肠线一类较硬线的打结。

（3）器械打结：通常是用止血钳或持针钳打结。由于线头过短，或创伤深处的结扎，不便用手打结时，均可采用此法。

3. 打结时必须注意的事项

（1）不论采用何种打结方法，均应在打结收紧时，使两手用力点与结扎点尽量成为一条直线（即三点成一条直线），且两手用力相等，不可成角并向上提起，以免结扎点撕脱或线结松弛，甚至造成滑结。

（2）打第一结时，拉线的方向必须顺着结扎线本身的方向，否则两线交叉折转，容易在线结处互相割断。

（3）为了不使第一个结扎松脱，打第二个结时，手的动作要轻巧，且不得把线段拉得过紧，必要时可用一把止血钳压在第一结处，待收紧第二结时，再移去止血钳。

（4）收紧第二结用力的方向与第一结不能相同，且不要用力太大，否则易断线。

打结后要进行剪线，剪线时要注意所留线头的长度，太长会增加埋在组织内的异物，太短会使结不牢固，所留线头的具体长度，随各种情况而不同。一般血管的结扎线和埋藏的缝线，如为丝线，应在结以上留出 2～3mm 的线头，如系肠线，应留 5～6mm；皮肤上的缝线约留 10mm；不锈钢丝则留 5～10mm。

在剪线时，术者将线提起并稍拉紧，助手用单钝头剪钝头的一边近剪尖处，紧靠缝线滑下至剪口被结所阻时，再将剪口略向上倾斜，随即将线剪断。这样，手的动作有所依靠，比较迅速而稳健，且留下的线头长度也能合乎要求。要注意的是，用剪刀的尖端剪线，而不是其后部剪线，因为用后部剪线，很容易因不小心而剪去附近的组织。

五、缝合

缝合是将已经切开的组织对合、靠拢、消除间隙，以利愈合。在正常愈合能力的情况下，愈合是否完善，常取决于缝线的选择、缝合方法和技术操作是否正确，因此，正确的缝合对组织愈合有着重要意义。

1. 缝合的原则

为了确保愈合，缝合时必须遵守下列原则：①严格遵守无菌操作；②必须按组织的解剖层次分层缝合，不要留死腔，否则，就会出现积血，积液，延迟愈合，甚至并发感染；③缝合前必须彻底止血，清除凝血块、异物及无生机的组织。皮肤缝合后，应将皮下存积的液体挤去，以免引起感染；④缝合时，缝针与组织呈垂直刺入，拔针时也要按缝针的弧度和方向拔出；⑤缝针的刺入孔、穿出孔应彼此相对，针距应相等，否则易位切口形成皱壁和裂隙。如切口太大或切口两侧不等，可采用对分缝合法，即先在切口的中点缝一针，将切口分为相等的两个切口，按此法顺序进行。这样，可减少缝合后的皱褶；⑥缝线结扎的松紧度应适当，以切口边缘紧密相接为准，不要过紧或过松。过紧，能加剧疼痛，还可引起组织缺血，导致坏死；过松，造成组织愈合不良。

2. 缝合的方法

手术的缝合方法很多，各有特点。根据缝合后切口边缘的形状，大致上将其分为单纯缝合、内翻缝合和外翻缝合三大类，每一类中又有间断缝合和连续缝合两种。连续缝合法省时、省线，缝合比较严密，且有止血作用，缺点是在组织内留下的缝线较多，且在一定程度上影响缝合组织边缘的血液循环，不利于愈合；环形连续缝合在打结时用力牵拉有收缩作用，对空腔脏器的吻合口，可能会引起狭窄。间断缝合法费时、费线较多，不如连续缝合严密，止血效果较差，但没有连续缝合法的缺点，手术时，可根据具体情况选择应用。

1）单纯缝合法

单纯缝合法又称对合缝合，缝合后切口边缘对合。常用的有下列几种缝合法：

（1）结节缝合（单纯间断缝合）：它是最常用的基本缝合法。其方法是在创缘的一侧将带线的缝针刺入，于对侧相应部位穿出进行打结，每缝一针打一次结，常用于皮肤、皮下组织、筋膜及肌肉等组织的缝合。

（2）双间断缝合（平"8"字形缝合）：将带线缝针穿过创缘两侧组织两针以后打结。此种缝合提供的拉力相当于两针间断缝合，适用于张力较大的组织缝合，多用于皮肤、皮下组织、筋膜及肌肉等的缝合。

（3）兔唇缝合（竖"8"字形缝合）：由两个相反方向交叉的间断缝合组成，多用于腔的缝合和数层组织形成的深创缝合。

（4）螺旋缝合（单纯连续缝合，环形连续缝合）：用一条长缝线，先在创口的一端缝合打结，然后用同一缝线等距离作螺旋形缝合，最后留下线尾抽紧打结。常用于皮下组织和筋膜缝合。

（5）锁边缝合（连续交锁缝合）：缝合方法和螺旋缝合基本相似，但在缝合过程中，缝针每次穿出组织后与缝线交锁，常用于直线形皮肤切口的缝合、腹膜的缝合、肠吻合时后壁的缝合。

2）内翻缝合法

缝合后，缝合组织的边缘向内翻入，使缝合组织的表面光滑平整且有良好的对合，主要用于胃肠、子宫、膀胱等腔体器官的缝合和各种胃肠瘘制备术的缝合。其优点是促进愈合，减少污染，但如翻入的组织过多，可引起腔径狭小。

（1）间断内翻缝合（Lembert 氏缝合）：缝线分别穿过胃肠道等腔体器官切口两侧的浆膜肌层后打结，不要穿过黏膜层，以免带出内容物造成污染。

（2）双间断内翻缝合（Halstead 氏缝合）：此法比间断内翻缝合的面积大些，也注意不得穿过黏膜层。

（3）连续内翻缝合（DupuyLren 氏缝合）：间断内翻缝合后，再以同一缝线做相同的缝合至切口的另一端。

（4）库兴（Cushing）氏缝合：缝合方法是在切口的一端先做间断内翻缝合打结后，再用同一缝线轮流平行于切口两侧作浆肌层连续缝合，直至切口的另一端。

（5）康乃尔（Connel）氏缝合：这种缝合方法与库兴氏缝合相同，仅在缝合时缝针要穿过全层。

（6）荷包缝合：围绕腔体器官小创口做环形的浆肌层连续缝合，主要用于胃肠壁上小范围的内翻，还可用于胃、肠和胆囊造瘘引流管的固定等。

3）外翻缝合法

外翻缝合法是将缝合组织的边缘向外翻出，使缝合处的内面保持光滑。

（1）间断外翻缝合：又分为水平褥状缝合和垂直褥状缝合两种，多用于皮肤松弛和腹膜的缝合、肾移植术时血管的吻合。

（2）连续外翻缝合：它是一种连续的水平褥式缝合法。多用于大、中血管的吻合，也可用于腹膜的缝合。

六、拆线

拆线是指拆除皮肤的缝线。缝线拆除的时间，通常在术后第7~8天进行，但也有延长至第11~12天的，或先间隔拆除一部分，过2~3天后全部拆完。

拆线时，先用碘酊消毒创口、缝线及周围皮肤，以清除污染，然后用无齿组织镊或止血钳夹住残留的线端，将此线稍向外拉出，使约有1mm长的线段从皮肤拉出，在拉出的线段上剪断；然后将线从对侧针孔，以向着切口并与切口线垂直，与皮肤平行的方向将线抽出，全部缝线抽出后，再用碘酊消毒创口周围的皮肤。

此种拆线方法可使以前露出皮肤表面而被污染的线段不致穿过皮内，既可避免因拆线而将细菌带入皮内，同时又可避免因拆线时用力过大，而将愈合尚未十分牢固的创口拉开。

（刘淑英）

第八章

细胞的基本功能

实验一　坐骨神经 - 腓肠肌标本的制备及生物电现象的观察

[实验目的]

（1）掌握蛙坐骨神经 - 腓肠肌标本的制备方法，为进行神经 - 肌肉实验奠定基础。

（2）通过观察损伤电位、心肌生物电现象等实验验证生物电现象的存在。

[实验原理]

（1）蛙或蟾蜍等两栖类动物的一些基本生命活动和生理功能与温血动物近似，但其离体组织所需生活条件比较简单，易于控制和掌握。因此，在生理实验中常用蛙或蟾蜍的坐骨神经 - 腓肠肌标本来观察神经 - 肌肉的兴奋性、刺激与反应的规律以及肌肉收缩的特点等。

（2）神经组织受到刺激时，能产生可传导的动作电位。该电位可引起神经 - 肌肉标本的肌肉收缩。

[实验对象]

蛙或蟾蜍。

[实验器材与药品]

蛙手术器械一套（包括普通剪刀、直剪、眼科剪、眼科镊子、脊髓探针和玻璃分针等）、玻璃板、蛙板、平皿、滴管、细线、铜锌弓、棉球和任氏液等。

[实验方法与步骤]

1. 坐骨神经 - 腓肠肌标本的制备

（1）破坏脑和脊髓：破坏蛙脑和脊髓的目的是迅速处死动物，方法有两种：一种是去头后再捣毁脊髓，即用左手紧握蛙体，右手执剪刀从蛙口裂插入，沿两眼后缘将头剪去，然后以脊髓探针插入椎管捣毁脊髓。另一种是先用探针捣毁脑，再捣毁脊髓，即用左手握蛙，食指压其头部前端，拇指按压背部，使头稍微下俯。右手持探针从头部沿正中线向尾端触划，当触到凹陷处即枕骨大孔所在部位时，将探针垂直刺入，再将探针折向前方插入颅腔，左右搅动，以彻底捣毁脑。然后将探针退到枕骨大孔，但不拔出而是将其尖转向后插入脊髓管中，插进椎管时可感到有一格一格前进的感觉，同时后肢失去紧张性，多数情况下蛙出现尿失禁。若蛙四肢完全松软，即表明脑与脊髓已完全破坏。否则应继续捣毁至彻底破坏为止（图 8-1）。

（2）去除皮肤和内脏：用普通剪刀在荐尾关节以上 0.5～1cm 处剪断脊柱。用镊子或左手掐住脊柱断端，将皮肤和内脏向下拉，一同除去（图 8-1）。将剥离的后躯标本放在盛有任氏液的培养皿中备用，并及时将手与用过的器械洗净。

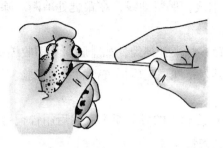

图 8-1 破坏蛙脑脊髓及剥去皮肤和内脏（陈义仿杨秀平）

（3）分离两腿：将剥离的后躯标本沿脊柱正中线剪为左、右两半，并从耻骨联合中央剪断，这样后躯被分为左、右两部分，将分开的两腿浸于盛有任氏液的培养皿中备用。

（4）游离坐骨神经：取一侧后腿，腹侧向上，用玻璃分针沿脊柱向后分离坐骨神经，去除坐骨神经的小分支部分，再将后腿背侧向上，剪断梨状肌及其附近的结缔组织，用玻璃分针沿坐骨神经沟（在大腿背侧的股二头肌和半膜肌之间的缝隙处）分离出坐骨神经的大腿至膝关节部分（图 8-2）；保留股骨约 1cm，剪断其他组织，去除股骨附着的肌肉，即为坐骨神经下腿标本［图 8-3（a）］。

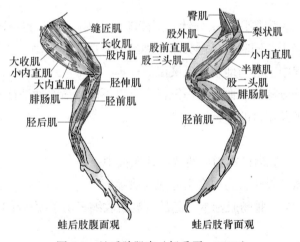

图 8-2 蛙后肢肌肉（杨秀平，2009）

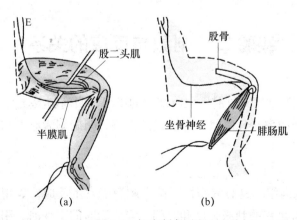

图 8-3 标本制备过程

（5）完成标本：剥离腓肠肌，在其跟腱处系一细线，保留细线，在跟腱处剪断。除去其他组织后，制成坐骨神经－腓肠肌标本［图8-3（b）］。

（6）检查标本灵敏性：做好的标本用锌铜弓轻轻接触坐骨神经，如腓肠肌立即收缩一下，表明标本的兴奋性良好，将标本放入任氏液中，待其兴奋性稳定后再进行后续的实验。

2．生物电现象的观察

（1）肌肉二次收缩的观察：将甲标本的神经搭在乙标本的腓肠肌上，然后用锌铜弓刺激乙标本的神经，观察甲标本的腓肠肌是否发生收缩，为什么？

（2）损伤电位的观察：将乙标本的腓肠肌横断，再将甲标本的神经迅速搭于乙标本的完整部和损伤部。观察甲标本的腓肠肌是否发生收缩，为什么？

（3）心肌生物电的观察：取出蛙心放在玻璃板上，取另一蛙下腿标本，剪掉神经上的脊柱，再将神经断端搭在蛙心的心房与心室上，观察心脏收缩与舒张的同时，下腿标本是否也随着发生明显的收缩与舒张？为什么？

［实验结果与分析］

描绘所制备的蛙坐骨神经－腓肠肌标本，标注出各组成部分；观察、描述并分析肌肉二次收缩、损伤电位和心肌的生物电现象。

［注意事项］

（1）分离神经时，一定要用玻璃分针，不能随便用刀、剪进行操作。切勿用玻璃分针逆向剥离，以防损伤神经干。同时避免过分牵拉神经以免造成损伤。

（2）制备标本过程中应适当地用任氏液湿润标本。

（3）避免蟾蜍皮肤分泌物和血液等污染标本，也不能用清水冲洗标本。

（4）要及时清洗手及用过的器械。

［思考题］

（1）制备好的神经－肌肉标本为何要放在任氏液中？

（2）用锌铜弓刺激神经时，为何会引起肌肉收缩？

（3）电刺激坐骨神经－腓肠肌标本引起的骨骼肌收缩经历了哪些生理反应过程？

（金天明）

实验二　刺激与反应的关系

［实验目的］

（1）通过观察电刺激强度对蛙腓肠肌收缩力的影响，明确刺激强度与反应的关系。

（2）观察不同刺激频率对骨骼肌收缩形式的影响，明确刺激频率与反应的关系，从而了解强直收缩发生的成因。

［实验原理］

（1）活的神经－肌肉组织具有兴奋性，接受刺激能发生反应，表现为肌肉收缩。要引起组织产生反应，必须有足够的刺激强度和时间，当刺激时间不变时，引起反应所需的最小刺激强度称为阈强度。兴奋性高的组织阈强度低，兴奋性低的组织阈强度高。因此，阈强度常作为衡量组织兴奋性高低的客观指标。就单根骨骼肌纤维而言，它对刺激的反应具有"全或无"的特性。蛙的腓肠肌内含有许多骨骼肌纤维，不同的肌纤维兴奋性高低不同，把刚好能引起较高兴奋性的肌纤维发生反应时的刺激强度称为这些肌纤维（即该肌肉）的阈强度，刚达到阈强度的刺激称为阈刺激。随着刺激强度不断增加，会有较多的肌纤维发生收缩，肌肉的收缩反应也相应增大，将强度超过阈值的刺激称为阈上刺激。当阈上刺激强度增大到某一数值时，肌肉中的所有肌纤维均发生兴奋，此时的肌肉收缩为最大收缩。若再继续增加刺激强度，肌肉收缩反应也不能再增大，这种能使肌肉发生最大收缩的最小刺激强度称为最适强度。达到最适强度的刺激称为最大刺激。在一定范围内，肌肉收缩幅度的大小取决于刺激强度。就蛙腓肠肌而言，它对刺激的反应不具有"全或无"的性质，其收缩情况在一定范围内与刺激强度成正比。

（2）当给肌肉一个阈上刺激时，肌肉即发生一次收缩反应，称为单收缩。单收缩的全过程可分为潜伏期、收缩期和舒张期。蛙腓肠肌的单收缩共历时 120ms，其中潜伏期约 10ms，收缩期 50ms，舒张期 60ms。若间隔时间小于该肌肉单收缩时程的连续有效刺激，则可引起肌肉收缩总和，称为复合收缩。若刺激频率递增（刺激间隔递减），肌肉收缩在舒张期叠加，出现持续的锯齿状收缩曲线，称为不完全强直收缩；继续增加刺激频率，达到临界融合频率时，肌肉收缩在收缩期叠加，呈现持续向上的平滑收缩曲线，称为完全强直收缩。因每次新的收缩都在上一次收缩的收缩期基础上叠加，故完全看不到舒张期，因此，强直收缩产生的肌张力要比单收缩强 3~4 倍。

[实验对象]

蟾蜍或蛙。

[实验器材与药品]

BL-420N 生物机能处理系统、蛙类手术器械、张力传感器、万能支架、双凹夹、蛙板、培养皿和任氏液等。

[实验方法与步骤]

1. 制备坐骨神经-腓肠肌标本

制备好的标本在任氏液中浸泡 10min 左右，使其兴奋性稳定（详见本章实验一）。

2. 连接仪器和标本

将标本的股骨插入蛙肌槽的锁孔内，拧紧螺丝固定，神经搭于蛙肌槽的电极，刺激电极夹在搭神经的电极上。

将标本连接的细线挂于张力换能器的张力环（即受力片钩）上，使连线稍绷紧，使标本具有一定量的前负荷。将张力换能器的输出端连接到 BL-420N 生物机能处理系统的 CH1 通道。

3. 软件操作及观察项目

开机并启动 BL-420N 生物机能处理系统。

1）刺激强度与反应的关系

（1）计算机操作：单击"实验"下拉菜单，选择实验项目中"肌肉神经实验"的"刺激强度与反应的关系"，进入实验操作界面。

（2）参数设置：选择适当的刺激参数（起始刺激：100mV；刺激强度增量：10～50mV；刺激时间间隔：20ms；刺激次数：50～100次）。

（3）实验方式：选择程控，按"确定"后，系统将以固定的增幅对标本施以刺激，观察收缩曲线的情况，以确定阈刺激和最大刺激。如果选择非程控，可按刺激键进行刺激，逐渐增大刺激强度，以确定阈刺激和最大刺激。

（4）结束实验前保存好图形和数据。

2）刺激频率与反应的关系

（1）选择实验项目：选择"肌肉神经实验"的"刺激频率与反应的关系"（表8-1）。

表8-1　刺激频率与反应的关系

肌肉收缩形式	刺激频率/Hz	个数	延时/s
单收缩	2	3	8
不完全强直收缩	6	12	6
完全强直收缩	20	20	6

（2）刺激参数的设置：刺激强度3V。

（3）实验方式：选择"经典实验"或"现代实验"，按"确定"后，观察肌肉的单收缩和复合收缩。

（4）结束实验并保存文件。

［实验结果与分析］

描绘肌肉单收缩和复合收缩曲线，分析刺激强度和刺激频率与反应的关系。

［注意事项］

（1）经常用任氏液湿润标本，保持其良好的兴奋性。

（2）如果肌肉出现疲劳现象，每两次刺激之间让标本休息10～30s以上。

（3）最大刺激引起波形消顶（图形超出计算机界面）时，可降低增益，重新操作。

（4）若刺激神经引起的肌肉收缩幅度不稳定时，可通过适当牵拉刺激肌肉。

［思考题］

（1）何谓阈强度和最适强度？

（2）为什么本实验在阈强度及最适强度之间，肌肉收缩幅度随刺激强度的增加而增加？

（3）为什么用大于最适强度的刺激有时会观察到肌肉收缩幅度反而下降？

（4）不完全和完全强直收缩形成的原因是什么？

（5）从刺激强度上可将刺激分为几种？它们与兴奋性的关系如何？

（6）随着刺激频率的增加，肌肉收缩形式有何变化？为什么？

（7）在一定范围内，为什么肌肉收缩的幅度随刺激频率的增高而增大？

（金天明）

实验三　蛙坐骨神经干动作电位的观察

[实验目的]

（1）学习蛙类坐骨神经干的双相、单相动作电位的记录方法，并能分析神经干动作电位的基本波形。

（2）掌握神经干动作电位传导速度的测定方法。

[实验原理]

可兴奋组织兴奋时，膜电位发生一短暂变化，由安静状态下的膜外正内负（静息电位）变为兴奋状态下的膜外负内正（去极化）。因此，兴奋部位和静息部位之间存在电位差。由于这种短暂的电位差所产生的局部电流又引起相邻未兴奋部位的去极化，使兴奋性动作电位沿细胞膜传遍整个细胞。这种短暂的可传播的膜电位变化称为动作电位，它可作为兴奋的客观标志。若将两个记录电极置于完整的神经干表面，当动作电位先后流过两电极时，可记录到双相的曲线，称为双相动作电位；若将两个记录电极置于神经干损伤部位的两侧，因神经纤维的完整性被破坏，使动作电位传导受阻，只能记录到单相的曲线，称为单相动作电位。神经纤维的动作电位具有"全或无"的特性，神经干由许多神经纤维组成，由于不同神经纤维的兴奋性不同，故神经干的动作电位与神经纤维的不同。神经干动作电位的幅度在一定范围内可随刺激强度的变化而变化，因而不具有"全或无"的特性。

神经干是由具有不同阈值和传导速度的神经纤维组成的混合神经，根据两组记录中引导的两个峰电位（图形的尖端）之间的时间差，可计算出兴奋在神经干上的传导速度。传导速度的快慢主要受纤维直径大小及其有无髓鞘的影响。

[实验对象]

蟾蜍或蛙。

[实验器材与药品]

BL-420N 生物机能处理系统、神经标本屏蔽盒、蛙板、小烧杯、滴管、蛙类手术器械和任氏液等。

[实验方法与步骤]

（1）蛙坐骨神经 - 腓神经标本制备。

（2）将神经干标本置入屏蔽盒（粗端靠近刺激电极）。

（3）按图 8-4 连接仪器，开机启动计算机进入 BL-420N 生物机能处理系统。

（4）单击"实验"下拉菜单，进入"肌肉神经实验"的"神经干动作电位"界面；选择适当的刺激参数（模式：粗电压；刺激方式：单刺激或连续单刺激；延时：5ms；波宽：0.05ms；强度：中等阈上刺激，约 0.3～2V），单击"开始记录"按钮，开始实验。如不理想时，可适当调整"刺激强度 1"的"增益选择"。

（5）观察项目

① 测定阈强度和最大刺激强度：选定"刺激强度"，改变强度值（调小）至动作电位刚出现时，此时的刺激强度即为阈强度，相应的刺激即为阈刺激。随后增大刺激强度，动作电

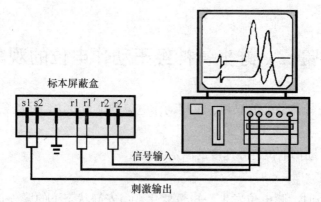

图 8-4　观察神经干动作电位及测定神经冲动传导速度的装置图
（胡还忠，2010）

位亦增大，当刺激强度不再随动作电位而增大时的刺激强度即为最大刺激强度，相应的刺激为最大刺激（注：改变刺激强度后，要重新启动刺激）。

　　将神经干标本放置的方向倒换后，双相动作电位的波形有无变化？

　　将两根引导电极 R_1 和 R_2 的位置调换，动作电位波形有何变化？

　　② 测定传导速度：单击"实验"下拉菜单，进入"肌肉神经实验"中"神经干兴奋传导速度测定"界面。在弹出的对话框"请输入两对传导电极之间的距离"中输入第一、三引导电极的实际距离（mm），选择适当的刺激参数（同上，可在 CH1 和 CH2 通道得到理想动作电位，注意两通道显速必须相同，均设为 0.63ms/div），按鼠标右键弹出菜单，选择"比较显示"，使两通道动作电位重叠，然后鼠标单击"区间测量"，移至第一个动作电位起始点或向上波尖再单击一下，移到第二个动作电位起始点或向上波尖，测得两动作电位起始点或两动作电位向上波尖的距离，得到"宽度"的时间（动作电位从第一引导电极传到第三引导电极所需要的时间）。

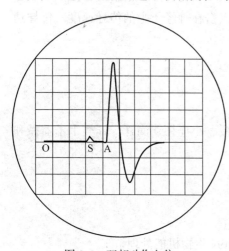

图 8-5　双相动作电位

　　将神经干标本置于 4℃ 的任氏液中浸泡 5min 后，再测定神经冲动的传导速度。

　　③ 观察单相动作电位：上述观察的都是双相动作电位（图 8-5）。用小镊子在 R_1、R_2 或 R_3、R_4 电极之间夹伤神经干，可见动作电位的第二相消失，变为单相动作电位。

［实验结果与分析］

（1）分别计算正常的神经干和低温浸泡后的神经干上动作电位的传导速度（m/s）：

$$V = d/(t_2 - t_1)$$

（2）对全部各组的实验结果加以统计，用平均值 ± 标准差表示。

［注意事项］

（1）制备神经标本时，神经纤维应尽可能长，将附着于神经干上的结缔组织膜及血管清除干净，但勿损伤神经干。

（2）神经干两端要用细线结扎，然后浸于任氏液中备用。取神经干时需用镊子夹持两端结扎线，切不可直接夹持或用手触摸神经干。

将神经干每隔10min提出并浸于任氏液中，以保持标本良好的兴奋性。

（3）实验过程中要经常滴加任氏液，保持神经标本湿润，但神经干上过多的任氏液要用滤纸片吸去。

（4）神经干不能与标本盒壁相接触，也不要把神经干两端折叠放置在电极上，以免影响动作电位的波形。

（5）测定动作电位传导速度时，两对引导电极间的距离应尽可能大。

（6）神经标本盒用毕应清洗、擦干。

[思考题]

（1）神经干双向动作电位是如何记录的？为何一般记录到的动作电位波形是不对称的？

（2）神经被夹伤后，动作电位的第二相为何消失？

（3）将神经干标本置于4℃任氏液中浸泡后，神经冲动的传导速度有何改变？为什么？

（4）引导电极调换位置后，动作电位波形有无变化？为什么？

（金天明）

实验四　神经干兴奋不应期的测定

[实验目的]

（1）熟悉测定神经干动作电位不应期的方法。

（2）理解可兴奋组织在兴奋过程中其兴奋性的变化规律。

[实验原理]

可兴奋组织受到刺激产生兴奋后，其兴奋性会发生一系列有规律性的变化，依次经过绝对不应期、相对不应期、超常期和低常期，然后恢复到正常水平。为了测定神经兴奋后兴奋性的变化，可采用双脉冲刺激。即可预先给神经施加一个最大（条件性）刺激，引起神经兴奋，然后按不同时间间隔给予第二个（检验性）刺激，检查神经对检验性刺激是否反应和所引起的动作电位幅度的变化，以此来判定神经组织兴奋后的兴奋性的变化。通过两个刺激间隔测出神经干的不应期。

当第二个刺激引起的动作电位幅度开始降低时（设为t_2），说明第二个刺激开始落入第一次兴奋的相对不应期内。当第二个动作电位开始完全消失，表明此时第二个刺激开始落入第一次兴奋后的绝对不应期内（设为t_1），那么t_2-t_1即为相对不应期。

[实验对象]

蟾蜍或蛙。

[实验器材与药品]

BL-420N 生物机能处理系统、神经标本屏蔽盒、蛙板、小烧杯、滴管、蛙类手术器械和任氏液等。

[实验方法与步骤]

（1）坐骨神经标本的制备参照本章实验一。

（2）仪器及标本的连接参照本章实验三，开启计算机进入"神经干不应期的测定"菜单。

（3）找出最大刺激强度。

（4）维持最大刺激强度，缩短两个刺激方波之间的时间间隔（调节延迟），使第二个动作电位向第一个动作电位靠近，使动作电位幅度开始降低乃至完全消失。记下从刺激伪迹到第一个矩形方波的间隔和从刺激伪迹到第二个矩形方波的间隔。

[实验结果与分析]

（1）将观察到的结果打印或描画于实验报告上，并标出神经干动作电位的不应期。

（2）计算神经干动作电位的绝对不应期和相对不应期。

[注意事项]

（1）参见本章实验三的注意事项。

（2）以最适强度刺激神经。

（3）增加观察次数，以减少读数的误差。

[思考题]

（1）当两个刺激脉冲的间隔时间逐渐缩短时，第二个动作电位如何变化？为什么？

（2）神经产生一次兴奋后，兴奋性改变的离子基础是什么？

（金天明）

实验五　强度 - 时间曲线的测定

[实验目的]

（1）学习强度 - 时间曲线图的绘制原理与方法。

（2）掌握刺激引起反应的三个要素。

（3）了解基强度、利用时和时值的概念。

[实验原理]

刺激三要素包括刺激强度、刺激持续时间及强度 - 时间变化率。一般而言，强度变化率越大，刺激效果越好。在生理学实验中，多以矩形波脉冲作为刺激，当强度 - 时间变化率固定时，只需考虑电流强度与电流持续时间两个变量，后两者的关系表现为刺激强度越小，引起反应所需的刺激持续时间就越长；反之，则持续时间相应缩短。将两者的关系绘成曲线，就是强度 - 时间曲线。强度 - 时间曲线表明：若刺激强度低于某一最小临界值时，刺激持续时间再长也不能引起兴奋,该最小刺激强度称为基强度;相反,刺激强度很大时,若刺激持续时间很短,同样也不能引起兴奋,将基强度作用所需的时间称为利用时。而将两倍基强度刺激引起兴奋所需的最短刺激持续时间称为时值,它实际上是两倍基强度下的利用时。

[实验对象]

蟾蜍或蛙。

[实验器材与药品]

BL-420N 生物机能处理系统、神经标本屏蔽盒、蛙板、小烧杯、滴管、蛙类手术器械和任氏液等。

[实验方法与步骤]

(1)坐骨神经干标本的制备方法同本章实验一。

(2)仪器连接方式同本章实验二。

(3)测定坐骨神经干的基强度和利用时:

调节刺激脉冲波宽(持续时间)至 100ms 以上,从 0 逐渐增大刺激强度,直至计算机屏幕上出现微小动作电位,此时的刺激强度即代表神经干兴奋的阈强度(基强度)。然后保持强度不变,从较大的刺激脉冲波宽开始,逐渐缩短刺激脉冲的波宽,直到求出刚好能引起兴奋的最短持续时间即利用时。

(4)测定坐骨神经干的时值:

将刺激强度定在基强度的 2 倍,可见动作电位幅值增大。然后将刺激脉冲波宽逐渐缩短,可见动作电位幅度逐渐变小,刚好能产生动作电位的波宽值即为时值。

(5)记录刺激强度和时间的变化关系:

分别以 1.5、2、3、4、5、⋯倍基强度的刺激脉冲刺激神经干,找出各强度引起反应的最短作用时间(波宽),将其填入表 8-2 中。

表 8-2　强度时间曲线测定记录表

刺激强度	最小波宽

[实验结果与分析]

将所得结果绘于坐标纸上,即可得到强度 - 时间曲线(y 轴代表刺激强度,x 轴代表刺激持续时间)。

[注意事项]

(1)刺激强度和波宽的参数由屏幕读取,必要时可增大示波器 y 轴放大倍数和 x 轴扫描速度,将方波波形放大,使读数更精确。

(2)所有测试过程需在短时间内完成,因为刺激时间过长,组织的兴奋性容易发生变化。

[思考题]

(1)所描记的强度 - 时间曲线有何生理意义?

（2）一个有效刺激必须满足哪几个基本条件？

（3）生理学上通常采用哪几种指标或参数衡量组织的兴奋性？

（金天明）

实验六　神经 - 肌肉接头兴奋的传递和阻滞

［实验目的］

学习和掌握神经 - 肌肉接头兴奋的传递过程。

［实验原理］

神经 - 肌肉接头是由接头前膜、接头后膜和接头间隙三部分组成。运动神经纤维到达骨骼肌细胞时，其末梢失去髓鞘，嵌入肌细胞膜。当动作电位到达神经末梢时，接头前膜的电压门控 Ca^{2+} 通道打开，可引起大量 Ca^{2+} 由胞外进入接头前膜，使接头前膜将乙酰胆碱分子释放到接头间隙。乙酰胆碱通过接头间隙到达接头后膜（终板膜）时，立即与终板膜上乙酰胆碱受体（N_2 受体）结合，使通道开放，允许 Na^+ 和 K^+ 等通过（以 Na^+ 内流为主），因而引起终板膜静息电位减小，使终板膜去极化，这一去极化的电位变化称为终板电位。一次终板电位一般都比相邻肌细胞膜阈电位大 3～4 倍，所以它很容易引起邻近肌细胞膜爆发动作电位，即引起骨骼肌细胞的兴奋。

［实验对象］

蟾蜍或蛙。

［实验器材与药品］

BL-420N 生物机能处理系统、蛙类手术器械、蛙钉、腓肠肌固定屏蔽盒、微调固定器、张力换能器、任氏液和箭毒等。

［实验方法与步骤］

1）准备标本

将制备好的蛙离体坐骨神经腓肠肌标本（标本两端均扎线）浸入任氏液备用（标本制备方法参见本章实验一）。

2）实验装置

（1）将蛙离体坐骨神经腓肠肌标本固定在屏蔽盒中。

（2）腓肠肌的跟腱结扎线固定在张力转换器的张力环上。

（3）坐骨神经放在刺激引导电极上，保持神经与电极接触良好，刺激电极与引导电极间的接触电极接地，引导电极引导神经干动作电位。

（4）打开计算机，启动生物生物机能实验系统。

3）实验观察

（1）开启计算机：单击生物生物机能实验系统菜单"实验 / 常用生理学实验"，选择"神经 - 肌肉接头兴奋的传递和阻滞"。

（2）刺激模式：采用单刺激和串刺激。

（3）观察腓肠肌的收缩活动：用2~5s的主周期刺激坐骨神经，观察腓肠肌的单收缩曲线、神经干动作电位波形和刺激标记以及三者之间的时间关系，计算从动作电位起点到肌肉收缩起点的时差。

（4）N_2受体阻断剂的作用：在腓肠肌的两端肌内注射箭毒各0.1mL，并用浸泡有箭毒的一薄层棉花盖于腓肠肌上，每隔60s刺激坐骨神经一次，观察经过多少分钟后，只出现神经干动作电位，而不出现腓肠肌收缩的现象，并分析其原因。

[实验结果与分析]
将观察到的结果描画或打印于实验报告上。

[注意事项]
（1）制备标本时要避免损伤神经和肌肉组织，实验中要保持标本的湿润，以维持其兴奋性。
（2）屏蔽盒的电极要求接地良好，防止干扰。

[思考题]
N_2受体阻断剂发挥作用后，有无办法使腓肠肌再次收缩？

（金天明）

实验七　蛙坐骨神经-腓肠肌标本中神经、肌肉兴奋时的电活动、肌肉收缩以及不同因素对观察指标的影响（综合性实验）

[实验目的]
（1）学习离体标本多参数同步记录的实验方法。
（2）观察实验因素对记录指标的影响，分析神经组织兴奋的发生、传导和传递过程，骨骼肌兴奋-收缩耦联以及肌肉收缩的生理过程。
（3）了解实验药物对观察指标的影响机制。

[实验原理]
一个有效的刺激作用于神经-肌肉标本的神经到引起肌肉的收缩是一个极其复杂的生命过程。根据刺激的强弱分别产生局部反应和兴奋，神经干中神经纤维兴奋数目的多少与阈上刺激的大小有关。在同一细胞上，兴奋以局部电流和跳跃式传导方式传到神经末梢，再通过突触传递至肌细胞，产生兴奋-收缩耦联，引起肌肉的收缩。神经-肌肉标本的活动可受不同因素的影响，肌肉收缩强度和形式还与刺激的强度和频率有关。因此，以神经干动作电位、肌细胞动作电位、肌肉收缩张力作为指标，可观察某些药物或刺激的变化对神经-肌肉标本机能活动产生的影响。

[实验对象]

蟾蜍或蛙。

[实验器材与药品]

任氏液、高渗甘油、20%普鲁卡因、含10^{-5}mol/L箭毒的任氏液、10^{-5}mol/L新斯的明、坐骨神经-腓肠肌标本屏蔽盒、带电极的接线、引导电极、BL-420N生物机能实验系统、普通剪刀、手术剪、眼科镊（或尖头无齿镊）、脊髓探针、玻璃分针、蛙板（或玻璃板）、蛙钉、细线、培养皿、滴管、双凹夹和滤纸片等。

[实验方法与步骤]

（1）坐骨神经-腓肠肌标本的制备参见本章实验一。

（2）标本、仪器的连接：将标本的股骨固定在屏蔽盒的股骨固定孔内。腓肠肌跟腱结扎线固定在张力换能器的张力环上。坐骨神经干分别置于刺激电极、接地电极和记录电极上。生物机能实验系统的CH1通道与神经干动作电位引导电极连接，CH2通道与腓肠肌动作电位引导电极连接，CH3通道与换能器连接。系统的刺激输出与标本盒上的刺激电极相连。调节张力换能器的高度，使肌肉的长度约为原长度的1.2倍，待肌肉稳定后开始实验。

打开生物机能实验系统，电刺激可采用单刺激或连续刺激（频率为30Hz），刺激波宽0.05ms，根据需要选取刺激强度。各通道的增益视信号的大小而定。

（3）观察腓肠肌的单收缩：用一个阈上刺激刺激坐骨神经，观察神经动作电位、腓肠肌动作电位和腓肠肌收缩曲线之间的关系。

（4）改变单个阈上刺激强度：观察上述各项记录指标。

（5）刺激频率对肌肉收缩的影响：固定阈上刺激的强度，改变刺激频率，观察肌肉的单收缩、不完全强直和完全强直收缩时的上述各项记录指标。

（6）观察兴奋收缩耦联现象：用0.5～1s的连续刺激刺激坐骨神经，将吸有甘油的棉花盖在腓肠肌上，每隔30s刺激坐骨神经一次。观察经过几分钟后，只出现动作电位而不出现腓肠肌收缩的情况。

（7）将标本浸入新斯的明后，重复步骤（3）。

（8）将标本浸入含10^{-5}mol/L箭毒的任氏液后，重复步骤（3）。

（9）在记录神经干动作电位的基础上，将吸有2%普鲁卡因的棉片盖在接地电极部位的神经干上，同时观察神经干动作电位的变化。

（10）将标本用任氏液清洗后再重复上述实验项目，再观察标本的活动情况。

[实验结果与分析]

打印观察到的结果并进行分析。

[注意事项]

（1）制备标本时要防止损伤神经和肌肉组织，实验中要保持标本的湿润，以维持其兴奋性。

（2）要求接地良好，防止干扰。

[思考题]

（1）肌肉产生强直收缩时，动作电位是否发生融合？

（2）电刺激神经纤维，使之兴奋需具备哪些基本条件？

（3）说明从神经纤维受刺激至肌肉收缩的生理过程。

（4）分别说明箭毒、新斯的明和普鲁卡因对标本活动的影响，分析其影响机制。

（金天明　姜成哲）

实验八　骨骼肌终板电位的记录及药物的影响（综合性实验）

[实验目的]

（1）观察蟾蜍坐骨神经缝匠肌终板电位的波形及空间分布。

（2）观察终板电位的总和以及乙酰胆碱和抗胆碱脂酶药物对终板电位的影响。

[实验对象]

蟾蜍或蛙。

[实验药品与器材]

电子刺激器、刺激隔离器、计算机、BL-420N 生物机能实验系统、神经标本隔离箱、三维电极移动支架、蟾蜍手术器械、10^{-5}mol/L 箭毒任氏液、10^{-5}mol/L 新斯的明和任氏液等。

[实验方法与步骤]

1）准备标本

制备蟾蜍坐骨神经缝匠肌标本。

2）仪器连接及实验参数设置

（1）开启主机，进入实验界面，选择 CH1 作为记录通道。

（2）选择刺激方式为单一方波刺激，强度为 0.2mV，波宽为 0.2～0.5ms。

（3）前置放大器的信号增益设置为 0.2mV/cm，高频滤波为 3kHz，低频滤波为 50Hz。

[实验项目]

（1）将制备好的标本浸入任氏液 5min，待兴奋性稳定后放入 10^{-5}mol/L 箭毒任氏液 10min，用锌铜弓检查，当肌肉微弱收缩或不收缩时，可将标本装入隔离箱中即刻进行实验。

（2）用平头的注射针头穿以脱脂棉线，并用生理盐水浸湿，作为引导电极固定在微电极上，另一电极夹在缝匠肌骨盆端作为参考电极。

（3）将引导电极置于缝匠肌终板集中的部位，观察单个电刺激所引起的终板电位。用 BL-420N 生物机能实验系统同步采样记录。测量终板电位的幅值大小和持续时间。

（4）观察终板电位的分布。将探查电极从终板集中部位逐渐沿着肌肉长轴向骨盆端移动，用单个电刺激刺激神经，观察终板电位的上升相、振幅和持续时间。

（5）观察 10^{-5}mol/L 新斯的明对终板电位的影响。用另一个标本放入等量的 10^{-5}mol/L 箭毒任氏液及新斯的明任氏液混合液中浸泡（与前一个标本的时间相同），在其他实验条件不变的情况下观察终板电位，并和步骤（3）的实验结果比较。

（6）观察终板电位的总和。调节双脉冲刺激的两个刺激波的时间间隔，使其间隔逐渐缩短，观察终板电位的变化。用连续单刺激并逐渐增加刺激频率，观察终板电位的变化。

[实验结果与分析]

打印观察到的结果并进行分析。

[注意事项]

（1）尽量减少对神经分支的牵拉。

（2）经常给标本滴加任氏液，保持组织的湿润。

[思考题]

（1）与神经纤维动作电位相比，终板电位的波形有何特点？

（2）箭毒与新斯的明分别对终板电位有何影响？

（金天明）

实验九　影响神经动作电位传导速度的因素（设计性实验）

[设计要求]

动作电位的传导速度与动作电位产生的速度密切相关，都是以离子运动为基础。要求在前面相关实验的基础上设计一个实验，证实当细胞外液的某些因素改变时会影响动作电位在神经干上的传导速度。

[实验结果]

（1）将观察到的结果打印或描画于实验报告上。

（2）标出神经干动作电位不应期。

[思考题]

在接受一次刺激产生兴奋以后，神经干为什么会出现不应期？

（金天明）

第九章

血 液 生 理

实验一　血细胞比容的测定

[实验目的]

掌握测定血细胞比容（红细胞压积）的方法。

[实验原理]

　　血细胞在全血中所占的容积百分比，称为血细胞比容。由于白细胞和血小板的容积约占血液总量的 0.15%～1%，常忽略不计，因此，血细胞比容通常也被称为红细胞比容或红细胞压积。温氏法指将一定量的抗凝血灌注于温氏管（Wintrobe 管，也称温氏分血计）中离心沉淀，将血细胞和血浆分离，上层淡黄色的液体是血浆，下层暗红色的为红细胞，中间很薄一层灰白色的为白细胞和血小板。微量法指用毛细玻璃管直接采集末梢血，离心后量取血液总高度和血细胞层的高度。最后根据血细胞占全血的容积百分比，计算出血细胞比容。

[实验对象]

家兔。

[实验器材与药品]

　　温氏管或毛细玻璃管（肝素化）、台氏离心机、注射器、试管、抗凝剂（双草酸盐溶液）、酒精和棉球等。

[实验方法与步骤]

（一）温氏法

1. 准备

取试管和温氏管各一支，用抗凝剂均匀润壁后烘干备用。

2. 采血

用一次性注射器抽取家兔血液（用静脉采血法或心脏采血法），将血液沿试管壁缓慢注入试管内，然后用拇指按住试管口，缓慢颠倒试管 2～3 次，使血液与抗凝剂充分混匀，制成抗凝血。再用注射器抽取抗凝血 2mL，缓慢注入温氏管，并使血液量精确到 10cm 刻度处。

3. 离心

将盛有抗凝血的温氏管以 3 000r/min 离心 30min 后，取出温氏管，按刻度读取红细胞柱的高度，该读数的 1/10 即为血细胞比容（图 9-1）。

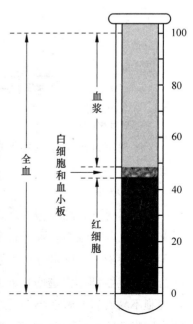

图 9-1　血细胞比容测定（陈义）

（二）微量法

1. 采血

取一支经肝素化的干燥毛细玻璃管（每支约含肝素2U）备用，用酒精棉球消毒手指指尖，用干棉球擦干后，再用消毒采血针穿刺手指，通过毛细现象将血液吸入毛细玻璃管，用套塞或橡皮泥堵塞毛细玻璃管一端。

2. 离心

将毛细玻璃管置于高速离心机中，以 11 000～12 000r/min 转速离心 5min 后，取出毛细玻璃管，测量血细胞层的长度和血液总长度，计算比值，即为血细胞比容。

[实验结果与分析]

记录实验结果，分析影响红细胞比容的因素。

[注意事项]

（1）选择不影响红细胞体积的抗凝剂双草酸盐溶液（草酸钾使红细胞皱缩，而草酸铵使红细胞膨胀，二者配合可使作用相互缓解）。

（2）用抗凝剂处理的温氏管或肝素化的毛细玻璃管必须清洁干燥。

（3）在混匀血液与抗凝剂及注血时应避免红细胞破裂溶血，若有溶血发生，则血浆成红色。

（4）将抗凝血注入温氏管时要注意防止产生气泡。

[思考题]

（1）影响红细胞比容的因素有哪些？

（2）如何防止溶血和产生气泡？

（3）测定红细胞比容有何实际意义？

（马燕梅）

实验二 红细胞渗透脆性的测定

[实验目的]

掌握测定红细胞渗透脆性的方法，了解细胞外液渗透压对维持细胞正常形态与功能的重要性。

[实验原理]

正常情况下，红细胞的渗透压与血浆的渗透压（哺乳类相当于0.9%氯化钠溶液的渗透压）相等。若将红细胞置于高渗溶液中，则红细胞将因失去细胞内的液体而皱缩；反之，若置于低渗溶液中，则水分进入细胞内，使红细胞膨胀，甚至胀破溶解，释放血红蛋白，形成溶血。测定红细胞渗透脆性即测定红细胞对低于0.9%氯化钠溶液的抵抗力。抵抗力高，则红细胞不易破裂，脆性小；反之，抵抗力低，则红细胞易破裂，脆性大。刚成熟的红细胞膜的渗透脆性较小，而衰老的红细胞膜的渗透脆性较大。

[实验对象]

家兔。

[实验器材与药品]

小试管 10 支、试管架、滴管、注射器、1% 氯化钠、蒸馏水和抗凝剂（1% 肝素钠溶液）。

[实验方法与步骤]

（1）将 10 支试管编号后排列在试管架上，按表 9-1 配制不同浓度的氯化钠低渗溶液，每管溶液均为 2mL。

表 9-1 不同浓度低渗 NaCl 溶液的配制

试管	1	2	3	4	5	6	7	8	9	10
1% 氯化钠 /mL	1.40	1.30	1.20	1.10	1.00	0.90	0.80	0.70	0.60	0.50
蒸馏水 /mL	0.60	0.70	0.80	0.90	1.00	1.10	1.20	1.30	1.40	1.50
NaCl 浓度 /%	0.70	0.65	0.60	0.55	0.50	0.45	0.40	0.35	0.30	0.25

（2）从兔的耳缘静脉采血 2mL，加入含 1% 肝素钠溶液的试管中混匀，制成抗凝血。

（3）往 1～10 号试管中各加入容积相等的血液 1 滴，然后用拇指按住试管口，缓慢颠倒试管 2 次，使血液与氯化钠溶液混匀，静置 1h。

（4）观察并记录结果

① 未溶血的试管：试管内液体上层为无色透明，下层有大量红细胞下沉，表明无红细胞破裂。

② 部分红细胞溶血的试管：试管内液体上层出现淡红色，下层有红细胞下沉，表明部分红细胞已经破裂，称为不完全溶血。刚开始发生溶血时，血液中抵抗力最小的红细胞发生溶血现象，称为红细胞的最小抗力或红细胞的最大脆性。

③ 红细胞全部溶血的试管：试管内液体完全变成透明红色，试管底部无红细胞下沉，表明血液中抵抗力最大的红细胞也发生了溶血现象，称为完全溶血或红细胞的最大抗力或红细胞的最小脆性。

[实验结果与分析]

（1）记录红细胞脆性范围，即开始溶血时与完全溶血时氯化钠溶液的浓度。

（2）描述实验结果，分析红细胞渗透脆性与红细胞膜对低渗透压抵抗力的关系。

[注意事项]

（1）配制的各种氯化钠溶液的浓度必须准确。

（2）静脉采血时速度要缓慢，滴加血液时要靠近液面，使血滴轻轻滴入溶液中，以免血滴冲击力太大使红细胞破损而造成溶血的假象。

（3）各试管中加入的血滴大小应尽量相等并充分混匀，切勿用力振荡，避免机械性溶血。

[思考题]

（1）输液时为什么要用等渗溶液？

（2）为什么同一个体血液中红细胞渗透脆性不同？

（3）红细胞渗透脆性的大小说明了什么？

（马燕梅）

实验三　红细胞沉降率的测定

[实验目的]

掌握测定红细胞沉降率（血沉）的方法。

[实验原理]

将抗凝血置于血沉管中，红细胞由于密度较大而逐渐下沉。通常以第1个小时末红细胞下沉的距离表示红细胞的沉降率，简称血沉。当血浆性质发生某些变化时，红细胞能较快发生叠连，使其总外表面积减少，与血浆的摩擦力减小，导致下沉较快。因此，临床上血沉可作为某些疾病检测的指标之一。

[实验对象]

家兔。

[实验器材与药品]

血沉管、血沉管架、试管、1mL移液管、注射器、抗凝剂（5%柠檬酸钠溶液）、酒精和棉球等。

[实验方法与步骤]

1. 采血

从兔耳缘静脉采血2mL，准确将1.6mL血液加入含0.4mL 5%柠檬酸钠溶液的抗凝管中，混匀，制成抗凝血。

2. 取血

取一支血沉管，吸入混匀的抗凝血至"0"刻度处，用滤纸擦去血沉管外端的血液，并将血沉管垂直固定于血沉架上。

3. 观察记录结果

在第一个小时末准确读取红细胞下沉后上段的血浆高度（mm），即为红细胞沉降率（血沉）。

[实验结果与分析]

记录实验结果，分析影响红细胞沉降率的因素。

[注意事项]

（1）抗凝剂与血液比例为1∶4，在不破坏红细胞的前提下，充分混匀。抗凝剂要现用现配。

（2）血沉管要垂直放置，不得有气泡。

（3）血沉快慢与温度密切相关，在一定范围内，温度越高血沉越快。因此，实验温度控制在18～25℃为宜。

（4）实验必须在采血后2h内完成，否则会影响实验结果的准确性。

（5）若沉降的红细胞上端呈斜坡形或尖峰形时，应选择图形的中间点读数。

[思考题]

（1）影响红细胞沉降率的因素有哪些？

（2）正常情况下，红细胞沉降率保持相对稳定的原因是什么？

（3）测定血沉在临床上有何实际意义？

（马燕梅）

实验四　血细胞计数

[实验目的]

掌握应用稀释法计数血细胞（红细胞和白细胞）的原理和方法。

[实验原理]

由于血液中血细胞数量多，直接计数较困难，因此，需采用稀释法进行测定。准确吸取一定量的血液用适当的溶液稀释后，置于血细胞计数板上，在显微镜下计数一定容积的稀释血液中的红细胞数和白细胞数，再将所得的结果，换算成每立方毫米或每升血液中的红细胞数和白细胞数。

[实验对象]

家兔。

[实验器材与药品]

显微镜、血细胞计数板、吸血管或移液枪（10～20μL）、试管、试管架、移液管（1mL和2mL）、滴管、注射器、滤纸和擦镜纸、抗凝剂（1%肝素钠溶液、5%柠檬酸钠溶液或10%草酸钾溶液）、酒精、95%乙醇、乙醚、1%氨水、45%尿素和血细胞稀释液（红细胞稀释液和白细胞稀释液）。

（1）红细胞稀释液：取氯化钠 0.5g、硫酸钠 2.5g 和二氯化汞 0.25g，加蒸馏水至100mL。其中，氯化钠用于维持红细胞的渗透压；硫酸钠用于增加溶液体积质量，使红细胞分布均匀，不易下沉；二氯化汞用于固定红细胞并防腐。

（2）白细胞稀释液：取冰醋酸 1.5mL、1%甲紫或1%亚甲蓝 1mL，加蒸馏水至100mL。其中，冰醋酸的作用是破坏红细胞；甲紫或亚甲蓝可将白细胞核染成淡蓝色，便于观察计数。

[实验方法与步骤]

1. 血细胞计数板的结构

常用的血细胞计数板为一特制的长方形厚玻璃板。计数板中央由"H"型凹槽分成上、下两个完全相同的计数池（图9-2），计数池内各有一个计数室。计数池的两侧各有一个支持柱，高出计数池0.1mm。在显微镜低倍镜下观察，计数室由边长为1mm的9个大方格组成，盖上盖玻片后每个大方格容积为 $0.1mm^3$。9个大方格中，位于四角的4个大方格用单线分为16个中方格，这是计数白

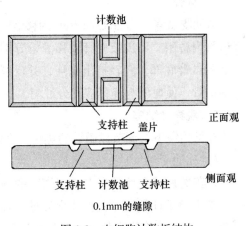

图 9-2　血细胞计数板结构

细胞的区域；位于中央的大方格用双线分成 25 个中方格，每个中方格又用单线分为 16 个小方格，其中位于四角和中央的 5 个中方格是计数红细胞的区域（图 9-3）。

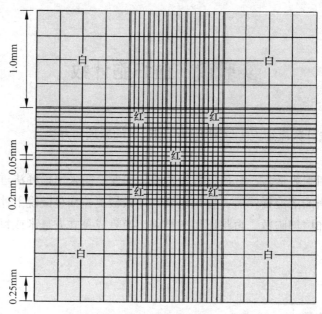

图 9-3　血细胞计数室（杨秀平，2010）

2．器材的洗涤

实验前，首先检查吸血管和计数室是否干燥、清洁，若有污垢，应先洗涤干净。清洗吸血管先用自来水洗去污垢，再用蒸馏水清洗三遍，并尽量吹干，然后用 95% 乙醇清洗两遍，以除去管内水分，最后吸入乙醚 1~2 次，以除去管内乙醇。如管内有血凝块不易洗去，切不可用乙醇清洗，须先用 1% 氨水或 45% 尿素浸泡一段时间，待血凝块溶解后再按上述方法洗涤干净。计数板则只能用自来水和蒸馏水冲洗干净后，用擦镜纸轻轻拭干，切不可用乙醇和乙醚洗涤，以免损坏计数室。

3．采血

从兔的耳缘静脉采血 2mL，加入含 1% 肝素钠溶液的试管中，混匀，制成抗凝血。

4．稀释

取两支试管，用 2mL 和 1mL 的移液管分别吸取红细胞稀释液 2mL 和白细胞稀释液 0.38mL 于试管内备用。再用吸血管或移液枪分别准确吸取 10μL 和 20μL 抗凝血于装有红、白细胞稀释液的试管底部，轻轻挤出血液，并反复吹吸几次，使管内残留血液全部进入试管内。分别摇动试管，使血液与稀释液充分混匀，这样红细胞被稀释了 200 倍，白细胞被稀释了 20 倍。

5．观察计数室

在低倍镜下，调节显微镜的焦距，在暗视野下找到计数室。

6．充池

将盖玻片盖在计数室上，用洁净的滴管吸取混匀的稀释血液，将滴管口靠近盖玻片的边缘，滴半滴于计数室与盖玻片交界处，稀释血液借助毛细现象可自动均匀地渗入计数室。静置 2~3min，待细胞充分下沉后开始计数。

7. 计数

调节微调旋纽，在暗视野下计数。计数红细胞时，数出中央大方格的四角及中间共5个中方格中所有的红细胞数。计数白细胞时，数出计数室四角4个大方格中所有的白细胞数。为避免重复计数和漏数，对四边压线的细胞，遵循"数上不数下，数左不数右，内线数外线不数"的原则（图9-4）。

8. 计算

（1）红细胞数：5个中方格中所有的红细胞总数乘以10 000，即为每立方毫米血液中的红细胞数。计算公式如下：

红细胞数/mm³＝5个中方格的红细胞数 × 稀释倍数 ÷5个中方格容积

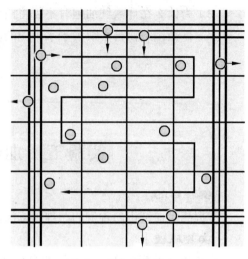

图9-4 红细胞计数方式

式中：稀释倍数为200倍，即10μL（0.01mL）血液加入2mL稀释液中。

5个中方格容积＝0.2mm×0.2mm×0.1mm×5＝0.02（mm³）

（2）白细胞数：4个大方格中所有的白细胞总数乘以50，即为每立方毫米血液中的白细胞数。计算公式如下：

白细胞数/mm³＝4个大方格的白细胞数 × 稀释倍数 ÷4个大方格容积

式中：稀释倍数为20倍，即20μL（0.02mL）血液加入0.38 mL稀释液中。

4个大方格容积＝1mm×1mm×0.1mm×4＝0.4（mm³）

9. 计数完毕，洗净器材

计数完毕后，依步骤2洗净所使用的器材。

［实验结果与分析］

记录实验结果，分析操作过程中影响血细胞计数准确性的因素。

［注意事项］

（1）中方格之间的红细胞数若相差超过15个、大方格之间白细胞数若相差超过10个时，表示细胞分布很不均匀，应重做。

（2）吸血管、计数板及盖玻片等用过后，必须立即洗涤干净。

（3）吸取血液时，吸血管中不得有气泡，吸取的血液和稀释液的体积一定要准确，若血液稍超过刻度时，可用滤纸轻触吸血管口，吸出一些血液，以达到要求的刻度。

（4）滴加稀释的血液时，以半滴为宜，若过多，易流出计数室外，盖玻片会浮起，体积不准，且显微镜中视野模糊，不好计数；若太少，易造成气泡，不均匀，影响计数结果。

（5）计数时，载物台应绝对平置，不能倾斜，以免细胞向一边集中。光线不必过强，一般在暗视野下计数的效果较好。

［思考题］

（1）分析影响血细胞计数准确性的因素。

（2）稀释的血液加入计数室后，为什么要静置一段时间后才开始计数？

（3）为什么在计数红细胞时不需将白细胞破坏？

（4）显微镜载物台必须置于水平位的原因是什么？

（马燕梅）

实验五　血红蛋白含量的测定

[实验目的]

掌握测定血红蛋白含量的原理和方法。

[实验原理]

血红蛋白的颜色随结合氧量的多少而发生变化。往血液中加入一定量的稀盐酸，可破坏红细胞膜，盐酸与血红蛋白发生作用，使亚铁血红蛋白转变成稳定的棕色高铁血红蛋白，用蒸馏水稀释后，可与标准比色板进行比色，从而测得血红蛋白含量，通常以每100mL血液所含血红蛋白的克数（g/100mL）表示。

[实验对象]

家兔。

[实验器材与药品]

血红蛋白计、注射器、滴管、吸管、滤纸、0.1mol/L盐酸、抗凝剂（1%肝素钠溶液或10%草酸钾溶液）、蒸馏水、酒精和棉球等。

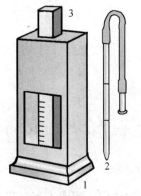

图9-5　血红蛋白计（陈义）

1. 比色计；2. 吸血管；3. 比色管

[实验方法与步骤]

1. 血红蛋白计的结构

血红蛋白计包括：①比色计　两侧各有一标准比色柱；②吸血管　一厚壁毛细玻璃管，有10μL和20μL两个刻度，尾端连一橡皮头，橡皮头上有一小孔，供吸取血液用；③比色管　管的两侧有刻度，一侧刻度为血红蛋白的绝对值，以克计（g/100mL），另一侧为血红蛋白的相对值，以百分数表示（图9-5）。

2. 检查

实验前先检查血红蛋白计的吸血管和比色管是否清洁，如不清洁要先洗涤干净。

3. 加液

用滴管将0.1mol/L盐酸加入比色管中，加至刻度"2"或"10%"处。

4. 取血

从兔耳缘静脉采血2mL，加入含1%肝素钠溶液的试管中，混匀，制成抗凝血。用吸血管准确吸取抗凝血至20μL刻度处，用滤纸擦净吸血管管口周围的血液，将血液立即吹入比色管的盐酸中。反复吸吹几次，使吸血管壁上的血液全部进入比色管内。轻轻摇动比色管，使血液与盐酸充分混合，将比色管放入比色计中，静置10min。

5. 比色

用滴管往比色管中逐滴加入蒸馏水，每次加蒸馏水后都要摇匀，再插入比色计中进行比色，直至与比色计中的标准比色板颜色相同为止。

6. 读数

从比色计中取出比色管，读出管内液面（凹面）的刻度。如液面在刻度 15 处，即表示 100mL 血液中含有 15g 血红蛋白；若用另一边的刻度表示，它与克数之间的关系因血红蛋白计的型式不一而异，可参照使用说明书。国产的沙里氏血红蛋白计，通常 100% 相当于 14.5g，如液面在刻度 70% 处，要计算其绝对克数，可用下式求得：

$$X : 14.5g = 70 : 100$$

$$X = 10.15g$$

7. 清洗实验器具

实验完毕，及时洗净吸血管和比色管。

[实验结果与分析]

记录实验结果，分析影响血红蛋白测定结果的因素。

[注意事项]

（1）吸血管吸取血液一定要准确，这是实验结果准确与否的关键。

（2）血液加入比色管时要避免出现气泡，否则影响比色。

（3）血液和盐酸的作用时间不可少于 10min，否则，亚铁血红蛋白不能充分转变成高铁血红蛋白，使结果偏低。

（4）加蒸馏水时，开始速度可稍快，当颜色接近标准比色板时则不能过快，以防稀释过度。且要摇匀后进行比色。

（5）比色要在自然光线下进行，并将比色管的刻度转向两侧，以免影响比色。

[思考题]

（1）血液加入比色管时如何防止产生气泡？

（2）测定血红蛋白含量有何实际意义？

（马燕梅）

实验六 出血时间和凝血时间的测定

[实验目的]

学习出血时间和凝血时间的测定方法。

[实验原理]

出血时间指小血管破损后，血液从创口自行流出至自行停止的时间，也称止血时间。测定出血时间可检测毛细血管和血小板功能是否正常，是检测机体生理性止血功能是否正常的一种简便而有效的方法。生理性止血主要与小血管的收缩、血小板黏附、聚集和释放活性物质等一系列生理反应过程有关。当血小板数量减少或毛细血管功能缺陷时，出血时间将延长。

血管破损后，血液接触异面，一系列凝血因子相继被激活，使血液中的纤维蛋白原转化成纤维蛋白，形成血凝块。凝血时间指的是从血液流出体外至血液中出现纤维蛋白的时间。测定凝血时间可反映机体凝血因子是否缺乏，血液的凝固过程是否正常。当凝血因子缺乏时，凝血时间将延长。

[实验对象]

小鼠和家兔。

[实验器材与药品]

烧杯、剪毛剪、注射器、采血针、玻片、棉球、滤纸片、大头针、秒表、乙醚和75%乙醇等。

[实验方法与步骤]

1. 出血时间的测定

将小鼠放入一倒置烧杯内，然后放进几个乙醚棉球，1～3min 后，小鼠麻醉。用剪毛剪剪去小鼠腿部被毛，酒精棉球消毒后，再用干棉球擦干。用采血针刺入皮下 2～3mm 深，让血液自然流出，勿施加压力。每隔 30s，用滤纸吸去流出的血滴，直到无血液流出为止。记下从开始出血至止血的时间，即为出血时间。

2. 凝血时间的测定

用注射器自兔耳缘静脉采血 2mL，滴一大滴血液（直径约 5～10mm）在事先准备好的清洁干燥的玻片上。每隔 30s 用针尖挑血一次，直至挑起细纤维蛋白血丝为止。记下从血液离体至挑出细纤维蛋白血丝的时间，即为凝血时间。

[实验结果与分析]

记录实验结果，分析影响出血时间和凝血时间的因素。

[注意事项]

（1）采血针刺入皮下深度以 2～3mm 为宜，采血时应让血液自然流出，不要挤压出血部位。

（2）滤纸吸血时，注意不要触及伤口，以免影响结果。

（3）测定凝血时间时，严格每 30s 挑血一次，且每次挑血时要按一定方向从血滴边缘往里轻挑，横过血滴，切勿多方向挑血，以免破坏纤维蛋白的网状结构，造成不凝假象。

[思考题]

（1）出血时间和凝血时间有何不同？

（2）影响出血时间和凝血时间的因素有哪些？

（3）测定出血时间和凝血时间有何临床意义？

（4）出血时间延长的患者，凝血时间是否也一定延长？

（马燕梅）

实验七　影响血液凝固的因素

[实验目的]

了解影响血液凝固的一些因素，加深对血液凝固过程的理解。

[实验原理]

血液由流动的液体状态转变为不能流动的凝胶状态的过程，称为血液凝固。它是由一系列凝血因子参与的复杂的生化反应过程。影响血液凝固的因素有许多，如接触面的粗糙程度、温度的高低和是否加抗凝剂等因素都会影响血液凝固过程。

[实验对象]

家兔。

[实验器材与药品]

手术器械、兔手术台、动脉夹、动脉插管、小试管（8根）、试管架、大烧杯（2个）、竹签（1束）、滴管、冰块、棉花、线、秒表、20% 氨基甲酸乙酯溶液、石蜡油、肝素（8U/mL）和 2% 草酸钾溶液等。

[实验法与步骤]

1. 手术

自兔耳缘静脉缓慢注射 20% 的氨基甲酸乙酯溶液（5mL/kg 体重），待其麻醉后，背位固定于手术台上，剪去颈部的被毛，沿正中线剖开皮肤 5~7cm，逐层分离皮下组织，在气管的两侧找到颈总动脉。分离一侧颈总动脉，在其下穿两条线，一条线在动脉的离心端结扎以阻断血流，然后在近心端夹上动脉夹，在靠近离心端结扎线的动脉上剪一小口，向心脏方向插入动脉插管，插管用另一条线结扎固定。需要放血时，开启动脉夹即可。

2. 取血

取 8 支洁净的小试管，按表 9-2 操作步骤，准备好各种不同的实验用品后，开启动脉夹，向每支试管中分别注入 2mL 血液。

3. 记时

每支试管加入血液后即开始记时，每隔 15s 倾斜一次试管，观察血液是否凝固，记录血液凝固的时间。将结果及各种实验条件下的凝血时间填入表 9-2，并分析原因。

表 9-2　影响血液凝固的因素

编号	实验条件	血液是否凝固	凝血时间 /min	原因
1	不做任何处理（对照管）			
2	内放棉花少许			
3	用石蜡油润滑试管内表面			
4	置于 37~40℃水浴锅中			
5	置于装有冰水混合物的大烧杯中			
6	加肝素（加血后混匀）			
7	加草酸钾（加血后混匀）			
8	用竹签不断搅动，直至形成纤维蛋白			

[实验结果与分析]

记录血液凝固时间，分析不同实验条件下影响血液凝固的因素。

[注意事项]

（1）采血的过程要快，以减少计时的误差。

（2）每支试管口径大小及加血量要相对一致，不可相差太大。

（3）判断凝血的标准要一致，一般以 45° 倾斜试管，试管内血液不流动为准。

（4）试管、滴管等用具必须清洁、干燥。

[思考题]

（1）简述血液凝固的过程及机制。

（2）影响血液凝固的因素有哪些？

（3）内源性凝血和外源性凝血途径有什么不同？

（马燕梅）

实验八　ABO 血型鉴定和交叉配血实验

[实验目的]

了解红细胞凝集的原理，掌握用玻片法鉴定 ABO 血型的方法。

[实验原理]

血型通常指红细胞膜上特异性抗原的类型。红细胞膜上的抗原称凝集原，其血浆中存在的抗体称凝集素。ABO 血型系统是根据红细胞膜上是否存在凝集原 A 和凝集原 B，将血液分为 A 型、B 型、AB 型和 O 型四种血型。A 型血的红细胞膜上只有 A 凝集原，其血浆中有抗 B 凝集素；B 型血的红细胞膜上只有 B 凝集原，其血浆中有抗 A 凝集素。A 凝集原可被抗 A 凝集素凝集；B 凝集原可被抗 B 凝集素凝集。红细胞出现聚集成团的现象，称为红细胞凝集。血型鉴定是往受试者红细胞悬液中分别加入 A 型标准血清（含抗 B 凝集素）和 B 型标准血清（含抗 A 凝集素），观察有无凝集现象发生，从而确定受试者血型。

交叉配血实验是将供血者的红细胞和血清分别与受血者的血清和红细胞进行配血试验，观察是否发生红细胞凝集反应。为保证输血安全，一般情况下应遵循输同型血的原则，在输血前要进行交叉配血实验，无红细胞凝集现象方可进行输血。

[实验对象]

人。

[实验器材与药品]

双凹玻片或载玻片、采血针、棉球、干棉球、滴管、玻棒、显微镜和记号笔、75% 乙醇、A 型和 B 型标准血清等。

[实验方法与步骤]

1. ABO 血型鉴定

（1）取一双凹玻片，用记号笔在左边和右边分别写上 A 和 B 作为标记。

（2）用 2 个小滴管分别吸取 A 型和 B 型标准血清，在玻片两个凹陷处各滴上一滴。

（3）酒精棉球消毒无名指指尖或耳垂，干棉球擦干后，用消毒采血针穿刺采血，再用消毒后的尖头滴管吸取少量血，滴 1 滴于盛有 1mL 生理盐水的小试管中，混匀，制成 5% 红细胞悬液。

（4）在玻片两个凹陷处的A型和B型标准血清上，分别滴一滴红细胞悬液，慢慢转动玻片或用玻棒分别混匀，观察是否出现红细胞凝集现象。根据红细胞的凝集现象可判定血型（图9-6）。肉眼若不易分辨可用显微镜在低倍镜下观察。

2. 交叉配血实验

（1）分别对供血者和受血者皮肤消毒，静脉取血2mL。滴2滴于盛有2mL生理盐水的小试管中，混匀，制成5%红细胞悬液。其余血液凝固后离心，取血清备用。

（2）取玻片一块，在两边分别写上"主"和"次"字样。

（3）主侧滴加供血者的红细胞悬液和受血者的血清各1滴，次侧滴加受血者的红细胞悬液和供血者的血清各1滴（图9-7），用玻棒分别混匀。室温下放置15min后，观察有无红细胞凝集现象，肉眼若不易分辨可用显微镜在低倍镜下观察。若

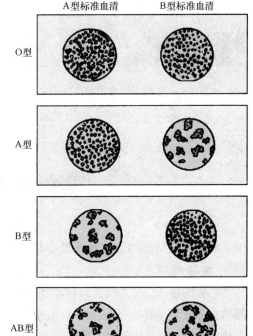

图9-6 ABO血型鉴定

两侧交叉配血均无凝集反应（阴性），说明配血相合，能够输血。若主侧发生凝集反应（阳性），说明配血不合，即使次侧不发生凝集反应（阴性）也不能输血。若仅次侧配血发生凝集反应（阳性），主侧配血不发生凝集反应（阴性），则在紧急情况下可以输血，但输血速度必须慢，且输血量不能过多。

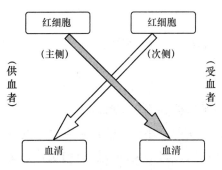

图9-7 交叉配血试验

[**实验结果与分析**]

描述实验结果，分析输血前做交叉配血实验的重要性。

[**注意事项**]

（1）吸取A型和B型标准血清及红细胞悬液时，应使用不同的滴管。

（2）采血针务必严格消毒，做到一人一针，切勿混用。

（3）采血后要迅速与标准血清混匀，防止血液凝固。搅拌用的玻棒也不能混用。

[**思考题**]

（1）ABO血型的分类标准是什么？

（2）无标准血清时，能否用已知A型或B型者的血液进行血型的粗略分析？其依据是什么？

（3）交叉配血试验时，为什么主侧阴性，次侧阳性，可以在紧急情况下输血？

（马燕梅）

第十章

血液循环生理

实验一　蛙心起搏点观察

[实验目的]

掌握使用结扎的方法观察蛙心起搏点，了解心脏不同部位传导系统的自动节律性。

[实验原理]

心脏的特殊传导系统具有自动节律性，但各部分的自动节律性高低不同。蛙的心脏起搏点是静脉窦（哺乳动物的是窦房结）。正常情况下，静脉窦（或窦房结）的自律性最高，能自动产生节律性兴奋，并依次传到心房、房室交界和心室，引起整个心脏兴奋和收缩，因此，静脉窦（或窦房结）是主导整个心脏兴奋和搏动的正常部位，被称为正常起搏点。其他部位的自律组织仅起着兴奋的传导作用，若阻断心脏正常起搏点的传导，则它们也可发挥起搏点的作用，故称之为潜在起搏点。

[实验对象]

蛙或蟾蜍。

[实验器材与药品]

任氏液、蛙板、蛙类手术器械一套、蛙钉、丝线、玻璃分针、秒表和滴管等。

[实验方法与步骤]

1. 实验的准备

（1）在体蛙心的制备：取蛙或蟾蜍一只，破坏脑和脊髓后仰卧固定于蛙板上，用镊子提起胸骨后端的皮肤剪一小口，然后从左、右两侧锁骨外侧剪开皮肤，将游离的皮肤掀向头端。再用镊子提起胸骨后方的腹肌，剪开一小口后，剪刀伸入胸腔（勿伤及心脏和血管），沿皮肤切口剪开胸壁，剪断左右乌喙骨和锁骨，使创口呈一倒三角形，充分暴露心脏部位。持眼科镊提起心包膜并用眼科剪剪开心包膜，暴露心脏。

（2）蛙心各部分的结构：自心脏腹面认识心室、心房、动脉圆锥（动脉球）和主动脉。用玻璃分针向前翻转蛙心，暴露心脏背面即可观察到静脉窦和心房（图10-1）。

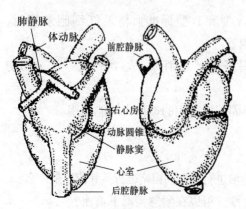

图 10-1　蛙心脏的解剖位置和结构

（背面观、腹面观）

肺静脉　体动脉　前腔静脉　右心房　动脉圆锥　静脉窦　心室　后腔静脉

2. 实验项目

（1）观察蛙心各部分收缩的顺序：自心脏背面观察静脉窦、心房和心室的跳动及跳动次序，并记录每分钟的收缩次数（次／分）。

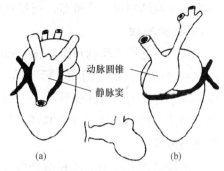

图 10-2　斯氏结扎部位示意图

（2）斯氏第一结扎：分离主动脉两分支的基部，用眼科镊在主动脉干下引一细线。将蛙心心尖翻向头端，暴露心脏背面，在静脉窦和心房交界的半月形白线（即窦房沟）处将预先穿入的线做一结扎［即斯氏第一结扎，图 10-2（a）］，以阻断静脉窦和心房之间的传导。观察蛙心各部分的搏动节律的变化情况，并记录各自的跳动频率（次／分）。待心房、心室复跳后，再分别记录心房、心室的复跳时间和蛙心各部分的搏动频率（次／分），比较结扎前后的变化情况。

（3）斯氏第二结扎：第一结扎实验项目完成后，再在心房与心室之间（即房室沟）用线做第二结扎［即斯氏第二结扎，图 10-2（b）］。结扎后，心室停止跳动，而静脉窦和心房继续跳动。记录各自的跳动频率（次／分）。经过较长时间的间歇后，心室又开始跳动，记录心脏复跳时间及蛙心各部分的跳动频率（次／分）。

［**实验结果与分析**］

记录并分析各项结果。

［**注意事项**］

（1）结扎前要认真识别心脏的结构。

（2）结扎部位要准确地落在相邻部位的交界处，结扎时用力逐渐增加，直到心房或心室搏动停止。

（3）斯氏第一结扎后，若心室长时间不恢复跳动，进行斯氏第二结扎则可能使心室恢复跳动。

［**思考题**］

（1）正常情况下，两栖类动物（或哺乳类动物）的心脏起搏点是心脏的哪些部位？

（2）斯氏第一结扎后，房室搏动发生了什么变化？为什么？

（3）斯氏第二结扎后，房室搏动情况又有何不同？为什么？

（4）如何证明两栖类动物心脏的正常起搏点是静脉窦？

（刘俊峰）

实验二　蛙类微循环的显微观察

［**实验目的**］

学习用显微镜或图像分析系统观察蛙肠系膜微循环内各血管及血流状况；了解微循环各

组成部分的结构和血流特点；观察某些药物对微循环的影响。

[实验原理]

微循环是指微动脉和微静脉之间的血液循环，是血液和组织液进行物质交换的重要场所。经典的微循环包括微动脉、后微动脉、毛细血管前括约肌、真毛细血管网、通血毛细血管、动-静脉吻合支和微静脉等部分。由于蛙类的肠系膜组织很薄，易透光，可以在显微镜下或利用图像分析系统直接观察其微循环过程中的血流状态、微血管的舒缩活动及不同因素对微循环的影响。

在显微镜下，小动脉和微动脉管壁厚，管腔内径小，血流速度快，血流方向是从主干流向分支，有轴流（血细胞在血管中央流动）现象；小静脉和微静脉管壁薄，管腔内径大，血流速度慢，无轴流现象，血流方向是从分支向主干汇合；毛细血管管径最细，仅允许单个细胞依次通过。

[实验对象]

蛙或蟾蜍。

[实验器材与药品]

任氏液、20%氨基甲酸乙酯溶液、0.1%肾上腺素、0.01%组胺、显微镜、有孔蛙板、蛙类手术器械、蛙钉、吸管和注射器（1～2mL）等。

[实验方法与步骤]

1. 实验准备

取蛙或蟾蜍一只，称重。在尾骨两侧皮下淋巴囊注射20%氨基甲酸乙酯（3mg/g体重），约10～15min进入麻醉状态（也可直接进行双毁髓使动物瘫痪）。用大头针将蛙腹位（或背位）固定在蛙板上，在腹部侧方做一纵行切口，轻轻拉出一段小肠袢，将肠系膜展开，小心铺在有孔蛙板上，用数枚大头针将其固定（图10-3）。

2. 实验项目

（1）在低倍显微镜下，识别动脉、静脉、小动脉、小静脉和毛细血管（图10-4），观察血管壁、血管口径、血细胞形态、血流方向和流速等的特点。

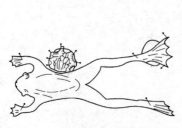

图10-3 蛙肠系膜标本的固定

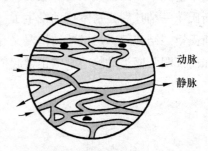

图10-4 蛙肠系膜微循环的观察

（2）用小镊子给予肠系膜轻微的机械刺激，观察此时血管口径及血流的变化情况。

（3）用一小片滤纸将肠系膜上的任氏液小心吸干，然后于肠系膜上滴加几滴0.1%肾上腺素，观察血管口径和血流的变化情况，出现变化后立即用任氏液冲洗。

（4）血流恢复正常后，滴几滴 0.01% 组胺于肠系膜上，观察血管口径及血流的变化情况。

［实验结果与分析］

根据实验观察，对微循环血流情况加以描述，并加以分析。

［注意事项］

（1）手术操作要仔细，避免出血造成视野模糊。

（2）固定肠系膜不能拉得过紧，不能扭曲，以免影响血管内血液流动。

（3）实验过程中要经常滴加少许任氏液，防止标本干燥。

［思考题］

（1）蛙动脉、静脉、小动脉、小静脉和毛细血管的血液流动各有何特征？为什么？

（2）使用肾上腺素和组胺前后，血管口径和血流有何变化？为什么？

（刘俊峰）

实验三　蛙心的期前收缩与代偿间歇

［实验目的］

学习暴露蛙类心脏的方法，熟悉心脏的结构；观察心脏各部位节律性活动的时相及频率。观察心室在收缩活动的不同时期对额外刺激的反应，了解心肌收缩的生理特性。

［实验原理］

心肌兴奋后，兴奋性会发生周期性的变化，其有效不应期特别长，相当于整个收缩期和舒张早期。因此，在心脏的收缩期和舒张早期施以任何刺激均不能引起心肌兴奋与收缩，但在舒张早期以后，对心室给予一次阈上刺激，使心室肌在正常窦房结的冲动到达之前，因额外的刺激引起一次提前收缩，即期前收缩或期外收缩。期前收缩也有自己的有效不应期，如果随后正常的窦房结的冲动到达心室时，正好落在心室肌期前收缩的有效不应期内，因而不能引起心室的兴奋和收缩，需正常窦房结的冲动再次到达时，心室才能产生收缩。心室在期前收缩之后出现较长的舒张时间，称为代偿间歇。

［实验对象］

蛙或蟾蜍。

［实验器材与药品］

任氏液、BL-420N 生物机能实验系统（生物信号采集系统）、张力换能器、蛙类手术器械、蛙板、蛙心夹、铁支架、双凹夹、小烧杯、滴管和玻璃分针。

［实验方法与步骤］

1. 暴露心脏

（1）暴露蛙心：取蛙或蟾蜍一只，损毁其脑和脊髓，将其仰卧固定在蛙板上。从剑突下将胸部皮肤向上剪开或剪掉，然后剪掉胸骨，打开心包，暴露心脏和动脉干（参见本章实验一）。

（2）观察心脏的解剖结构：在腹面可以看到一个心室，其上方有两个心房，心室右上角连一动脉干，动脉干根部膨大为动脉圆锥，称为动脉球。动脉向上可分左右两支，用玻璃分针从动脉干背部穿过，将心脏翻向头侧，在心脏背面两心房下面，可以看到颜色较紫红的膨大部分，即为静脉窦，这是两栖类动物心脏的起搏点。观察静脉窦、心房和心室间收缩的先后关系（参见本章实验一）。

2. 连接仪器

（1）用带丝线的蛙心夹于心舒期夹住心尖部，将连接线固定在张力换能器上，再将换能器固定于铁架台上。调整换能器与蛙心的距离，将丝线垂直拉紧。固定蛙心刺激电极，将刺激电极紧贴在心室外壁，使之既不影响心脏的跳动又能与心室良好接触。

（2）把刺激输出连接到蛙心刺激电极，张力换能器连接到 BL-420N 生物机能实验系统（图 10-5）。

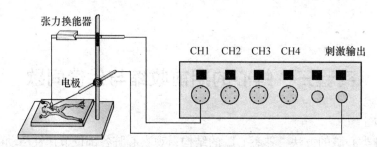

图 10-5 蛙心刺激电极及蛙心收缩信号输入示意图（杨秀平，2009）

3. 实验操作

（1）打开 BL-420N 生物机能实验系统电源开关，双击电脑操作系统的快捷方式进入操作系统。单击"实验"下拉菜单，选择"期前收缩 - 代偿间歇"进入本次实验操作界面。单击"开始记录"按钮，开始实验。必要时可调整丝线的紧张度，以方便描记心脏的收缩曲线。

（2）描记正常心搏曲线，分清曲线的收缩相和舒张相。描记的心搏曲线一般可出现3 个波峰（图 10-6），但有时会减少到只出现 1 个或 2 个波峰。其原因主要与蛙心夹连线的紧张度、静脉窦、心房、心室肌的收缩能力、张力换能器的灵敏度以及心搏曲线的放大倍数等因素有关。

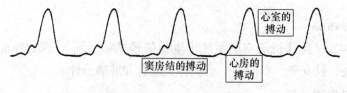

图 10-6 蛙的心搏曲线描记

（3）在心室收缩期给予一个阈上刺激，观察和记录心搏曲线有无变化。

（4）在心室舒张的早、中、晚期分别给予一个阈上刺激，观察和记录心搏曲线有无变化（图 10-7）。

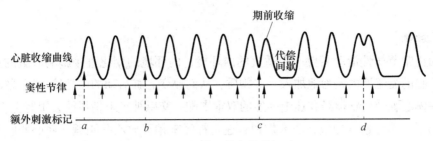

图 10-7 期前收缩与代偿间歇

a、*b* 刺激落在有效不应期；*c*、*d* 刺激落在有效不应期之后

[实验结果与分析]

（1）记录蛙心活动的正常（对照）曲线。

（2）按刺激键，用中等强度的单个阈上刺激，在心室收缩期给予刺激，观察能否引起期前收缩。

（3）用中等强度的单个刺激，在心室舒张早期给予刺激，观察有无期前收缩产生。

（4）中等强度的单个刺激，在心室舒张的中后期给予刺激，观察有无期前收缩产生。若刺激产生了期前收缩，是否出现代偿间歇。

（5）打印实验结果。

[注意事项]

（1）暴露蛙心以及连接仪器时切勿损伤静脉窦，以免心脏停止跳动。蛙心夹头部应为光滑的扁平状，以免损伤心脏组织。

（2）电极应接触良好，无论在收缩期还是舒张期，电极都应当紧靠在心室壁上。

（3）计算机记录不到曲线：可能是由于 BL-420N 生物机能实验系统通道使用不正确所致，或者张力换能器损坏，也有可能由于连接张力换能器的丝线过紧或过松，导致输入信号超出描记范围。

（4）记录曲线不够平滑、幅度过小或过大：这种现象属于计算机调整问题，可通过改变计算参数予以解决。

[思考题]

（1）简述产生期前收缩和代偿间歇的基本条件和原理。

（2）如果心率很慢，期前收缩之后是否一定出现代偿间歇？为什么？

（刘俊峰）

实验四　蛙心脏灌流实验观察

[实验目的]

学习离体蛙心灌流的实验方法；观察 Na^+、K^+、Ca^{2+} 三种离子及肾上腺素、乙酰胆碱等因素对心脏活动的影响；学习蛙离体心脏灌流的方法，观察各种理化因素对心脏活动的影响。

[实验原理]

心脏的正常节律性活动需要一个适宜的内环境，内环境的变化直接影响心脏的正常活动。本实验在蛙心的灌流液内人为地加入一些物质，从而改变心脏活动的内环境，以观察心脏活动的变化。在体心脏受交感神经和迷走神经的双重支配，交感神经末梢释放去甲肾上腺素，使心肌收缩力加强，传导速度加快，心率加快；迷走神经末梢释放乙酰胆碱，使心肌收缩力减弱，传导速度减慢，心率下降。将失去神经支配的离体心脏保持在适宜的理化环境中（如任氏液），在一定时间内仍能产生自动节律性兴奋和收缩活动。而改变任氏液的组成成分，离体心脏的活动就会受到影响。

[实验对象]

蛙或蟾蜍。

[实验器材与药品]

蛙心套管、蛙针、任氏液、2%氯化钠、1%氯化钙、1%氯化钾、2.5%碳酸氢钠、0.01%肾上腺素、冰块、0.01%乙酰胆碱、3%乳酸、BL-420N生物机能实验系统、张力换能器、蛙类手术器械、蛙板、蛙心夹、试管夹、铁支架、双凹夹、小烧杯、滴管和玻璃分针等。

[实验方法与步骤]

1. 离体蛙心标本制备

（1）暴露蛙心：取蛙或蟾蜍一只，用蛙针损毁脑和脊髓，将其仰卧固定在蛙板上。从剑突下将胸部皮肤向上剪开或剪掉，然后剪掉胸骨，打开心包，暴露心脏和动脉干（参见本章实验一）。

（2）观察心脏的解剖结构：参见本章实验三。

（3）心脏插管：先用丝线分别结扎右主动脉、左右肺动脉和前后腔静脉，也可在心脏下方绕一丝线，将上述血管一起结扎，但此结扎应特别小心，勿损伤静脉窦，以免引起心脏骤停。结扎前可用蛙心夹在心舒期夹住心尖，将心脏连线提起，看清楚再结扎。在左主动脉下穿一丝线，打一松结，用眼科剪在左主动脉上向心尖方向剪一斜口（一定要剪破动脉内膜），让心脏里的血尽可能流出（以免插管后血液凝固）。用任氏液将流出的血冲洗干净后，把装有任氏液的蛙心插管插入左主动脉，插至主动脉球后稍退出，再将插管沿主动脉球后壁

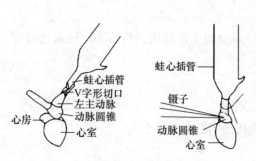

图 10-8　蛙心插管示意图

向心室中央方向插入，经主动脉瓣插入心室腔内（图10-8）。此时可见插管内液面随心搏上下移动。将预先打好的松结扎紧，并将线固定在插管壁上的玻璃小钩上防止滑脱，用滴管吸去插管内液体，更换新鲜的任氏液，小心提起插管和心脏，在上述血管结扎处的下方剪去血管和所有的牵连组织，将心脏离体。至此，离体蛙心已制备成功，可供实验。

2. 实验装置连接

按图10-9所示，将蛙心插管固定于支架上，在心室舒张时将连接有一细线的蛙心夹夹

住心尖，并将细线以适宜的紧张度与张力换能器相连。张力传感器的输出线与 BL-420N 生物机能实验系统的输入通道相连。

打开计算机操作系统，单击"实验"下拉菜单，选择"离体蛙心灌流"进入本次实验操作界面。单击"开始记录"按钮，开始实验。必要时，要调整丝线的紧张度，以便准确描记出心脏的收缩曲线。

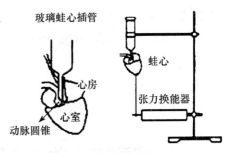

图 10-9 离体蛙心连接示意图

3. 实验项目

（1）正常心脏收缩曲线的描记：用滴管向蛙心套管中注入 1～3mL 任氏液（以后的溶液量均应与第一次相同），观察并记录心率及心脏收缩幅度，将其作为正常对照。

（2）Na^+ 的影响：用吸管吸出套管中的任氏液后，加入等量的 2% 氯化钠溶液，记录并观察心跳的变化。当出现变化时，应立即将套管内液体吸出，并以等量任氏液换洗数次，直至心跳恢复正常（以下实验皆同此操作）。

（3）Ca^{2+} 的影响：向套管中加入 1% 氯化钙 1～2 滴，观察心脏活动是否有变化。

（4）K^+ 的影响：向套管中加入 1% 氯化钾 1～2 滴，观察心脏活动是否有变化。

（5）碱性溶液的影响：向套管中加入 2.5% 碳酸氢钠溶液 2～3 滴，观察心脏活动是否有变化。

（6）酸性溶液的影响：向套管中加入 3% 乳酸 1～2 滴，观察心脏活动是否有变化。

（7）肾上腺素的影响：向套管中加入 0.01% 肾上腺素 1～2 滴，观察心脏活动是否有变化。

（8）乙酰胆碱的影响：向套管中加入 0.01% 乙酰胆碱 1～2 滴，观察心脏活动是否有变化。

（9）温度的影响：用镊子夹黄豆大小冰块与静脉窦接触，观察心跳频率是否有变化。除去冰块后，可观察到什么现象？

如果在室温较低的情况下，可用盛有 35～40℃ 热水的小试管靠近静脉窦，观察心率是否有变化。

[实验结果与分析]

描绘或打印记录曲线，并对实验结果进行分析和讨论。

[注意事项]

（1）制备离体心脏标本时，勿伤及静脉窦，并保持心脏浸润。加各种化学药品时，先宜少加，如作用不明显可再加量。

（2）每次换液时，插管内的液面均应保持一定高度。

（3）加试剂时，先加 1～2 滴，用吸管混匀后如作用不明显时可再补加。

（4）每项实验都应该有前后对照。每次加药时应作记号。

（5）随时滴加任氏液于心脏表面使之保持湿润。

（6）本实验所用药液种类较多，注意避免通过滴管互相污染。

（7）必须待心跳恢复正常后方可进行下一项目实验。

[思考题]

（1）在每个实验项目中，心搏曲线分别出现什么变化？试根据心肌生理特性分析其原因。

（2）以上实验结果说明了什么问题？

（3）为什么不常用离体哺乳类动物心脏，而常用蛙心做心脏灌流实验？

（刘俊峰）

实验五　动脉血压的直接测定与影响因素

[实验目的]

了解在急性实验中动物血压的直接测定方法及某些神经和体液因素对血压的影响。

[实验原理]

在正常生理情况下，心血管活动受神经、体液和自身机制的调节。心脏受交感神经和副交感神经的支配。心交感神经兴奋时，使心率加快、心肌收缩力加强，心内兴奋传导加快，心输出量增加、动脉血压升高。心迷走神经兴奋时，使心率减慢、心房肌收缩力减弱、房室传导减慢，从而使心输出量减少、动脉血压下降。在神经调节中以颈动脉窦 - 主动脉弓的减压反射尤为重要，当动脉血压升高时，压力感受器发放冲动增加，通过中枢反射性引起心率减慢、心肌收缩力减弱、心输出量下降、血管舒张和外周阻力降低，使血压降低。反之，当动脉压下降时，压力感受器发放冲动减少，神经调节过程又使血压回升。支配血管的交感缩血管神经兴奋时，使血管收缩、外周阻力增加、动脉血压升高。家兔的压力感受器的传入神经在颈部从迷走神经分出，自成一支，称为减压神经，其传入冲动随血压变化而变化。

另外，心血管活动还受肾上腺素和去甲肾上腺素等体液因素的调节。它们对心血管的作用既有共性，又有特殊性。关键取决于心、血管壁上哪一种受体占优势。肾上腺素对 α 与 β 受体均有激活作用，去甲肾上腺素主要激活 α 受体而对 β 受体作用很小，因而使外周阻力增加，动脉血压升高，但对心脏的作用要比肾上腺素弱。动物血压经常维持在一定水平，这是神经和体液不断调节心脏活动和血管平滑肌紧张度的结果。心脏受交感神经和副交感神经（迷走神经）的双重支配。交感神经兴奋时，其末梢释放去甲肾上腺素，使心输出量增加，动脉血压升高；迷走神经兴奋时，其末梢释放乙酰胆碱使心输出量减小，动脉血压下降。当内外环境的某些因素发生改变时，动脉血压会发生相应的变化。

[实验对象]

家兔。

[实验器材与药品]

兔手术台、常用手术器械、BL-420N 生物机能实验系统、压力换能器、气管插管、动脉套管、动脉夹、注射器、丝线、2% 戊巴比妥钠、生理盐水、1% 肝素生理盐水、0.01% 肾上腺素和 0.01% 乙酰胆碱等。

[实验方法与步骤]

1．实验准备

（1）麻醉与保定：实验用家兔称重后，耳缘静脉缓慢注射 2% 戊巴比妥钠（2mL/kg 体重）进行麻醉。注射时密切观察动物的肌张力、呼吸频率和角膜反射等变化，防止麻醉过深导致死亡。当动物四肢松软，角膜反射迟钝时，表明动物已麻醉成功。将麻醉的家兔仰卧固定于手术台上。

（2）气管插管：参见第三章第三节。

（3）分离颈部血管和神经：兔的颈部血管、气管和神经解剖位置关系清晰，特别是兔的减压神经单独为一支，与迷走神经、交感神经和颈动脉伴行（图10-10），是进行心血管活动机能研究的理想实验动物。首先分离颈总动脉。颈总动脉位于气管两侧，钝性分离覆盖在气管上的肌肉组织后，深处可看到颈动脉鞘。仔细分离鞘膜即可见到搏动的颈总动脉，一侧分离至颈动脉窦，在其下穿一线备用；另一侧颈总动脉分离鞘膜

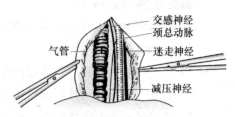

图 10-10　兔颈局部血管和神经解剖图

（杨秀平，2009）

后辨认与之伴行的神经束中的 3 条神经，即最粗的是迷走神经，最细的是减压神经，交感神经粗细介于两者之间。用玻璃分针将所需要的神经分离出 1～2cm，穿线备用。

（4）颈总动脉插管：事先准备好插管导管，插入端剪成斜面，另一端连接于装有 1% 肝素生理盐水的压力换能器，并确使导管内充满溶液。用动脉夹夹闭一侧颈总动脉向心端，距动脉夹约 2～3cm 处结扎颈总动脉向中枢端，在动脉上剪一斜口，向心脏方向插入动脉套管，结扎并用远心端的备用线围绕套管打结、固定，防止滑脱。打开动脉夹，使血液通过动脉套管与压力换能器连通。用注射器通过三通调整压力，使预加压与血压接近，以血液不流入动脉套管为宜。

2. 连接实验装置

压力换能器接入 BL-420N 生物机能实验系统，适当调节放大倍数，记录血压曲线；刺激参数选择连续刺激，波宽 1ms、频率 10～50Hz，并选择适当刺激强度。

3. 实验项目

（1）描记血压的基本曲线，并观察一级波（心搏波）、二级波（呼吸波）和三级波（梅耶氏波）。一级波（心搏波）是由于心室舒缩引起的血压波动，心缩时上升，心舒时下降，频率与心率一致，波动幅度反映出收缩压与舒张压的高度。二级波（呼吸波）是由于呼吸引起的血压波动，吸气时上升，呼气时下降。三级波不常出现，可能是由于血管运动中枢紧张性的周期性变化所致。

（2）牵拉或压迫颈动脉窦，血压如何变化？为什么？

（3）以动脉夹夹住对侧动脉，血压如何变化？为什么？

（4）松开两后肢的固定绳，并迅速将身体后部举起，此时血压有何变化？

（5）用薄的橡皮手套将动物的鼻子和嘴套起，并使其中存有少量空气，经过一段时间后，手套内二氧化碳的浓度逐渐增高，此时观察血压有何变化。

（6）结扎一侧迷走神经，并自结扎处的向中端剪断，血压有无变化？用提线将神经的离中端轻轻提起，用刺激电极并对其施加刺激，血压如何变化？

（7）将另一侧减压神经剪断，血压如何变化？然后再分别刺激减压神经离中端和向中端，有无反应？为什么？

（8）自静脉套管注入 0.01% 肾上腺素 0.5mL，观察血压有何变化（肾上腺素注入后，应再补充数毫升生理盐水，以使药物全部进入循环）？

（9）注入 0.01% 乙酰胆碱 0.5mL，血压有何变化？

（10）自股动脉放血 10mL，血压如何变化？然后自颈动脉注入 38℃的生理盐水 20mL，血压如何变化？

[实验结果与分析]

观察各因素对血压变化的影响情况，并分析其原因。

[注意事项]

（1）进行一项实验后，须待血压恢复正常，才能开始下一项实验。

（2）动脉套管与颈动脉须保持平行位置，防止刺破动脉或堵塞血流。

（3）实验过程中要注意保温，特别是在冬季若保温不良，常引起动物死亡。

（4）应随时观察动物麻醉深度，如因实验时间过久，麻醉变浅时，可酌量补注少许麻醉剂。

（5）神经上要经常滴以台氏液湿润，防止干燥。

[思考题]

（1）吸气与呼气运动对血压有何影响？为什么？

（2）阻断一侧颈总动脉血流后，血压发生什么变化？为什么？

（3）电刺激迷走神经引起血压下降的潜伏期比刺激减压神经要短，为什么？

（4）静脉注射肾上腺素或乙酰胆碱后血压会发生什么变化？为什么？

（刘俊峰）

实验六　影响心输出量的因素及其实验观察（综合性实验）

[实验目的]

（1）学习在体蟾蜍心脏的灌流方法。

（2）观察前负荷、后负荷和心肌收缩能力等因素的改变对心输出量的影响。

[实验原理]

心输出量等于搏出量乘以心率。它可受到前负荷、后负荷、心肌收缩能力、灌流液中离子浓度及 pH 改变等多种因素的影响。

[实验对象]

蟾蜍或蛙。

[实验器材与药品]

蛙类手术器械一套、恒压灌流装置一套、小量筒、烧杯、注射器和针头、任氏液、0.01% 肾上腺素、0.001% 乙酰胆碱、0.01% 阿托品、0.01% 心得安、1% 氯化钾、1% 氯化钙、1% 盐酸和地高辛等。

[实验方法与步骤]

1. 恒压灌流装置的组装

用一个 500mL 的广口瓶作为灌流液的贮液瓶，内盛任氏液约 400mL，广口瓶倒置。灌流液从贮液瓶出口经橡皮管引流至灌流器官，通过橡皮管的螺旋夹调节灌流液的流量。从贮液瓶上的橡皮管中心距瓶底 1cm 处插入一根玻璃管作为进气管。使进气管下口的压力恒等于实验时的大气压，将此处作设为"零基准点"，由进气管下口水平位置至灌流液插管口水平的垂直距离，即为灌流压高度，以 cmH_2O 表示。在灌流过程中，只要贮液瓶位置不变（使瓶中液面不低于进气管下口），则灌流压便可保持恒定不变。当改变贮液瓶的高度时便可改变灌流压。由于灌流液插管和静脉插管相连，因此，灌流压的高低可反映回心血量的多少，即前负荷的大小（图 10-11）。

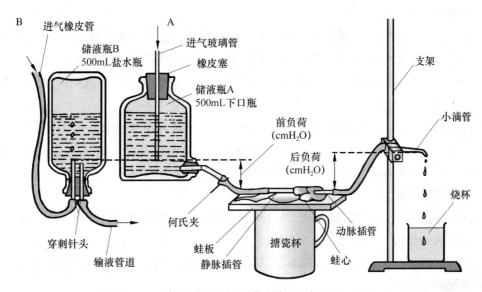

图 10-11　离体蟾蜍心脏恒压灌流装置（胡还忠，2010）

2. 蟾蜍在体心脏灌流标本的制备

（1）损毁蟾蜍的脑和脊髓，背位固定于蛙板上，剪开胸壁，暴露心脏，分离两侧主动脉，分别穿线备用。

（2）用玻璃分针将心脏翻向头端，仔细辨认静脉窦、后腔静脉、肝静脉和腔静脉等。小心分离并剪开与其相连的心包膜，在后腔静脉下穿二根线，一根留置备用，另一根向前绕过主动脉背侧，再绕回来将除后腔静脉之外的静脉血管全部结扎。

（3）在后腔静脉远端剪一小口，将充满任氏液的静脉插管插入，用预留线结扎，并固定在管壁侧沟上防止滑脱。翻转心脏，用线结扎右主动脉，然后在左主动脉上剪一小口，旋开灌注胶管上的螺旋夹，使任氏液流入心脏。沿左主动脉向心脏方向插入动脉插管，用备用线结扎固定。插管尾端经橡皮管连一小玻璃滴管，用以收集心脏搏出的灌流液。将蛙板置于搪瓷杯上，心脏平面至动脉插管口水平的垂直距离可反映总外周阻力（即后负荷），调节好灌流压（前负荷）和小滴管的高度（后负荷），使灌流液的流量适中。

［实验结果与分析］

1. 计算对照条件下的每搏出量和心输出量

对照条件中前负荷为 0.294kPa（3cmH₂O），后负荷为 0.49kPa（5cmH₂O），用任氏液灌流。利用小烧杯或小量筒收集心脏搏出的灌流液 2～3min，同时计算心率。将搏出液总量除以收集时间（min），即为心输出量。将心输出量除以心率即得到平均每搏输出量。

2. 改变前负荷

保持后负荷的对照条件不变，依次将前负荷升高到 0.588kPa（6cmH$_2$O）、0.882kPa（9cmH$_2$O）和 1.176kPa（12cmH$_2$O），分别观察比较不同前负荷时的心舒容积、心率、搏出量和心输出量。

3. 改变后负荷

使前负荷恢复到对照条件 0.294kPa（3cmH$_2$O）并保持不变，依次将后负荷升到 0.882kPa（9cmH$_2$O）和 1.176kPa（12cmH$_2$O），分别观察上述各项指标的变化情况。

4. 乙酰胆碱的作用

使前、后负荷保持在对照条件，待心脏活动稳定后，在灌流液中注入 0.001% 乙酰胆碱 1mL，记录上述各项指标的变化。然后改用任氏液灌流使心脏恢复正常，在灌流液中注入 0.01% 阿托品 1mL 后，再在灌流液中注入 0.001% 乙酰胆碱 1mL，观察上述各项指标有何变化。

5. 肾上腺素的作用

待心脏活动稳定后，在灌流液中注入 0.01% 肾上腺素 1mL，记录上述各项指标的变化。然后用任氏液冲洗，使心脏恢复正常后，在灌流中注入 0.01% 心得安 1mL 后。再在灌流液中注入 0.01% 肾上腺素 1mL，观察上述各项指标有何改变。

6. 氯化钾的作用

待心脏恢复正常后，在灌流液中注入 1% 氯化钾 1mL，观察上述各项指标有何改变。

7. 氯化钙的作用

待心脏恢复正常后，在灌流液中注入 5% 氯化钙 1mL，观察上述各项指标有何改变。

8. 盐酸的作用

待心脏恢复正常后，在灌流液中注入 1% 盐酸 1mL，观察上述各项指标有何改变。

9. 地高辛的作用

待心脏恢复到一定程度后，在灌流液中注入地高辛 1mL，观察上述各项指标有何改变。

［注意事项］

（1）心脏表面要经常加任氏液，以保持湿润。

（2）结扎静脉血管要注意勿损伤静脉窦。

（3）输液管内不得有气体。

（4）测量储液瓶通气管上下的高度和心脏灌流液输出滴管口的高度时，应自心脏水平量起，直尺的位置必须保持垂直。

（5）每项观察出现明显效果后，均用任氏液灌流心脏，待恢复稳定状态后再进行下一项实验。

［思考题］

（1）本实验中分别用什么指标来表示心脏的前负荷和后负荷？

（2）通过本验结果分析影响心输出量的因素有哪些？其作用机制是什么？

（金天明）

第十一章　呼 吸 生 理

实验一　家兔胸内压的测定和开放性气胸的观察

[实验目的]

学习胸膜腔内压力（胸内压）的测量方法，观察呼吸过程中胸内压的变化。

[实验原理]

胸内压是指胸膜腔内的压力，通常低于大气压，故称为胸内负压。胸内负压主要因为肺的弹性回缩力而产生，并随呼吸周期而变化。吸气时肺扩张，回缩力增强，胸内负压增大；呼气时肺缩小，回缩力减小，胸内负压降低。胸内负压的存在是保证动物呼吸运动正常进行的必要条件，胸腔的密闭性被破坏，则胸内负压消失，肺萎缩。

[实验对象]

家兔。

[实验器材与药品]

手术台、手术器械一套，BL-420N 生物机能实验系统、压力换能器、胸内套管或粗针头和 3% 戊巴比妥钠等。

[实验方法与步骤]

1. 仪器连接

将胸内套管（粗针头）的尾端用硬质塑料管连至压力换能器（换能器内不灌注液体），换能器的连接线与 BL-420N 生物机能实验系统 CH1 通道连接。在胸膜腔穿刺之前，换能器经套管（或针头）与大气相通（图 11-1）。

2. 手术处理

自家兔耳缘静脉注射［30mg/kg（体重）］戊巴比妥钠溶液，麻醉后背位固定于兔台上，剪去右侧胸部和剑突部位的被毛。在兔右胸第四肋骨、第五肋骨之间沿肋骨上缘作一长约 2cm 的皮肤切口。将胸内套管的箭头形尖端从肋间插入胸膜腔后，迅即旋转 90°，并向外牵引，使箭头形尖端的后缘紧贴胸廓内壁。将套

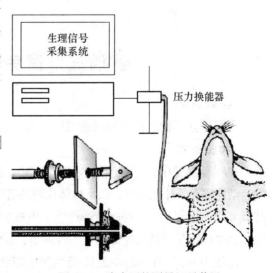

图 11-1　胸内压的测量记录装置

管的长方形固定片同肋骨方向垂直，旋紧固定螺丝，使胸膜腔保持密封而不致漏气。此时可见计算机屏幕上的压力曲线下降，表示胸内压低于大气压，为生理负值。

也可用粗的穿刺针头（或粗针头尖端磨圆、侧壁另开数个小孔）代替胸内套管，不需要切开皮肤即可插入胸膜腔，之后用胶布将针尾固定于胸部皮肤上。但此法针头易被血凝块或组织所堵塞，需加以注意。

[实验结果与分析]

1. 平静呼吸时胸内压的变化

记录平静呼吸时胸内压的变化，比较吸气和呼气时胸内压的变化情况。

2. 气胸时胸内压的变化

先从上腹部切开，将内脏下推，可观察到膈肌运动，然后沿第七肋骨上缘切开皮肤，用止血钳分离切断肋间肌及壁层胸膜，造成约1cm长的创口，使胸膜腔与大气相通形成气胸。观察肺组织是否塌陷。观察胸内压是否仍低于大气压并随呼吸而升降。

3. 恢复胸腔密闭状态后胸内压的变化

迅速关闭创口，用注射器抽出胸膜腔内的气体，观察胸内负压是否重新出现，且随呼吸运动而变化。

[注意事项]

（1）插胸内套管时，切口不可过大，动作要迅速，以免空气过多漏入胸膜腔。

（2）用穿刺针时不要插得过猛过深，以免刺破肺泡组织和血管，形成气胸或出血过多。

[思考题]

（1）在什么情况下胸内压可高于大气压？

（2）平静呼吸时，胸内压为什么始终低于大气压？

（3）在形成气胸时，胸内压是否一定等于大气压？为什么？

（诸葛增玉）

实验二　家兔呼吸运动的调节

[实验目的]

观察、分析神经和体液因素对呼吸运动的影响，掌握呼吸运动的调节机制。

[实验原理]

在呼吸过程中，呼吸肌的收缩和舒张引起胸廓节律性的扩大和缩小，称为呼吸运动。呼吸运动能够有节律地进行，满足机体代谢的需要，是神经和体液调节的结果。肺牵张反射是保证呼吸节律的机制之一。呼吸节律产生于中枢神经系统，并受来自呼吸器官本身和骨骼肌以及其他器官系统感受器传入冲动的反射性调节，使呼吸运动的频率、幅度和形式等发生相应变化。

血液中 p_{CO_2}、H^+ 和 p_{O_2} 的改变刺激中枢和外周化学感受器，产生反射性调节，是保证血液中气体分压稳定的重要机制。CO_2 刺激呼吸是通过两条途径实现的：一是通过刺激中枢化学感受器再兴奋呼吸中枢;二是刺激外周化学感受器,冲动沿窦神经和迷走神经传入延髓与呼吸有关的核团,反射性地使呼吸加深、加快,增加肺通气量。在两条途径中前者是主要的。H^+对呼吸的调节也是通过外周化学感受器和中枢化学感受器两条途径实现的,但H^+通过血-脑屏障的速度慢,限制了它对中枢化学感受器的作用。所以H^+对呼吸的调节作用主要是通过外周化学感受器,特别是颈动脉体而发挥作用。缺O_2对呼吸运动的刺激作用完全通过外周化学感受器实现的,缺O_2对中枢的直接作用是抑制性的。缺O_2通过外周化学感受器对呼吸中枢的兴奋作用可对抗其对中枢的直接抑制作用。当严重缺O_2时,外周化学感受性的反射效应不足以克服缺O_2对中枢的抑制作用时,将导致呼吸障碍,甚至呼吸停止。

[实验对象]

家兔。

[实验器材与药品]

BL-420N 生物机能实验系统、呼吸换能器、刺激电极、气管插管、手术台、手术器械一套、玻璃分针、万能支架、注射器、CO_2球胆、脱脂棉、棉线、保定绳、橡皮管、托盘秤、20% 氨基甲酸乙酯溶液、3% 乳酸溶液和生理盐水等。

[实验方法与步骤]

1. 麻醉和固定

取家兔 1 只,称重,耳缘静脉注射 20% 氨基甲酸乙酯溶液 (5mL/kg 体重),麻醉后背位固定于手术台上,剪去颈部被毛。

2. 颈部手术

沿颈部腹中线切开皮肤,钝性分离肌肉,暴露气管。将肌肉翻开至两侧,分离两侧的迷走神经,在其下各穿一根线备用;分离气管,在 2、3 气管环之间切开三分之一切口,再向上切开两个气管环,呈倒 T 形切口,插入气管插管,用棉线结扎固定,与呼吸换能器相连。

3. 仪器连接

将呼吸换能器与 BL-420N 生物机能实验系统的 CH1 通道相连;刺激电极与刺激插孔相连。启动 BL-420N 生物机能实验系统,进入"实验"下拉菜单,选择"呼吸调节"模块,进入实验,描记呼吸运动曲线。

参数设置:①采样参数:CH3、CH4 通道置于交流 AC 状态,SR 为 2~10ms(内部采样周期为 0.5ms),横向压缩为 1:4,增益为 500~1 000 倍,滤波为 10kHz,时间常数为 0.01s。②刺激参数:刺激方式为连续,周期为 50~100ms,刺激强度为 2.0~3.0V。

4. 呼吸曲线的描记

(1)描记一段正常的呼吸曲线:观察正常呼吸运动与曲线的关系(图 11-2)。

(2)增大无效腔:将气管插管与外界相通端接一段长约 50cm 的橡皮管,可增加呼吸无效腔。家兔通过此橡皮管进行呼吸,观察呼吸运动的变化,结果明显后,去掉橡皮管,恢复正常呼吸。

(3)降低血液中 p_{O_2}:夹闭气管插管套管与空气接触端的 1/2~2/3,持续 10~20s,观察曲线有何改变。

(4)增高血液中 p_{CO_2}:将充满 CO_2 的球胆开口对准气管插管与空气接触端,松开球胆夹

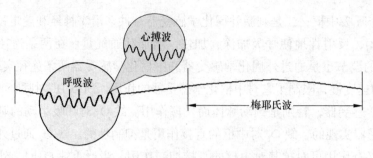

图 11-2　呼吸曲线（杨秀平，2010）

子，缓慢增加吸入气中 CO_2 浓度，待呼吸变化明显时夹闭球胆，观察曲线有何改变。

（5）增加血液中 H^+：从耳缘静脉快速注入 3% 乳酸溶液 2mL，观察曲线有何改变。

（6）迷走神经的作用：描记一段正常曲线后，先剪断一侧迷走神经，观察曲线有无变化。再剪断另一侧迷走神经，观察曲线有何改变。刺激剪断的迷走神经向中端，观察曲线有何变化。刺激剪断的迷走神经离中端，观察曲线有无变化。

［实验结果与分析］

绘制或打印描记的曲线，比较各种处理前后呼吸幅度和频率的变化，按表 11-1 记录实验结果。

表 11-1　呼吸运动调节实验结果

序号	观察项目	呼吸运动变化（幅度和频率）
1	正常呼吸运动	
2	增大无效腔	
3	缺 O_2	
4	吸入 CO_2	
5	静脉注射乳酸溶液	
6	剪断一侧迷走神经	
7	剪断另一侧迷走神经	
8	刺激剪断的迷走神经向中端	
9	刺激剪断的迷走神经离中端	

［注意事项］

（1）颈部手术注意不要损伤血管，否则影响迷走神经分离，易造成实验失败。

（2）气管插管内必须清理干净后才能进行插管，以免异物进入肺内。

（3）充入肺内的气流不宜过急，以免直接影响呼吸运动，干扰实验结果。

（4）增大无效腔出现明显变化后，应立即去掉橡皮管，以恢复正常通气。

（5）当通入 CO_2 和缺 O_2 时，时间应很短，时间过长可能造成家兔死亡。

（6）经耳缘静脉注射乳酸要避免外漏，否则引起动物躁动。

（7）每一项前后均应有正常呼吸运动曲线作为对照。

[思考题]

（1）血液中p_{CO_2}增高、H^+增多和p_{O_2}降低，可使呼吸运动加强的机制有何不同？

（2）迷走神经在节律性呼吸运动中起何作用？刺激剪断的迷走神经向中端和离中端，作用有何不同？

（诸葛增玉）

实验三 膈肌电活动的记录

[实验目的]

学习在体外周神经放电的引导、记录方法；用电生理学方法观察和记录家兔在体膈神经的传出冲动，加深对呼吸肌节律性来源的认识。

[实验原理]

呼吸中枢的节律性兴奋通过支配呼吸肌的膈神经和肋间神经引起膈肌和肋间肌的节律性收缩和舒张活动，从而产生节律性呼吸运动。

[实验对象]

家兔。

[实验器材与药品]

BL-420N生物机能实验系统、张力换能器、引导电极、手术器械一套、兔保定台、气管插管、注射器（1mL、20mL各一个）、50cm长橡皮管、玻璃分针、纱布、棉线、托盘秤、20%氨基甲酸乙酯溶液、3%乳酸溶液、生理盐水、液体石蜡、CO_2球胆和N_2球胆等。

[实验方法与步骤]

1. 麻醉和固定

取家兔1只，称重，耳缘静脉注射20%氨基甲酸乙酯溶液［5mL/kg（体重）］，麻醉后背位固定于手术台上。

2. 颈部手术

与本章实验二相同。

3. 膈肌放电的引导

切开胸骨下端剑突部位的皮肤，沿腹白线剪开约2cm小口，打开腹腔。暴露与之相连的膈小肌，将两根带有绝缘套的针形电极（针灸针制成）插入膈肌，但不要扎穿膈肌。然后用动脉夹固定在剑突软骨上。

4. 仪器连接

将呼吸换能器与BL-420N生物机能实验系统的CH1通道相连；刺激电极与刺激插孔相连；膈肌的引导电极导线输入CH3通道。CH4通道对CH3通道进行直方图处理。

参数设置：CH3、CH4通道置于交流AC状态，SR为2～10ms（内部采样周期为0.5ms），横向压缩为1:4，增益为500～1 000倍，滤波为10kHz，时间常数为0.01s。

5. 项目观察

（1）观察膈肌放电的基本形状以及电活动和机械活动之间的关系。

（2）将充有 CO_2 的球胆对准气管插管的开口，让动物吸入 CO_2，观察膈肌放电和呼吸运动的变化。

（3）待呼吸恢复正常后，将装有 N_2 的球胆对准气管插管的开口，让动物吸入 N_2，观察膈肌放电和呼吸运动的变化。

（4）待呼吸恢复正常后，将长约 50cm 长橡皮管接在气管插管的侧管上，观察膈肌放电和呼吸运动的变化。

（5）待呼吸恢复正常后，由耳缘静脉注入 3% 乳酸 2mL，观察膈肌放电和呼吸运动的变化。

（6）待呼吸恢复正常后，分别剪断两侧迷走神经，观察膈肌放电和呼吸运动的变化。

［实验结果与分析］

绘制或打印实验结果，比较各种刺激条件下膈肌放电与呼吸运动的变化情况，按表 11-2 记录实验结果，并进行原因分析。

表 11-2　不同刺激条件下膈肌放电与呼吸运动的变化实验结果

序号	观察项目	膈肌放电和呼吸运动的变化	主要原因
1	正常呼吸运动		
2	吸入 CO_2		
3	吸入 N_2		
4	增大无效腔		
5	静脉注射 3% 乳酸溶液 2mL		
6	剪断一侧迷走神经		
7	剪断另一侧迷走神经		

［注意事项］

（1）引导电极除尖端外，其余部分应作绝缘处理，仪器和动物都要接地。

（2）引导电极插入时防止将膈肌刺破造成气胸。电极应妥善固定，防止脱落。

［思考题］

膈肌放电与呼吸运动间有何关系？原因是什么？

（诸葛增玉）

实验四　呼吸运动、胸内压及膈神经放电的同步观察（综合性实验）

［实验目的］

掌握呼吸运动曲线的描记方法；验证胸内负压的存在；了解膈神经放电记录的方法。观察和比较呼吸运动、胸内负压和膈神经放电三者之间的相互关系，加深对呼吸运动的产生及其调节机制的理解。

[**实验原理**]

节律性呼吸运动是由于呼吸中枢产生的节律性冲动,通过脊髓发出的膈神经及肋间神经传出,引起膈肌和肋间肌节律性收缩,使胸廓有规律地扩张与缩小。呼吸运动除可直接观察外,还可通过膈神经放电进行观察。

呼吸过程中肺能随胸廓的扩张而扩张,是因为在肺和胸廓之间有一密闭的胸膜腔,其内的压力低于大气压,故称为胸内负压。胸膜腔内负压主要来自肺的弹性回缩力,其大小随呼吸深度而变化。如破坏胸膜腔的密闭性,胸膜腔内负压消失,造成肺不扩张,引起呼吸困难,使肺的牵张感受器向呼吸中枢发放的冲动减少,膈神经放电活动也相应减少。

[**实验对象**]

家兔。

[**实验器材与药品**]

BL-420N 生物机能实验系统、压力换能器、张力换能器、引导电极、兔用手术器械一套、兔固定台、气管插管、胸内套管(或带橡皮管的粗穿刺针头)、20mL 注射器 1 个、微量注射器、50cm 长橡皮管、玻璃分针、橡皮膏、纱布、棉线、托盘秤、20% 氨基甲酸乙酯溶液、生理盐水、液体石蜡、0.01% 乙酰胆碱和 CO_2 球胆等。

[**实验方法与步骤**]

1. 麻醉和固定

取家兔 1 只,称重,耳缘静脉注射 20% 氨基甲酸乙酯溶液(5mL/kg 体重),麻醉后背位固定于手术台上,剪去颈部被毛。

2. 颈部手术

参见本章实验二。

3. 分离膈神经,记录膈神经放电

用止血钳在颈外静脉(在外侧皮下)和胸锁乳突肌之间向深处分离,直至气管附近,可看到较粗的臂丛神经向后外行走,于臂丛神经的内侧有一条较细的膈神经横过臂丛神经并和它交叉,由颈部前上方斜向胸部后下方,用玻璃分针仔细分离,并除去神经上附着的结缔组织,于其下穿线备用。将膈神经钩在悬空的引导电极上,避免触及周围组织,颈部皮肤接地,以减少干扰。在手术过程中应随时以温热生理盐水润湿神经。整个实验过程中,神经上覆盖浸有液体石蜡的棉条,以防干燥。

4. 插胸内套管

于右侧胸部第 4~5 肋骨之间,沿肋骨上缘做一长约 2cm 的皮肤切口,用止血钳稍分离表层肌肉,将胸内套管的箭头形尖端从肋间插入胸膜腔(此时可记录到零位线下移,并随着呼吸运动上下移动,表明已插入胸膜腔内)。旋转胸内套管的螺旋阀,将套管固定于胸壁。胸内套管的另一端与高灵敏度的压力换能器相连(套管内不充水),若仅做定性观察可直接与水检压计相连。

也可用粗穿刺针头,如用腰椎穿刺针代替胸内套管。沿肋骨上缘顺肋骨方向将其斜插入胸膜腔,看到变化后,用胶布将针的尾部固定在胸部皮肤上,以防滑脱。此法容易产生凝血块或组织堵塞,应加以注意。针头尾端通过橡皮管与压力换能器相连。

5. 仪器连接

BL-420N 生物机能实验系统选择 CH4 通道记录，将描记呼吸运动的张力换能器输出线连于 CH1 通道，压力换能器的输出线连于 CH2 通道；膈神经引导电极导线连于 CH3 通道，CH4 通道对 CH3 通道做直方图处理。

仪器参数设置：CH1、CH2 通道置于直流 DC 状态；CH3、CH4 通道置于交流 AC 状态；SR 为 2～10ms（内部采样周期为 0.5ms）；横向压缩比为 1：4；增益为 500～1 000 倍；滤波为 10kHz；时间常数为 0.01s。

6. 观察项目

（1）平静呼吸运动与胸膜腔内压、膈神经放电的关系：记录平静呼吸运动、膈神经放电和胸内压曲线 1～2min，并记录胸膜腔内压数值。比较吸气和呼气时的胸膜腔内压变化和膈神经放电波幅和频率的变化情况。

（2）增大无效腔对胸膜腔内负压及呼吸运动的影响：将气管插管开口端一侧连接长约 50cm 的橡皮管，然后堵塞另一侧管使无效腔增大，造成呼吸运动加强，观察对胸膜腔内负压和膈神经放电的影响，并与平静呼吸时进行比较。

（3）憋气效应：在吸气末或呼气末，分别堵塞气管插管两侧管。此时动物虽然用力呼吸，但不能呼出肺内气体或吸入外界气体，处于憋气状态。观察此时胸内压负压变化的最大幅度，膈神经放电有何变化？

（4）吸入气中 CO_2 浓度增加时对呼吸运动和膈神经放电的影响：将一定量的 CO_2 注入气管内观察呼吸运动与膈神经放电的变化情况。

（5）窒息对膈神经放电、呼吸运动的影响：夹闭气管插管套管的 1/2～2/3，持续 10～20s，观察呼吸运动与膈神经放电的变化情况。

（6）乙酰胆碱对呼吸运动、膈神经放电的影响：耳缘静脉注射 0.01% 乙酰胆碱 0.5mL，观察呼吸运动、膈神经放电的变化情况。

（7）胸壁贯通伤对胸膜腔内负压及呼吸运动的影响：沿第 7 肋骨行走方向切开胸壁皮肤，切断肋间肌和壁层胸膜，使胸膜腔与大气直接相通形成气胸。观察肺组织是否萎缩，呼吸运动和胸膜腔内压有何变化。

[实验结果与分析]

（1）绘制或打印实验结果，总结不同条件下呼吸运动、膈神经放电和胸膜腔内负压三者发生何种变化，按表 11-3 描述实验结果，进行原因分析。

表 11-3　呼吸运动、胸膜腔内负压和膈神经放电之间关系的实验结果

序号	观察项目	呼吸运动、胸膜腔内负压及膈神经放电的变化	原因分析
1	正常呼吸运动		
2	增大无效腔		
3	缺 O_2		
4	吸入 CO_2		
5	窒息		
6	静脉注射乙酰胆碱		
7	胸壁贯通伤		

（2）如果测不到胸膜内压，试分析原因。

[注意事项]

（1）插胸内套管时，切口不宜过大，动作要快，以免空气进入胸膜腔。使用穿刺针时，不要插得过猛过深，以免刺破肺组织和血管，形成气胸和出血过多。形成气胸后迅速封闭漏气的创口，并用注射器抽出胸膜腔内的气体，此时胸膜腔内负压可重新呈现。

（2）分离膈神经动作要轻柔，神经干分离要干净，不能有血和组织粘在神经干上。

（3）注意动物和仪器接地要可靠。

（4）注意区别放电频率（集群式放电密集程度）和呼吸频率。

（5）每项实验后待膈神经放电和呼吸运动恢复正常，再进行下一项实验，并注意前后对照。

[思考题]

呼吸运动、膈神经放电和胸膜腔内负压三者之间的关系如何？原因是什么？

（诸葛增玉）

第十二章　消化生理

实验一　离体小肠平滑肌的生理特性

[实验目的]

了解哺乳动物消化道平滑肌的一般生理特性；观察某些药物对离体小肠平滑肌的影响，掌握观察离体肠段平滑肌特性的实验方法。

[实验原理]

哺乳动物消化道平滑肌具有肌肉组织共有的特性，如兴奋性、传导性和收缩性等。但消化道平滑肌又有其自身的特点，即兴奋性较低、收缩缓慢、富有伸展性，具有紧张性和自动节律性，对化学、温度和机械牵张刺激较敏感等。这些特性可使消化道维持一定的压力，保持胃肠道一定的形态和位置，适合于消化道内容物的理化变化。在整体情况下，消化道平滑肌的运动受神经和体液因素的调节，将离体组织器官置于模拟体内环境的溶液中，可在一定时间内保持其功能。

[实验动物]

兔或豚鼠。

[实验器材与药品]

麦氏浴皿、BL-420N 生物机能实验系统、张力换能器、哺乳动物手术器械一套、注射器、纱布、棉线或丝线、万能支架、螺旋夹、双凹夹、温度计、细塑料管（或橡胶管）和长滴管、烧杯、台氏液、0.01% 肾上腺素、0.01% 乙酰胆碱、阿托品针剂（0.01% 阿托品）、1% $CaCl_2$ 溶液、1mol/L HCl 溶液和 1mol/L NaOH 溶液等。

[实验方法与步骤]

1. 麦氏浴皿的准备

在恒温平滑肌槽的中心管中加入台氏液至浴槽高度 2/3 处，外部容器中加装温水，开启电源加热，浴槽温度将自动稳定在 38℃左右。将浴槽通气管与医用氧气瓶相连接。若无恒温平滑肌槽，可换用图 12-1 方式连接，进行实验。

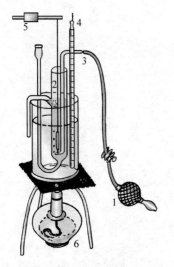

图 12-1　离体小肠平滑肌灌流装置（陈义仿）

1. 气球；2. 麦氏浴皿；3. 通气管；
4. 温度计；5. 张力换能器；6. 酒精灯

2. 离体小肠标本制备

用木锤猛击兔头枕部（或向耳缘静脉注射空气），使其昏迷后，迅速剖开腹腔，以胃幽门与十二指肠交界处为起点，在此处对肠管双结扎后，先将肠系膜沿肠缘剪去，再剪取20～30cm肠管。肠段取出后，置于4℃左右台氏液内轻轻漂洗，在肠管外壁用手轻轻挤压以除去肠管内容物。洗净后的肠腔用4℃左右的台氏液浸浴，当肠管出现明显活动时，将其剪成约3cm长的肠段。实验时，将肠段用线结扎两端，迅速将小肠一端的结扎线固定于通气管的挂钩上，另一端固定于张力换能器上。适当调节换能器的高度，使肠段勿牵拉过紧或过松。相连的线必须垂直，并且不能与浴槽壁接触，避免摩擦。调节橡皮管上的螺旋夹，使气泡一个接一个地通过中心管，为麦氏浴皿中的台氏液供氧。

3. 仪器连接

张力换能器与BL-420N生物机能实验系统CH1通道相连，开机进入操作系统，单击"实验"下拉菜单，选择"离体小肠平滑肌的生理特性"操作界面，单击"开始记录"按钮，开始实验。

4. 实验项目

（1）观察并记录38℃台氏液中的肠段节律性收缩曲线。

（2）观察并记录25℃台氏液中的肠段节律性收缩曲线。

（3）待中央标本槽内的台氏液的温度稳定在38℃后，加0.01%肾上腺素1～2滴于麦氏浴皿中，观察肠段收缩曲线的变化情况。在观察到明显的效应后，用预先准备好的38℃台氏液冲洗3次。

（4）待肠段活动恢复正常后，再加0.01%乙酰胆碱1～2滴于麦氏浴皿中，观察肠段收缩曲线的变化。用预先准备好的38℃台氏液冲洗三次。再用滴管向浴槽内滴入0.01%阿托品2～4滴，观察肠段收缩曲线的变化。观察到明显效应后，再加入0.01%乙酰胆碱溶液2滴，观察肠段的收缩曲线有无变化。观察到明显效应后，采用上法冲洗肠段。

（5）向麦氏浴皿内加入1mol/L NaOH溶液1～2滴，观察肠段收缩曲线的变化。作用出现后，采用上法冲洗肠段。

（6）向麦氏浴皿内加入1mol/L HCl溶液1～2滴，观察肠段收缩曲线的变化。作用出现后，采用上法冲洗肠段。

（7）向麦氏浴皿内加入1% $CaCl_2$ 溶液2～3滴，观察肠段收缩曲线的变化。

[实验结果与分析]

剪贴实验记录曲线，并做好标记、注释。分析各种因素对小肠运动的影响，并简要说明其机制。

[注意事项]

（1）实验动物先禁食24h，于实验前1h喂食。处死后立即取出肠断，保证肠具有最佳运动效果。

（2）取肠段时，动作要快，并尽可能不用金属及手指触及。为保持离体肠段的活性，可先预冷充氧的台氏液，游离肠段及穿线均在预冷的台氏液中进行。实验中始终保持通气。

（3）标本安装好后，应在新鲜38℃台氏液中稳定5～10min，有收缩活动时即可开始实验。

（4）加药前必须准备好更换用的38℃台氏液。上述药物剂量只是参考，效果不明显时可补加，每次加药出现效果后，必须立即更换麦氏浴皿内的台氏液，并冲洗3次，待小肠平滑肌恢复正常后再观察下一项目。麦氏浴皿内台氏液要保持一定的高度。

［思考题］

（1）本实验是否可用麻醉动物的肠段？为什么？

（2）本实验中为什么要给小肠平滑肌持续供氧？

（3）所加的各种药物引起离体肠段活动的机理是什么？

（4）加入阿托品后再加入乙酰胆碱，肠段活动受到抑制，原因是什么？

（5）根据实验结果简述平滑肌的生理特性。

（宁红梅）

实验二　唾液分泌的观察

［实验目的］

观察唾液腺的分泌以及外界刺激对唾液分泌的影响。

掌握瘘管手术操作的基本要领以及在消化生理研究中的应用。

［实验原理］

唾液腺受副交感神经和交感神经的双重支配，但以副交感神经的作用占优势。支配颌下腺的副交感神经来自面神经的鼓索支，其节后纤维末梢释放乙酰胆碱，乙酰胆碱与腺细胞膜上的 M 受体结合，引起腺体兴奋，使腺细胞分泌活动加强。副交感神经兴奋可引起颌下腺分泌大量黏稠唾液；交感神经兴奋可引起颌下腺分泌少量黏稠唾液。狗和猪的腮腺在饲料进入口腔或条件刺激存在时分泌唾液。不同刺激因素所引起唾液腺分泌唾液的量和成分存在差异。本实验采用唾液腺导管插管的方法观察各种刺激因素对唾液分泌的影响。

［实验动物］

狗、猪和羊等。

［实验器材与药品］

手术器械一套、探针、唾液漏斗、唾液采集管（带刻度）、棉花、食饵刺激物（干馒头粉、肉、水、青菜、甘薯、麦麸和米糠等）、嫌恶性食物（小石子、砂）、3% 戊巴比妥钠溶液、0.3% 普鲁卡因、0.1% 毛果芸香碱、1% 阿托品和 0.2% HCl 溶液等。

［实验方法与步骤］

1. 手术操作

狗的腮腺瘘管手术：绑缚狗的背部和四肢，在前肢的皮静脉或后肢的隐静脉注射戊巴比妥钠（30～50mg/kg），将狗麻醉后侧卧固定于手术台上，剃去颊部的被毛并消毒。左手拉起上唇口角部分，将其外翻，寻找腮腺导管的排出口。腮腺导管排出口位于颊部黏膜与第 II 或 III 上臼齿相对的小黏膜结节上，导管口径似针尖大小。将探针插入排出口内 3～5cm 左右，以免手术时伤及腺导管。在管口周围黏膜上用手术刀画一直径约 10mm 的圆圈，稍稍剥离黏膜下结缔组织，用细针在黏膜圆圈的边缘穿四条丝线，然后用手术刀由内向外刺穿颊部，用外科镊子夹住露在外面的手术刀尖，在拔出手术刀时，使镊子随刀通过伤口进入口腔内，将探针抽出，再用此镊子夹住腺管排出口周围黏膜上的丝线，连同黏膜圆块一起抽出来，注意切勿使腺管捻转。用手术刀（或外科剪）去除一小块皮肤。然后将抽出的黏膜圆块缝于颊部皮肤上，口腔内的创口做连续缝合，将拽在外面的黏膜涂一层凡士林，并用数层纱布覆盖，纱布用胶粘在皮肤上（图12-2）。手术后2～3天去掉纱布，术后7～9天拆线，即可开始实验。

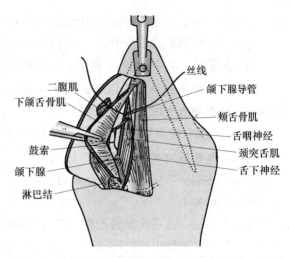

图 12-2　狗颌下腺导管等解剖位置（仿杨秀平，2010）

　　猪的腮腺瘘管手术：由于猪的解剖特点与狗略有不同，手术部位从口角上方7～10cm处开始，在与齿龈平行的部位切开皮肤3～5cm。分离结缔组织到达颊部黏膜背面。然后从口腔内找出腮腺导管开口，在皮肤创口前角部位，接近齿龈处切开黏膜，将连有黏膜块的腮腺导管翻出，在皮肤创口处的固定术与狗的相同。

　　羊的腮腺瘘管手术：动物侧卧固定，剃去颊部被毛，用0.3%普鲁卡因局部麻醉。由咬肌前端向内眼角方向切开皮肤2～3cm，分开创口，在颜面静脉后方找到腮腺管，仔细分离，注意切勿伤及腮腺神经。在腮腺管下穿三根线，纵行切开腮腺管，分别与切口的两端插入准备好的塑料细管（在塑料细管上另置一备用线）。用腮腺管两边已备细线分别将两塑料细管结扎固定，然后再用中间的备用线将两塑料管及腮腺管结扎在一起。为了更好地固定，防止脱落，可将塑料细管上备用线与腮腺管上的结扎线再次结扎在一起。两条塑料细管外端再套上一塑料管或橡胶管，形成体外吻合。此时唾液从近腺体的细管流出，经吻合管流进远端导管，流入口腔。

2. 实验项目

　　实验开始时，狗站立在固定架上，先将唾液漏斗固定于颊部，用以收集唾液，然后逐项进行以下实验，主要观察唾液分泌的潜伏期、分泌持续的时间及分泌量。

　　（1）给狗看干馒头粉 1min。

　　（2）喂干馒头粉 40g。

　　（3）向口中注射自来水 5 mL。

　　（4）向口中注射稀 HCl 5mL。

　　（5）给狗看肉粉 1min。

　　（6）喂肉粉 40g。

　　（7）向口中放小石子数块。

　　（8）向口中放少量细砂。

　　以猪为实验动物的实验方法与狗相同。可分别投喂青菜、麦麸、甘薯和米糠各50g。

　　以羊为实验动物的实验项目如下：

　　（1）将装有腮腺瘘管的羊站立在固定架上，拆开体外吻合管，装好记滴器，观察唾液流出 10～15min 后，记录 3～5min 内唾液分泌的滴数和量。

（2）给羊分别喂青草、干草、混合饲料和水等，观察记录唾液分泌的变化情况。

（3）向羊的口腔中滴 1～2 滴 1% 的醋酸溶液，观察记录唾液分泌的情况。

（4）待唾液分泌恢复正常后，皮下注射 0.1% 毛果芸香碱 0.5～1mL，观察 30min，记录唾液分泌是否显著增加。

（5）待唾液分泌恢复正常后，皮下注射 1% 阿托品 1mL，观察记录唾液分泌是否显著减少。

[实验结果与分析]

记录上述实验结果，并加以分析讨论。

[注意事项]

（1）手术后，注意术部的护理，实验时应保持周围环境的安静，减少对动物的惊扰。

（2）每项实验结束后应间隔 3～5min，待唾液分泌恢复正常后，再进行下一个实验项目。

[思考题]

（1）简要说明动物唾液分泌的神经调节机制。

（2）影响唾液分泌的因素有哪些？简要说明其作用机理。

（3）给狗看馒头与喂干馒头粉时，唾液分泌有何变化？它们的作用机制是否相同？

（4）为什么反刍动物的腮腺分泌是连续的，而单胃动物的腮腺分泌是间断的？

（宁红梅）

实验三　胰液和胆汁的分泌

[实验目的]

通过观察胰液和胆汁的分泌，学习神经和体液因素对胰液和胆汁分泌的调节作用。

[实验原理]

胰液和胆汁的分泌受神经和体液因素的双重调节，但体液调节更为重要。迷走神经兴奋可促进胰液和胆汁的分泌；在稀盐酸和蛋白质分解产物及脂肪的刺激下，十二指肠黏膜可以产生促胰液素和胆囊收缩素，它们是促进胰液和胆汁分泌的主要体液因素。其中，促胰液素主要作用于胰腺导管的上皮细胞，引起水和碳酸盐的分泌，对胆汁分泌也有一定的促进作用。而胆囊收缩素主要引起胆汁的排出和促进胰酶的分泌。此外，胆盐或胆酸亦可促进肝脏分泌胆汁。

[实验动物]

犬、兔或猪。

[实验器材与药品]

BL-420N 生物机能实验系统、计滴器、保护电极、手术台、手术器械一套、注射器及针头、气管插管、各种粗细的塑料管（或玻璃套管）、纱布、丝线、秒表、麻醉剂（40% 酒精生理盐水合剂，可用于麻醉实验兔；或者用戊巴比妥钠、乙醚）、促胰液素、0.5% HCl 溶液、毛果芸香碱、阿托品和胆汁等。

[**实验方法与步骤**]

1. 手术操作

用戊巴比妥钠或乙醚将犬麻醉后，仰卧固定于手术台上。

（1）气管插管术：犬颈部剪毛，切开颈部皮肤，分离肌肉并找到气管，按常规方法进行气管插管术。同时找到内侧迷走神经，并穿线备用。手术完毕后，创口以温湿纱布覆盖。

（2）股静脉插管：在犬的后肢大腿内侧切开皮肤，找到股静脉，插入塑料插管，以备输液与注射药物时使用。

（3）胰管插管：沿犬的腹中线切开皮肤，打开腹腔，找到十二指肠，从十二指肠末端找出胰尾，沿胰尾向上将附着于十二指肠的胰腺组织用盐水纱布轻轻剥离，约在尾部向上2～3cm处可看到一个白色小管从胰腺穿入十二指肠，即为胰主导管。分离胰主导管并在下方穿线，尽量在靠近十二指肠处切开，插入充满生理盐水的胰管插管，并结扎固定。

（4）胆管插管：通过胆囊及胆囊管先行结扎的位置找到胆总管，插入胆管插管，并同时将胆总管近十二指肠端结扎。

分别将胰管插管和胆管插管的游离端引出腹外，接上记滴器备用。犬的胰管和胆管的解剖位置见图12-3。腹部手术完成后，用止血钳夹拢创口皮肤，并以温湿纱布覆盖。避免动物体热的散失，引起不良后果。

如用兔实验，可用40%酒精生理盐水合剂或戊巴比妥钠静脉麻醉。剖开腹腔，找出十二指肠，胰腺位于其旁边。在胰腺与十二指肠连接处向幽门方向1～3cm范围内找出胰导管，其下穿线备用。在靠近十二指肠端剪一小孔，插入充满生理盐水的胰导管，结扎固定。沿

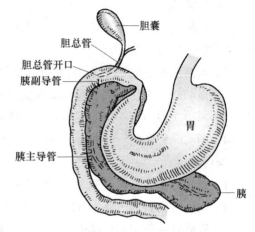

图12-3 犬胰、胆管解剖示意图（仿杨秀平，2009）

十二指肠前端分离脂肪，找出胆总管，同样插入塑料插管，用丝线结扎固定。将插管的游离端引出腹外，接上记滴器备用。

如用猪实验，将猪麻醉后左侧卧，剪去右侧腹部被毛，在倒数第三肋骨处，切开皮肤，分离肌肉。在倒数第三肋骨下端用骨剪剪去3cm大小的一块肋骨，然后剖开腹膜，找到十二指肠。在胰尾与十二指肠连接处，找到胰导管，在紧靠幽门处找到胆总管，插管方法同犬。

2. 仪器连接

将记滴器与BL-420N生物机能实验系统输入端相连，选择"影响尿生成的因素"界面，单击"开始记录"按钮，开始实验。

3. 实验项目

1）观察胰液和胆汁的基础分泌

记录未给予任何刺激的情况下，每分钟分泌的滴数，连续记录5～10min。

2）体液或化学性因素对胰液和胆汁分泌的影响

（1）注入稀盐酸：向十二指肠内注入37℃的0.5% HCl溶液20～50mL（兔为20mL），记

录胰液和胆汁分泌滴数，观察有何变化（观察时间 10～20min）。直至恢复正常为止（一般在注射 5～10min 内胰液和胆汁的分泌无变化）。

（2）注射毛果芸香碱：由股静脉注入 0.1% 毛果芸香碱 1～2mL（兔皮下注射或耳缘静脉注射 0.5～1mL），记录胰液和胆汁的分泌滴数，观察有何变化，直至恢复正常为止。

（3）注射促胰液素：由股静脉注射粗制促胰液素 5～10mL，观察在 1min 内胰液分泌有无变化，并记录胰液和胆汁的分泌滴数，观察有何变化，直至恢复正常为止。

（4）注射胆汁：由股静脉注射胆汁 3～5mL（兔静脉注射稀释 10 倍的胆汁 5～10mL），记录胰液和胆汁的分泌滴数，观察有何变化。

3）神经因素：静脉注射阿托品 1mg（作用为麻痹迷走神经至心脏的神经末梢）。然后电刺激迷走神经离中端，记录胰液和胆汁的分泌滴数，观察有何变化。

［实验结果与分析］
记录实验结果，并加以分析讨论。

［注意事项］
（1）用兔实验时，先禁食 3～5h，实验前 0.5～1h 给动物喂食少量新鲜的青绿饲料，以提高胰液和胆汁的分泌量。

（2）术前应充分熟悉手术部位的解剖结构，插管时应防止误入导管的夹层。手术操作应细心，尽量防止出血，若遇大量出血须完全止血后再行分离手术。

（3）每项实验须有一定的间隔时间，待机体恢复正常后再进行下一个项目。

（4）剥离胰管和胆管时要小心谨慎，操作时应轻巧仔细。

［思考题］
（1）哪些因素会影响胰液和胆汁的分泌？
（2）向十二指肠腔内注入 37℃的 0.5% HCl 溶液，胰液和胆汁分泌有何变化？为什么？
（3）股静脉注射粗制促胰液素后，胰液和胆汁的分泌有何变化？为什么？

［附注］
促胰液素粗制品的制备方法　将急性动物实验后刚处死的狗或兔开腹，在幽门和空肠两端用细线结扎。用注射器向十二指肠内注入 0.1mol/L 的盐酸 100mL，待 0.1～1h 后，取下结扎的小肠段，纵向剪开肠段并收集肠腔内的盐酸溶液，用刀柄刮取肠段黏膜，放入盐酸溶液中煮沸 10～15min，静止沉淀过滤后，吸取上清液，4℃保存。使用时用 1mol/L 的氢氧化钠溶液中和至中性，即得到促胰液素粗制品。

（宁红梅）

实验四　胃内容物的分层分布

［实验目的］
观察动物采食后胃内容物的分布情况。

[实验原理]

胃内容物按照进食次序而分层排列，又因胃的收缩增强而混合。单胃动物（马、猪、兔及小白鼠）的胃体部运动较弱，可用不同颜色的饲料依一定顺序饲喂动物后，观察食物在胃内的分层分布情况。

[实验动物]

兔、豚鼠或小白鼠。

[实验器材与药品]

手术器械一套、手锯、青草、胡萝卜、麦麸、冰块、食盐或含有红、黄、蓝不同颜色的三种饲料等。

[实验方法与步骤]

（1）动物饥饿一昼夜后，实验前 1h 给兔饲喂麦麸，0.5h 后喂青菜，再隔 0.5h 喂胡萝卜。若用豚鼠或小白鼠做实验对象，则按顺序饲喂红、黄、蓝三种不同颜色的饲料。

（2）饲喂后立即将动物处死，剖开腹腔，用棉绳将食管与十二指肠分别结扎后剪断。将胃取出，移入一个容器（内含冰块，并加有一定量食盐，使温度保持在 −5℃以下）或放在冰箱冷冻室内冰冻。

（3）将冰冻的胃从贲门至幽门按横向、纵向几个方向锯开，观察胃内食物的层次分布。

[实验结果与分析]

仔细观察锯开胃内食物的排列次序。

[注意事项]

为了更好地观察锯开胃时食物的层次分布，实验取出的胃一定要冷冻。

[思考题]

通常在胃的什么部位可观察到混合性食糜？

（宁红梅）

实验五　猪胃液的分泌

[实验目的]

学习测定胃液分泌的实验方法，了解胃酸分泌的神经和体液调节机制。

[实验原理]

胃液的分泌主要受神经和体液调节，包括刺激胃液分泌的因素和抑制胃液分泌的因素，正常胃液分泌是兴奋和抑制两方面因素相互作用的结果。迷走神经、胃肠激素（促胃液素）、组胺及拟胆碱药物可促进胃液的分泌，而阿托品通过阻断迷走神经的促分泌作用进而抑制胃液的分泌。

[实验动物]

猪。

[实验器材与药品]

手术器械、胃瘘管两个（大小各一）、记滴器、BL-420N 生物机能实验系统、固定架、酸度计或 pH 试纸、100mL 锥形瓶、保护电极、棉线、3% 戊巴比妥钠、生理盐水、0.5mg/mL 阿托品、0.01% 磷酸组胺。

[实验方法与步骤]

1. 实验准备

改良巴氏小胃的手术操作　将猪用 3% 戊巴比妥钠麻醉后，仰卧保定，沿腹中线切开腹腔，将胃的一半拽出腹腔，在胃体部做小胃。用两把胃钳平行夹住胃壁，两钳间隔 1.5~2cm，在其中间切开一侧胃壁及对侧胃壁的黏膜并剥离黏膜，然后缝合小胃两侧的黏膜切口，取下小胃的胃钳，接着缝合大胃两侧的黏膜切口，取下大胃的胃钳，这样就形成两个互不相通的胃。拽一小块大网膜夹在大小胃之间，再缝合切开的胃壁肌层（包括浆膜）。在大小胃间分别安装瘘管并固定在腹壁上。术后第二天可以在体外接桥，在不进行实验时，小胃分泌的胃液可流入大胃，实验时打开接桥，收集纯净的胃液，进行实验。

2. 仪器连接

将记滴器与 BL-420N 生物机能实验系统输入端相连，操作及连接方式与本章实验三相同。

3. 实验项目

（1）观察胃液的自动分泌：将动物保定在固定架上，打开接桥，用带有刻度的容器收集小胃的胃液，每 5min 计数一次，并测定其酸度，重复 3 次。

（2）在动物面前放置饲料，观察胃液分泌的变化。

（3）让动物进食 5~10min 后，观察胃液分泌的变化，持续观察 1~2h。

（4）胃液分泌恢复正常后，打开大胃瘘管，放入连有橡皮管的气球，吹胀气球对胃壁进行压力刺激，观察小胃分泌有无变化。

（5）胃液分泌恢复正常后，静脉（或皮下）注射 0.01% 磷酸组胺 0.1mg，观察胃液分泌的变化。

（6）胃液分泌恢复正常后，静脉（或皮下）注射阿托品 1~2mL，观察胃液分泌的变化。

[实验结果与分析]

观察和记录实验结果，并加以分析和讨论。

[注意事项]

（1）手术前动物禁食 18~24h，动物选择体重在 20kg 左右为宜，不要太大。

（2）手术后大胃瘘管要用塞子塞住，小胃不用塞，使其内容物流出，以防实验中血块堵塞，处理后与大胃瘘管做接桥，接桥管一定要选用耐酸的材料，对动物要精心护理，接桥最好每天清洗一次。

[思考题]

（1）影响胃液分泌的因素有哪些？

（2）组胺和阿托品对胃酸分泌有何影响？试说明其作用机制。

（宁红梅）

实验六 胃肠道运动的直接观察

[实验目的]

观察动物在麻醉状态下胃肠运动情况及其影响因素。

[实验原理]

消化道肌肉属于平滑肌，具有自动节律性。由于消化道各部位平滑肌结构不同，所表现的运动形式亦不尽相同。平滑肌运动主要受神经和体液因素的调节。兔的胃肠运动活跃且运动形式典型，是观察胃肠运动的好材料。

[实验动物]

兔。

[实验器材与药品]

BL-420N 生物机能实验系统、刺激电极、兔解剖台、台秤、手术器械、注射器、丝线、烧杯、纱布、40%酒精生理盐水合剂或戊巴比妥钠、生理盐水、0.01%肾上腺素和0.01%乙酰胆碱等。

[实验方法与步骤]

1. 实验操作

兔称重后用40%酒精生理盐水合剂或戊巴比妥钠溶液静脉注射，麻醉后仰位固定于手术台上，剪去颈部和腹部被毛。自颈部中间将皮肤纵行切开，分离肌肉组织，找到颈动脉，与颈动脉平行的有3条神经，其中最粗的是迷走神经，最细的是减压神经，中等粗细的是交感神经。细心分离出迷走神经，穿线备用。另沿腹中线切开皮肤、腹壁肌肉，暴露内脏，在左侧肾上腺附近分离内脏大神经（图12-4），穿线备用。

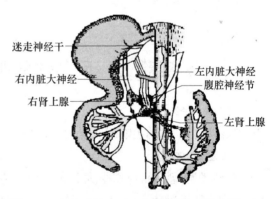

图12-4 兔迷走神经干和内脏大神经的解剖位置图

手术后，将兔腹部创口两侧皮肤用止血钳拉起，形成皮兜，注入37℃生理盐水后进行实验观察。

2. 观察项目

1）胃肠运动观察 观察胃肠的蠕动、逆蠕动和紧张性收缩，以及小肠的分节运动等。

2）神经因素对胃肠运动的影响

（1）结扎并剪断迷走神经向中端，连续电刺激（波间隔0.2ms，强度5V，频率10～20Hz）离中端1～3min，观察胃肠运动有何变化。

（2）连续电刺激（参数同上）内脏大神经1～5min，观察胃肠运动有何变化。

（3）剪断内脏大神经，观察胃肠运动有何变化。

3）体液因素对胃肠运动的影响

（1）选一段运动较强的肠管，在其表面滴1～2滴0.01%肾上腺素，观察肠管运动的变化。

（2）另选一段运动较弱的肠管，在其表面滴5～10滴0.01%乙酰胆碱，观察肠管运动的变化。

4）机械因素对胃肠运动的影响　用镊子或手轻捏肠管的任何部位，观察有何现象发生。

［实验结果与分析］

描述所观察到的现象，并分析产生这些现象的原因。

［注意事项］

（1）动物应禁食12～24h，实验前2～3h喂饱可获得较好的实验效果。

（2）动物麻醉不宜过深，实验过程中注意动物内脏保温，应经常用37℃的温热生理盐水湿润。

（3）分离神经时要小心，勿伤及血管而影响操作视野。

（4）电刺激时应用连续刺激方式，时间稍长一点。

（5）每完成一个实验项目，应用37℃的温热生理盐水反复冲洗腹腔，再用纱布吸干，间隔数分钟后再进行下一个实验项目。

［思考题］

（1）小肠的运动类型有哪些？各有何特点和作用。

（2）小肠上滴加乙酰胆碱或肾上腺素，运动有何变化？为什么？

（宁红梅）

实验七　反刍动物咀嚼与瘤胃运动的描记

［实验目的］

观察反刍动物的咀嚼与瘤胃运动，并掌握其描记方法。

［实验原理］

反刍动物瘤胃的容积很大，位于腹腔左侧，几乎占据整个左侧腹腔。在腹壁（肷部）用手可感觉其运动。瘤胃运动时，瘤胃内压力会发生变化，可利用安装有瘤胃瘘管的动物将气球经瘘管放入瘤胃内，通过压力换能器与BL-420N生物机能实验系统连接，将咀嚼与瘤胃运动描记出来。

在动物颊部笼头上安置一个咀嚼描记器，借空气传导装置可记录颊部运动（咀嚼与反刍）。

［实验动物］

羊或牛。

［实验器材与药品］

固定架、瘤胃运动描记器、咀嚼描记器、橡皮管、压力换能器、BL-420N生物机能实验系统。

［实验方法与步骤］

1. 实验的准备

将健康羊（或牛）站立保定于固定架上，将瘤胃运动描记器安置在动物左腹肷部，并用带子将其固定。同时，将咀嚼描记器安置在动物的颊部并固定好，两者分别以橡皮管与压力换能器相连接。通过 BL-420N 生物机能实验系统记录相关数据。

2. 实验项目

（1）记录正常瘤胃运动 10min，观察瘤胃蠕动次数及收缩强度。

（2）给动物看、闻青草或饲料，瘤胃运动有何变化？

（3）喂青草 5min 后，瘤胃运动有何变化？

（4）喂干草 5min 后，瘤胃运动有何变化？

（5）安静状态下，喂清水后，瘤胃运动有何变化？

（6）反刍时瘤胃运动有何变化？

（7）动物受惊时，瘤胃运动有何变化？

[实验结果与分析]

记录每项实验结果，并分析原因。

[注意事项]

（1）描记系统必须保持密闭状态。

（2）咀嚼描记器和瘤胃运动描记器应与所描记部位的皮肤密切接触，但也不宜太紧，以免引起动物不安。

[思考题]

（1）瘤胃运动对瘤胃消化有何生理意义？

（2）给动物看、闻青草或饲料以及给动物喂青草时，瘤胃运动有何变化？它们的作用机理是否一致？

（3）哪些因素可对瘤胃运动造成影响？

（宁红梅）

实验八　反刍活动观察

[实验目的]

观察反刍的发生与抑制，了解其产生的机理。掌握瘤胃瘘管手术技术。

[实验原理]

反刍是由于饲料的粗糙部分机械刺激网胃、瘤胃前庭与食管沟的黏膜等处的感受器所引起的反射性调节过程。反刍分逆呕、再咀嚼、再混入唾液和再吞咽四个阶段。其生理意义在于：把饲料嚼细，并混入大量唾液，以便更好消化；中和胃酸；排出发酵和腐败所产生的气体以及促进食糜向后推进。在个体发育的过程中，反刍动作的出现是与摄取粗饲料相联系的。当瓣胃与皱胃充满饲料时，刺激压力感受器而抑制反刍。本实验通过瘤胃瘘管直接刺激瘤胃的感受器，通过记录瘤胃运动曲线，观察和分析反刍机理。

[实验动物]

羊或牛。

[实验器材与药品]

BL-420N生物机能实验系统、手术器械、咀嚼描记器、压力换能器、连有橡皮管的气球、瘤胃瘘管。

[实验方法与步骤]

1. 实验准备

瘤胃瘘管手术：动物全身麻醉（或腰椎旁传导麻醉）后，右侧卧位固定于手术台上或站立手术。按常规处理术部，在左肷部与最后肋骨平行处纵向切开皮肤5～6cm，切断皮下肌、结缔组织和腹斜肌，切开腹膜（图12-5）。用左手提起瘤胃壁，与皮肤作4～6处临时缝合，并在胃壁浆膜层做两道荷包缝合线。然后在正中切口，安置装有塞子的瘤胃瘘管和垫片，收紧缝线，消毒术部，拆去临时缝合线。在瘘管周围穿过胃肌层与腹壁作四处缝合，以固定瘘管。创口分两层缝合，内层包括腹膜与内斜肌，用肠线连续缝合，外层以丝线缝合皮肤与皮下肌层。创口边缘涂以碘酊与凡士林，注意对创口进行消毒杀菌，术后一周拆线，即可进行实验。

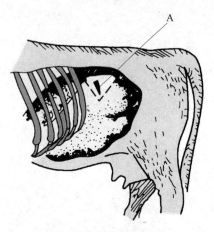

图12-5　瘤胃手术部位

A表示肷部切开的位置；虚线表示肷窝的界限（仿杨秀平，2010）

2. 实验仪器连接

让动物站立在固定架上，启开瘘管塞，将橡皮气球经瘘管塞入瘤胃之中，吹入气体，通过压力换能器与BL-420N生物机能实验系统连接。安装好咀嚼描记器，以橡皮管与压力换能器相连，将上述两个压力换能器分别连与BL-420N生物机能实验系统CH1和CH2通道。打开系统，单击"开始"按钮，开始实验。

3. 实验项目

（1）记录瘤胃运动曲线，并进行分析。

（2）用右手经瘘孔向前下方触摸网胃，观察是否出现反刍。记录反刍情况和食团的咀嚼次数。如果实验动物是羊，因其瘘管较小，手不能伸入，可用一根硬橡皮管，通过瘘管向网胃和瘤胃前庭方向连续刺激，用以引起反刍。

（3）待动物安静后，刺激食管沟，动物有何反应？

（4）在反刍期间，吹胀放置于瓣胃内的气球，观察其能否抑制反刍。

[实验结果与分析]

绘制或剪贴实验记录曲线，并加以分析。

[注意事项]

（1）动物手术前应禁食24h。手术后护理应精细。

（2）实验前应检查连有橡皮管的气球是否漏气。

（3）实验过程应保持安静，避免动物受到惊扰。

[思考题]

（1）在动物反刍期间，吹胀放置于瓣胃内的气球，反刍活动有何变化？

（2）用一根硬橡皮管刺激反刍动物的网胃黏膜，反刍活动有何变化？为什么？

（3）反刍对瘤胃消化有何作用？哪些因素会影响反刍活动？

（宁红梅）

实验九　瘤胃内容物的观察

[实验目的]

了解饲料在瘤胃内的变化及纤毛虫的活动情况。

[实验原理]

饲料在瘤胃微生物作用下发生了很大的变化。瘤胃微生物包括纤毛虫、细菌和真菌等，它们能将纤维素、淀粉及糖类发酵并产生挥发性脂肪酸等，同时分解植物性蛋白质或直接利用非蛋白氮合成自身的蛋白质。

[实验对象]

牛或羊。

[实验器材与药品]

显微镜、载玻片、盖玻片、玻璃器皿、注射器、滴管和甘油碘溶液等。

[实验方法与步骤]

（1）从瘤胃瘘管或经胃管抽取瘤胃液约10mL，放入玻璃器皿内，观察其色泽和气味等性状。

（2）用滴管吸取瘤胃内容物少许，滴1滴于载玻片上，覆以盖玻片，先用低倍镜后用中倍镜观察。

（3）找出淀粉颗粒及残缺纤维片，注意观察纤毛虫的运动。

（4）加1滴甘油碘溶液于载玻片上，观察染色后的变化（纤毛虫体内及饲料的淀粉颗粒呈蓝黑色）。

[实验结果与分析]

画出所看到的微生物，从形态上分析判断它是何种微生物。

[注意事项]

纤毛虫对温度很敏感，观察纤毛虫活动应在适宜的室温或保温条件下进行。

[思考题]

（1）瘤胃内微生物的种类有哪些？它们有哪些主要生理功能？

（2）瘤胃微生物的生存环境如何？

[附注]

甘油碘溶液的配制：10%福尔马林生理盐水2份，鲁戈氏碘液（碘1g、碘化钾2g、蒸馏水300mL）5份，30%甘油3份，三者混合即成甘油碘溶液。

（宁红梅）

实验十　肠内容物渗透压对小肠物质吸收的影响

[实验目的]

通过观察小肠对不同物质吸收速度的差异，进一步理解小肠吸收与肠内容物渗透压之间的关系。

[实验原理]

小肠是物质吸收的主要部位，各类小分子物质在小肠内的吸收速度存在显著差异。同种溶液在一定浓度范围内，浓度越高，吸收越慢；浓度过高时，会出现反渗透现象，进而阻止水分与溶质的吸收，肠内容物的渗透压降低至一定程度时，营养物质才被再次吸收；对不易吸收的高浓度盐类物质，可在临床上用作泻药。

[实验动物]

兔。

[实验器材与药品]

兔解剖台、台秤、手术器械一套、注射器、丝线、烧杯、纱布、40% 酒精生理盐水合剂或戊巴比妥钠、10% 硫酸镁、生理盐水、蒸馏水和 20% 葡萄糖溶液等。

[实验方法与步骤]

用 40% 酒精生理盐水合剂或戊巴比妥钠自兔耳缘静脉注射麻醉后，仰位固定于手术台上。腹部剪毛，从剑突下沿腹部正中线切开腹壁，暴露胃肠，选取近十二指肠处的小肠四段，每段长约 8cm，用丝线结扎两端，每段肠管以间隔 2cm 为宜，然后从近十二指肠处开始，依次向每段肠管中分别注入等量的 10% 硫酸镁、生理盐水、蒸馏水和 20% 葡萄糖溶液，达到充盈为止。将小肠送回腹腔，用止血钳封闭创口，用 37℃ 的温热生理盐水纱布覆盖保湿，30min 后，每隔 15min 观察一次结果。

[实验结果与分析]

注入各种药品 30min 后，打开腹腔，观察并记录各段肠管的体积、充盈度各发生了哪些变化。

[注意事项]

（1）结扎肠管时，切勿伤及肠系膜血管。

（2）肠管结扎前，自结扎处将肠内容物往肛门方向挤压，使之空虚。

（3）每节两端用线扎紧，使各节互不相通。

（4）注药后，各段肠管的充盈度尽量一致。

（5）实验动物在实验前 1h 喂饱。

[思考题]

注入 10% 硫酸镁和 20% 葡萄糖溶液的肠段充盈后，分别发生了什么变化？

（宁红梅）

第十三章　能量代谢和体温调节

实验一　小白鼠能量代谢的测定

[实验目的]

掌握间接法测量小动物能量代谢的基本方法和原理。

[实验原理]

能量代谢是指动物体内物质代谢过程中所伴随发生的能量释放、转移、储存和利用的过程。体内能量全部来源于物质的氧化分解，依据化学反应原理，机体的耗氧量与能量代谢率成正相关，即能量代谢与 O_2 的消耗有特定的关系。因此，可通过测定实验动物在一定时间内的耗氧量间接地计算出其能量代谢率。

[实验对象]

小鼠或大鼠。

[实验器材与药品]

胶塞、棉球、500mL 广口瓶、温度计、20mL 注射器、水检压计、钠石灰（用纱布包好）、液体石蜡、弹簧夹、乳胶管和充有 O_2 的球胆等。

[实验方法与步骤]

按图 13-1 安装测定小动物耗氧量的简单装置。

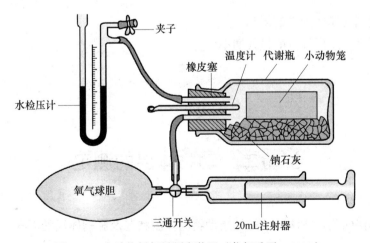

图 13-1　小动物耗氧量测定装置（仿杨秀平，2010）

（1）小鼠在实验前一天禁食、禁水（10～12h），并在实验正式开始前称重。

（2）仪器连接和密封检查。在一个 500mL 广口瓶的瓶塞上钻 3 个小孔：一个插入 50℃ 的温度计，用以测量瓶中的气温；一个与水检压计相连，用以测量瓶中的气压；最后一个则插入玻璃管，管的另一端通过三通阀与注射器和充 O_2 的球胆相连。测定开始前，注射器内壁、胶塞周围和 3 个小孔的内壁均涂上一薄层液体石蜡，以防漏气。

（3）将小鼠放入广口瓶内的小动物笼内，塞紧胶塞，静止 3～5min，使其适应测定环境和使瓶内的温度稳定，同时记录瓶内的温度。

（4）同时打开弹簧夹与三通螺旋夹的开关，使 O_2 球胆与注射器及广口瓶同时连通，用注射器抽取略超过 20mL 的氧气。

（5）关闭 O_2 球胆通道，保证注射器与广口瓶的通道仍处于开放状态，让动物适应瓶内环境 3～5min。将注射器推到 20mL 刻度处，关闭弹簧夹。

（6）将注射器向前推进约 2～3mL，此时水检压计水柱升高（此时开始计时）。因小鼠消耗 O_2，而呼出的 CO_2 被钠石灰吸收，故广口瓶内气体逐渐减少，水检压计的液面回降，直到水检压计两水柱液面达到水平，再将注射器推进 2～3mL。如此反复，直至推完 10mL，待水检压计两水柱液面再次降至水平时，记下时间。根据消耗 10mL O_2 总共花费的时间算出小鼠每小时耗氧量（V）。根据以下公式计算小鼠能量代谢率。

$$R = K \cdot V \cdot 20.188/S \ [\text{kJ}/(\text{m}^2 \cdot \text{h})]$$

式中：K 为标准状态下气体换算系数；S 为小鼠体表面积；V 为小鼠每小时耗氧量。

假定小鼠所食为混合食物，呼吸商为 0.82，相应的氧热价则为 20.188kJ/L。

[实验结果与分析]

试分析由耗氧量计算出代谢率的原理。

[注意事项]

（1）整个系统的活塞要盖牢，确保不漏气。

（2）钠石灰要新鲜干燥。

[思考题]

（1）能量代谢受哪些因素的影响？

（2）利用耗氧量怎样计算能量代谢率？

（尹福泉）

实验二 动物体温的测定

[实验目的]

熟悉动物体温的测定方法，了解健康动物的体温状况及影响体温的因素。

[实验原理]

生理学上的体温是指机体深部的平均温度，正常的体温是保证机体进行正常新陈代谢及内环境相对稳定的必要条件，同时又是反映机体机能状态的客观指标之一。测定动物的体温有助于了解其健康状况和机体当时散热的状况。临床测温通常以动物直肠温度为标准，而禽类通常测其翼下温度。

[实验对象]

奶牛、黄牛、羊及马属动物等。

[实验器材与药品]

兽用体温计、小镊子、消毒棉和凡士林等。

[实验方法与步骤]

（1）测温时先将体温计充分甩动，使水银柱降至35℃以下，用消毒棉擦拭体温计并涂润滑剂（如润滑油、水或凡士林等），动物适当保定。

（2）检温人员从其左侧后方接近动物，左手将动物尾根提起，右手持温度计沿直肠方向徐徐捻转插入肛门中，大动物插入的深度为温度计的2/3，小动物约1/3，再用附有细线的夹子将温度计固定于尾根部被毛上，防止温度计脱出。3～5min后，取出温度计立即读数，并记录温度数值。

（3）测定完成后，将体温计甩动，使水银柱下降至35℃以下，用消毒棉擦拭，放于消毒瓶中备用。

[实验结果与分析]

试分析体温变化的临床意义。

[注意事项]

（1）新体温计在使用前应进行检查验定，以防有大的误差。

（2）对门诊病畜应使其充分休息后再测温。

（3）测温时应注意人畜安全。

（4）测温前一定要检查体温计是否完整，水银柱是否甩至35℃以下，以免发生测温结果的差错。

（5）直肠内有宿粪后，不要将体温计插入宿粪中。

（6）待测动物有严重腹泻时，不应测其直肠温度。

[思考题]

（1）简述影响动物体温的因素。

（2）简述动物维持正常体温的调节机制。

（尹福泉）

实验三　甲状腺激素对代谢的影响

[实验目的]

将小鼠分为对照组和给药组，观察其在密闭广口瓶中的活动与存活时间，或通过测定两组动物的平均耗氧量，了解甲状腺激素对机体能量代谢的影响。

[实验原理]

甲状腺激素能提高动物的基础代谢率，使需氧量增多，对缺氧的耐受性降低。与对照组相比，用甲状腺激素制剂处理后的动物在密闭容器中，易缺氧窒息死亡。

[实验对象]

小鼠。

[实验器材与药品]

鼠笼、鼠用引水器、1 000mL 广口瓶、5mL 注射器、耗氧量测量装置、甲状腺激素制剂。

[实验方法与步骤]

1）将小鼠随机分为对照组和投药组，每组 10 只。

2）给药组小鼠采用灌胃法饲喂甲状腺激素制剂，每天 5mg，连续投药 2 周，对照组饲喂等量的生理盐水。

3）实验方法

（1）将每只小鼠分别放到容积为 1 000mL 广口瓶中，瓶口密闭，立即观察动物的活动，并记录存活时间。最后汇总全部结果，计算平均存活时间。

（2）按本章实验一中小鼠能量代谢的测定操作方法，分别测定两组动物的耗氧量，汇总结果，计算平均耗氧量。

[实验结果与分析]

试分析甲状腺激素提高动物基础代谢率的生理机制。

[注意事项]

（1）耗氧量测定装置中的活塞要盖牢，确保不漏气。

（2）室温控制在 20℃左右，小白鼠选用雄性为好。

[思考题]

（1）影响能量代谢率的因素有哪些？

（2）简述甲状腺激素调节机体代谢的机制。

（尹福泉）

第十四章 泌 尿 生 理

实验一 影响尿生成的因素

[实验目的]

（1）学习输尿管或膀胱插管术以及尿量记录的方法。

（2）观察不同生理因素对动物尿量生成的影响。

[实验原理]

肾脏的主要功能是生成尿液。尿生成的过程包括：肾小球的滤过作用、肾小管与集合管的重吸收作用以及肾小管与集合管的分泌排泄作用。凡是影响这些过程的因素，都会影响尿的生成，进而引起尿量变化。

[实验对象]

家兔。

[实验器材与药品]

手术台、常用手术器械、BL-420N 生物机能实验系统、导尿管插管、膀胱套管、尿液计滴器、恒温浴槽、量筒、注射器（1mL、5mL、20mL）、20% 葡萄糖溶液、肝素生理盐水（100U/mL）、0.001% 去甲肾上腺素、垂体后叶素（1 000U/L）、呋塞米（速尿）、生理盐水、20% 氨基甲酸乙酯、纱布、棉球和棉线等。

[实验方法与步骤]

1. 实验装置及参数设置

1）仪器连接

打开生物机能实验系统与电脑的电源开关，将尿滴记录线接在计滴器上（图 14-1），通过计滴器与实验系统的 CH1 通道连接，或者将计滴器插头插入计滴插孔内，描计尿的分泌滴数（滴 / 分）或换算成毫升数。

2）参数设置

采样频率：800Hz；扫描速度：4s/div；灵敏度：12kPa/div；延时：10～20ms；强度：5.0～10.0V（直流）；滤波：100Hz。

2. 动物手术准备

（1）取家兔一只，称重，耳缘静脉注射 20% 氨基甲酸乙酯，待动物麻醉后，将其仰卧固定于手术台上。

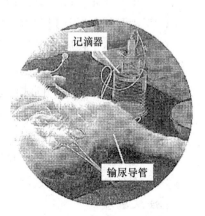

图 14-1　尿分泌记录装置

（2）输尿管插管法：剪去下腹部手术部位的兔毛，在耻骨联合上缘，沿正中线做一长约 5cm 的皮肤切口，沿腹白线切开腹壁肌肉及腹膜，打开腹腔。找到膀胱并将膀胱移出体外，暴露膀胱三角，仔细找出两侧输尿管，并将其与周围组织轻轻分离。用线将输尿管近膀胱端结扎，在结扎的上部靠近肾端穿一根线备用，在输尿管管壁向肾脏侧倾斜 45° 剪一小切口（注意不要将输尿管剪断），把充满生理盐水的细塑料管向肾脏方向插入输尿管内，用线结扎固定，进行导尿（图 14-2）。将输尿管插管与记滴装置连接，手术完毕后，用浸过温热（38℃左右）生理盐水的纱布将腹部切口处盖住，以保持腹腔的温度。

（3）膀胱套管法：在耻骨联合前方找到膀胱，在其腹面正中作一荷包缝合，再在中心剪一小口，插入膀胱套管，收紧缝线，固定膀胱套管，并在膀胱套管及所连接的橡皮管和直套管内充满生理盐水，将直套管下端连于记滴装置（图 14-3）。

图 14-2　输尿管插管法

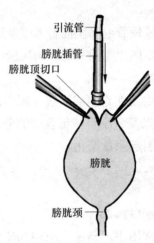

图 14-3　膀胱插管法

3. 实验观察

（1）记录正常情况下每分钟尿液的滴数，连续记录 5min，求出平均数。

（2）由耳缘静脉注射 20% 葡萄糖溶液 5mL，记录尿液滴数的变化。

（3）待尿量平稳后，同上法注射 0.001% 去甲肾上腺素溶液 0.5mL，记录尿液滴数的变化。

（4）待尿量平稳后，同法注射速呋塞米（5mg/kg 体重）0.5mL，记录尿液滴数的变化。

（5）待尿量平稳后，同法注射垂体后叶素 0.2mL，记录尿液滴数的变化。

（6）待尿量平稳后，同法注射温热生理盐水 20mL（速度稍快些），记录尿液滴数的变化。

［实验结果与分析］

（1）记录各项实验结果，并将实验结果打印输出。

（2）对各项实验结果进行分析讨论。

［注意事项］

（1）下腹部切口不宜太长，以防内脏暴露过多，并注意保温。

（2）注意塑料管要插入输尿管管腔内，不要插入管壁和周围结缔组织中，插入方向应与输尿管方向一致，勿使输尿管扭结，以免妨碍尿液流出。

（3）插管时动作要轻柔。输尿管插管前，塑料管内应预先充满含有肝素的生理盐水，可防止或减少导管内凝血。导管内如发生血凝块堵塞时，可用铜丝通一下，必要时重新插管。

（4）为防止雌性动物尿液经尿道流出，影响实验结果，可用一根丝线从两侧的输尿管下方穿过，将膀胱上翻，结扎膀胱颈部。

[思考题]

（1）静脉注入 20% 葡萄糖溶液 5mL，尿量有何变化？为什么？

（2）静脉注射大量生理盐水使尿液增多的机理是什么？

（3）静脉注入抗利尿激素后，尿量有何改变？为什么？

（4）静脉注入去甲肾上腺素后，尿量有何改变？为什么？

（5）尿生成的影响因素有哪些？

（滑　静）

实验二　循环、呼吸、泌尿功能的综合观察

[实验目的]

（1）熟悉并掌握哺乳类动物的手术操作过程。

（2）通过观察动物在整体情况下，各种理化刺激引起循环、呼吸、泌尿等功能的适应性改变，加深理解机体应对内、外环境变化时各系统间的相互影响，以及机体功能的整体性调节。

[实验原理]

体内各器官、系统在神经和体液因素的调节下相互联系，相互制约，相互协调，相互配合，共同完成统一的整体生理功能。当某种刺激因素作用于机体后，不仅只是对一个器官的功能产生影响，而是对多个系统的功能同时发挥影响，改变它们的功能状态，以适应内、外环境的变化，维持新陈代谢的正常进行。

[实验对象]

家兔。

[实验药品与器材]

健康成年家兔、20% 氨基甲酸乙酯、0.5% 肝素生理盐水、生理盐水、0.001% 肾上腺素、0.001% 去甲肾上腺素、0.001% 乙酰胆碱、呋塞米（速尿）、垂体后叶素、20% 葡萄糖溶液、3% 乳酸、5% $NaHCO_3$、CO_2 气体、钠石灰、手术器械一套、兔手术台、动脉夹、注射器（1mL、5mL、50mL）、BL-420N 生物机能实验系统、刺激器、计滴器、刺激电极、压力换能器、气管插管、橡皮管、球囊、动脉插管、输尿管插管（或膀胱套管）、刻度试管、金属钩、铁支架和丝线等。

[实验方法与步骤]

1. 实验的准备

（1）麻醉固定：动物称重后，自耳缘静脉缓慢注入 20% 氨基甲酸乙酯溶液（5mL/kg），麻醉后仰卧固定于兔手术台上。

（2）颈部手术：行常规气管插管术和右侧颈总动脉插管术，并连接压力换能器，记录一段正常血压曲线。

（3）上腹部手术：上腹部剪毛，切开胸骨剑突部位的皮肤，沿腹白线切开长约 2cm 的切口，小心分离、暴露剑突软骨及骨柄，用金冠剪剪断剑骨柄，将缚有长线的金属钩钩于剑突中间部位，线的另一端连张力换能器，记录一段正常呼吸曲线。

（4）下腹部手术：下腹部剪毛，沿耻骨上缘正中线切开皮肤约 4cm，剪开腹壁，在腹腔底部找出两侧输尿管，实施输尿管插管术（也可作膀胱插管，即暴露膀胱行膀胱漏斗结扎术）。

2. 连接实验装置

（1）通道连接：将压力换能器连于 CH1 通道，张力换能器连于 CH2 通道，记滴输入线插入记滴输入插孔。

（2）进入生物信号采集系统：开启主机与显示器电源开关，启动生物信号采集分析系统，显示图形界面与主菜单，进入监视状态。

（3）选择输入信号：CH1 为压力，CH2 为张力，两个通道的速度调节一致。进入记录状态后单击"设置"选项，在下拉列表中选择"记滴时间"，在对话框中选择时间为默认值 30s，点"确定"，此时可在 CH1 通道的右上角显示每 30s 的尿滴数。

（4）选择刺激参数：单击"打开刺激器设置对话框"按钮，再单击"设置"（模式：粗电压；方式：连续单刺激；延时：0.05ms；波宽：1.00ms；频率：30～50Hz；强度：3.0～5.0V），单击"非程控"，开始实验。

［**实验项目**］

1. 记录正常血压、呼吸波及尿滴数

缓慢取下夹在左侧颈总动脉的动脉夹，记录正常血压和呼吸波动曲线，分析血压波动与呼吸间的关系，并记录尿滴数。血压的波形包括一级波和二级波。一级波是由于心脏的搏动引起的，心脏收缩时血压升高，心脏舒张时血压下降，波峰和波谷之间的差值为脉压差。二级波与呼吸有关，是由于呼吸时胸内压的变化对血压产生的影响。

2. 夹闭右侧颈总动脉

用止血钳挑起右侧颈总动脉（未插管侧），使其充分暴露，待血压稳定后再用动脉夹夹住右侧颈总动脉 20s，观察血压、呼吸和尿滴的变化。

3. 牵拉左侧颈总动脉头端

在左侧颈总动脉头端的第二道结扎线和动脉插管间剪断颈总动脉，顺颈总动脉的长轴快速波动式牵拉左侧颈总动脉头端 20s，观察血压、呼吸和尿滴的变化。

4. 增加吸入气体中 CO_2 的浓度

将装有 CO_2 球囊的输出口置于气管插管的一个端口附近，给予适量的 CO_2。观察血压、呼吸和尿滴的变化。

5. 增加无效腔

将 50cm 的长橡皮管连于气管插管的一个端口，观察血压、呼吸和尿滴的变化。

6. 注射生理盐水

用注射器抽取 20mL 温生理盐水，通过已固定在耳缘静脉处的输液管针头快速推注 37℃

生理盐水 20mL，观察血压、呼吸和尿量的变化。

7. 注射肾上腺素

通过输液管的针头静脉注射 0.001% 的肾上腺素 0.3mL，观察血压、呼吸和尿量的变化。

8. 注射呋塞米

静脉注射呋塞米 5mg/kg，观察血压、呼吸和尿量的变化。

9. 注射去甲肾上腺素

静脉注射 0.001% 去甲肾上腺素 0.3mL，观察血压、呼吸和尿量的变化。

10. 注射葡萄糖

静脉注射 20% 葡萄糖 10mL，观察血压、呼吸和尿量的变化。

11. 注射乙酰胆碱

静脉注射 0.001% 乙酰胆碱 0.3mL，观察血压、呼吸和尿量的变化。

12. 注射垂体后叶素

静脉注射垂体后叶素 0.3mL，观察血压、呼吸和尿量的变化。

13. 电刺激减压神经

电刺激减压神经 15s，观察血压、呼吸和尿量的变化。

14. 结扎并剪断右侧迷走神经

结扎并剪断右侧迷走神经，观察呼吸、血压的变化。

15. 电刺激右侧迷走神经

电刺激右侧迷走神经外周端 15s，观察血压、呼吸和尿量的变化。

将以上记录的实验结果填入表 14-1。

表 14-1　实验结果

实验因素	血压 /mmHg		呼吸频率 /（次 / 分）和幅度		尿量 /（滴 / 分）	
	对照	处理	对照	处理	对照	处理
1. 实验前						
2. 夹闭右侧颈总动脉头端						
3. 牵拉左侧颈总动脉						
4. 吸入 CO_2						
5. 增加无效腔						
6. 静脉注射生理盐水						
7. 静脉注射肾上腺素						
8. 静脉注射呋塞米						
9. 静脉注射去甲肾上腺素						
10. 静脉注射葡萄糖						
11. 静脉注射乙酰胆碱						
12. 静脉注射垂体后叶素						
13. 电刺激减压神经						
14. 结扎并剪断右侧迷走神经						
15. 电刺激右侧迷走神经						

[注意事项]

（1）动脉插管前一定要准备好充满抗凝剂的压力换能器，插管前要用抗凝剂冲洗一下颈总动脉切口处。操作时照明灯不要直接照在插管侧，防止凝血，插管时注意三通管处于正确的方向。实验结束后拔插管前要先将颈总动脉结扎，再将动脉插管拔出。

（2）剪开腹壁时不要伤及腹腔内器官。

（3）膀胱提出腹腔外时，避免损伤膀胱。手术操作应该轻柔，操作过程中不要用止血钳钳夹输尿管。以免造成输尿管损伤或痉挛造而成无尿。

（4）每一项处理过后，要等到血压、呼吸和尿量都恢复到稳定状态后再进行下一项处理。每一步操作结果都要描记一段正常的曲线作为对照。

（5）注意给予 CO_2 的量不可过大，出现效果即可，以防止损伤动物。

（6）通过耳缘静脉的输液管进行注射时，要注意防止注入空气。

[思考题]

（1）夹闭插管对侧的颈总动脉后，动脉血压有何变化？产生的机制是什么？

（2）肾上腺素和去甲肾上腺素对循环和泌尿系统有何影响，机制是什么？

（3）静脉注射 20% 葡糖糖溶液引起尿量增多的机制是什么？

（4）静脉注射速尿后尿量有何变化？为什么？

（5）简述垂体后叶素对尿量和血压的影响机制。

（金天明）

第十五章　神经与感觉生理

实验一　脊髓反射的基本特征和反射弧的分析

［实验目的］

（1）通过对动物脊髓反射活动的观察与分析，探讨反射弧的完整性与反射活动的关系。

（2）掌握反射时的测定方法，了解刺激强度与反射时的关系。

（3）学习脊髓反射的基本特征和兴奋在中枢神经系统内传导的基本特征。

［实验原理］

在中枢神经系统的参与下，机体对刺激所产生的规律性反应过程称为反射。反射活动的结构基础是反射弧。典型的反射弧由感受器、传入神经、神经中枢、传出神经和效应器五个部分组成。反射弧结构和功能的完整是实现反射活动的必要条件。反射弧任何一个环节的解剖结构或生理完整性受到破坏，均不能出现反射活动。对于较复杂的反射活动，需要通过中枢神经系统较高级部位的整合才能完成。而较简单的反射只需通过中枢神经系统较低级部位就能完成。将动物的高位中枢切除，仅保留脊髓的动物称为脊动物（如脊蛙），此时动物产生的各种反射活动为单纯的脊髓反射，由于脊髓已失去了高级中枢的正常调控，所以反射活动比较简单，便于观察和分析反射过程的某些特征。兴奋在反射弧中传递有时间延迟现象，从刺激开始到效应出现所需的时间称为反射时。反射时除与刺激强度有关外，还与反射弧在中枢交换神经元的多少及有无中枢抑制有关。由于中间神经元的连接方式不同，反射活动的范围、持续时间和反射形成的难易程度都不一样。另外，反射还可以总和和扩散。

［实验对象］

蛙或蟾蜍。

［实验器材与药品］

蛙类手术器械、万能支架、计时器、BL-420N 生物机能实验系统、刺激电极、平皿（或小烧杯）、烧杯（500mL）、滤纸片约（1cm×1cm）、纱布、细线、纱布钳（或止血钳）。硫酸溶液（0.35%、0.5%、1%）、1% 可卡因或普鲁卡因等。

［实验方法与步骤］

用脊髓探针或断头法（由两侧口裂剪去上方头颅）破坏蛙脑，保留脊髓，用小棉球塞入创口止血，制成脊蛙。用纱布钳（或止血钳）夹住下颌，悬在万能支架上，待其兴奋性恢复后，进行下列实验。

1. 脊髓反射的基本特征

（1）搔扒反射：以浸有 0.5% 硫酸溶液的小滤纸片贴于蛙的下腹部，可见四肢向此处搔扒，随后用清水洗净腹部，并用纱布擦干（图 15-1）。

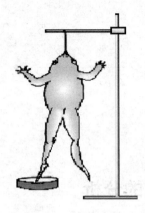

图 15-1　脊髓反射分析

（2）反射时的测定：在平皿内盛适量 0.35% 的硫酸溶液，将蛙一侧后肢的一个脚趾浸入硫酸溶液中，同时按动计时器记时，当屈肌反射一出现立刻停止计时，并立即将该足趾浸入大烧杯的清水中浸洗数次，然后用纱布擦干。此时计时器所示时间是从刺激开始到反射出现所经历的时间，称为反射时。用上述方法重复三次，注意每次浸入趾尖的深度要一致，相邻两次实验间隔至少要 3min。求得平均值即为此反射的反射时。

（3）不同浓度硫酸刺激引起的反射时：按步骤（2）所述方法，依次用 0.5% 和 1% 的硫酸溶液刺激足趾，测定并计算平均反射时。比较用三种浓度的硫酸溶液刺激所获得的反射时。

（4）反射过程的抑制：先用鳄鱼夹夹住蛙大腿根部的皮肤，待蛙不动后，再将后肢用 0.35%（或 1%）的硫酸溶液刺激。比较此时反射时与前一项的区别。

（5）反射阈刺激的测定：用单个电脉冲刺激一侧后足背皮肤，由大到小调节刺激强度，测定引起屈肌反射的阈刺激。

（6）反射的扩散和持续时间（后放）：将一个电极放在蛙的足面皮肤上，先给予较弱的连续阈上刺激观察发生的反应，然后依次增加刺激强度，观察每次增加刺激强度所引起的反应范围是否扩大，同时观察反应持续时间有何变化，并以计时器计算反射时。比较弱刺激和强刺激的结果有何不同。

（7）时间总和的测定：用略低于阈强度的连续电刺激，重复刺激足背皮肤，观察频率变为多大时，开始出现屈肌反射。

（8）空间总和的测定：用两个略低于阈强度的阈下刺激，同时刺激后足背相邻的两处皮肤（距离不超过 0.5cm），观察是否出现屈肌反射。

2. 反射弧的分析

（1）将浸有 1% 硫酸溶液的小滤纸片分别贴在蛙的左、右后肢的皮肤上，观察双后肢是否都有反应。实验完毕，将动物浸于盛有清水的大烧杯内洗掉滤纸片和硫酸，用纱布擦干皮肤。

（2）在左后肢趾关节上做一个环形皮肤切口，将切口以下的皮肤全部剥除（趾尖皮肤一定要剥除干净），再用浸有 1% 硫酸溶液的小滤纸片贴于剥去皮肤的后肢上，观察该侧后肢的反应。实验完毕，将动物浸于盛有清水的烧杯内洗掉滤纸片和硫酸，用纱布擦干皮肤。

（3）将浸有 1% 硫酸溶液的小滤纸片贴在蛙右后肢的皮肤上。观察后肢有何反应。待出现反应后，将动物浸于盛有清水的大烧杯内洗掉滤纸片和硫酸，用纱布擦干皮肤。

（4）将动物俯卧位固定在蛙板上，于右侧大腿背部纵行剪开皮肤，在股二头肌和半膜肌之间的沟内找到坐骨神经干（位置不能太低，分支尽量剪断），在神经干下穿两条细线备用。

（5）将蘸有 1% 可卡因（或普鲁卡因）溶液的小棉球置于神经干之下，每隔 10s，用硫酸刺激一下脚趾，至不出现反应时，立即将浸有 1% 硫酸溶液的小滤纸片贴于该后肢同侧躯干部的皮肤上，能否观察到可卡因（或普鲁卡因）对坐骨神经传入和传出神经纤维麻痹作用的先后顺序？

（6）将步骤（4）中的细线在神经上做两个结扎，在两个结扎之间将神经剪断，用硫酸溶液刺激右后足趾，观察有何反应。分别以连续刺激，刺激右侧坐骨神经的中枢端和外周端，观察同侧后肢及对侧后肢的反应。

（7）以脊髓探针捣毁蛙的脊髓后再重复上述步骤，观察有何反应。

[实验结果与分析]

（1）按实验顺序逐项描述各项实验结果，分析形成的机制。

（2）若实验所做结果与正常不符，分析其可能的原因。

[注意事项]

（1）制备脊蛙时，颅脑离断的部位要适当，太高因保留部分脑组织而可能出现自主活动，太低则伤及上部脊髓，可能影响脊髓反射的产生。

（2）每次用硫酸刺激后，均应迅速用清水洗去蛙趾皮肤上的硫酸，以免烧伤皮肤。洗后应用纱布吸干水渍，防止再刺激时硫酸被稀释。

（3）浸入硫酸溶液的部位应限于一个趾尖，每次浸泡范围也应一致，切勿浸入太多。

（4）重复电刺激时，相邻两次间隔时间不能超过 15ms。

[思考题]

（1）简述反射时与刺激强度的关系，影响反射时的主要原因及测定反射时的意义。

（2）举例说明为什么当反射弧的一部分被破坏后，反射活动便不能进行？

（3）伤害性刺激作用于机体时，机体会发生什么反应？其机制、特点和意义是什么？

（4）分析切断右侧坐骨神经后，屈肌反射发生变化的原因。

（孟　岩）

实验二　大脑皮层运动机能定位和去大脑僵直

[实验目的]

（1）通过电刺激兔大脑皮层不同区域，观察相关肌肉收缩的活动，了解皮层运动区与肌肉运动的定位关系及其特点。

（2）通过观察去大脑僵直现象，证明中枢神经系统有关部位对肌紧张的调控作用。

[实验原理]

大脑皮层运动区是躯体运动的高级中枢。皮层运动区对肌肉运动的支配呈有序的排列状态，且随动物的进化逐渐精细，鼠和兔的大脑皮层运动区机能定位已具有一定的雏形。电刺激大脑皮层运动区的不同部位，能引起特定肌肉或肌群的收缩运动。

中枢神经系统对肌紧张具有易化和抑制作用。机体通过二者的相互作用保持骨骼肌适当的紧张度，进而维持机体的正常姿势。这两种作用的协调需要中枢神经系统保持其完整性。如果在动物的中脑前（上）、后（下）丘之间切断脑干，由于切断了大脑皮层运动区和纹状体等部位与网状结构的功能联系，造成抑制区的活动减弱而易化区的活动相对地加强，动物出现四肢伸直，头尾昂起，脊背挺直等伸肌紧张亢进的特殊姿势，称为去大脑僵直。

[实验对象]

家兔。

[实验器材与药品]

哺乳类动物手术器械、颅骨钻、咬骨钳、电子刺激器（或计算机生物信号采集处理系统）、刺激电极、骨蜡（或明胶海绵）、纱布、棉球、20%氨基甲酸乙酯、生理盐水和液体石蜡等。

[实验方法与步骤]

1. 实验准备

（1）将兔称重，耳廓外缘静脉注射20%氨基甲酸乙酯（0.5～1g/kg体重）。待动物达到浅麻醉状态后，背位固定于兔手术台上。

（2）颈部剪毛，沿颈正中线切开皮肤，暴露气管，安置气管插管。找出两侧的颈总动脉，穿线备用。

（3）翻转动物，改为腹位固定。头顶部剪毛，从眉间至枕部将头皮和骨膜纵行切开，用刀柄向两侧剥离肌肉和骨膜，用颅骨钻在冠状缝后、矢状缝外的骨板上钻孔（图15-2）。然后用咬骨钳扩大创口，暴露一侧大脑皮层，用注射针头或三角缝针挑起硬脑膜，小心剪去创口部位的硬脑膜，将37℃的液体石蜡滴在脑组织表面，以防皮层干燥。术中要随时注意止血，防止伤及大脑皮层和矢状窦。若遇到颅骨出血，可用骨蜡或明胶海绵填塞止血。

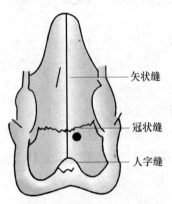

图15-2　兔颅骨标志图（仿胡还忠，2010）

2. 实验项目

1）观察动物躯体的运动效应

术毕解开动物固定绳，打开刺激器，选择适宜的刺激参数（波宽：0.1～0.2ms，频率：20～50Hz，刺激强度：10～20V，刺激时间：5～10s，刺激间隔：1min）。用双芯电极接触皮层表面（或双电极，参考电极放在兔的背部，剪去此处的被毛，用少许的生理盐水湿润，以便接触良好），逐点依次刺激大脑皮层运动区的不同部位，观察躯体运动反应。实验前预先画一张兔大脑半球背面观轮廓图，并将观察到的反应标记在图上（图15-3）。

2）去大脑僵直的观察

用咬骨钳将所开的颅骨创口向外扩展至枕骨结节，暴露出双侧大脑半球后缘。结扎两侧的颈总动脉。左手将动物头托起，右手用刀柄从大脑半球后缘轻轻翻开枕叶，即可见到中脑前（上）、后（下）丘部分（前丘粗大，后丘小），在前、后丘之间略倾斜，对准兔的口角的方位插入，向左右拨动，彻底切断脑干（图15-4）。使兔侧卧10min后，可见兔的四肢伸直、头昂举、尾上翘，呈角弓反张状态（图15-5）。

[实验结果与分析]

（1）按实验顺序依次刺激大脑皮层的各个部位，观察躯体产生的反应和去大脑僵直现象，并加以分析。

（2）若实验所做结果与正常不符，应分析其可能的原因。

[注意事项]

（1）麻醉不宜过深。

（2）开颅术中应随时止血，注意勿伤及大脑皮层。

（3）使用双芯电极时，为防止电极对皮层的机械损伤，刺激电极尖端应烧成球形。

（4）刺激大脑皮层时，刺激不宜过强，刺激的强度应从小到大逐渐调节，否则，将影响实验结果，每次刺激应持续5～10s。

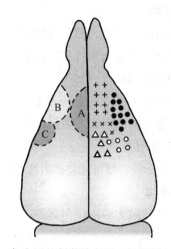

图15-3　兔皮层的刺激效应区（仿胡还忠，2010）

A. 中央后区；B. 脑岛区；C. 下颌运动区；○. 头；
●. 下颌；△. 前肢；+. 颜面肌肉和下颌；×. 前肢和后肢

（5）切断部位要准确，过低会伤及延髓呼吸中枢，导致呼吸停止。

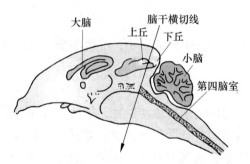

图15-4　兔脑干切断部位示意图（胡还忠，2010）

图15-5　兔去大脑僵直示意图（胡还忠，2010）

[附录一] 家兔去大脑僵直实验的小开颅法

1. 麻醉和手术

用乙醚将兔轻度麻醉，在头顶部正中线切开头皮，暴露颅骨。

2. 确定穿刺点

在冠状缝中点至人字缝顶点间画一连线（即矢状缝位置）。将此线作三等分，在前2/3与后1/3的接点向左或向右旁5mm处即为穿刺点。

3. 穿刺方法

用探针在穿刺点上钻一小孔，将1号注射针头尖端自小孔垂直刺入至颅底，横断脑干。此法可避免大出血。

[附录二] 家兔去大脑僵直实验的不开颅法

1. 麻醉

取家兔一只，在不麻醉或轻度麻醉的情况下俯卧位固定于手术台上。

2. 手术

于头部正中剪毛，然后在两眉之间至双耳间纵行切开皮肤和骨膜，用刀柄或纱布将骨膜向两侧剥离，暴露出顶骨和顶间骨。

3. 手术部位

左手固定头部，右手持刀于矢状缝骨后端 2.0mm 处向口角方向（与矢状缝呈 45° 夹角），由颅外直接刺向颅底，左右横断脑干，将动物松绑，侧卧于手术台上。

4. 实验观察

静候几分钟，便可见动物出现四肢伸直、僵硬、头部后仰、尾部上翘，呈现角弓反张状态。

[思考题]

（1）电刺激大脑皮层引起的肢体运动往往是左右交叉的原因是什么？

（2）何谓去大脑僵直？试分析去大脑僵直产生的原因。

（孟　岩）

实验三　损伤小鼠一侧小脑对躯体运动的影响

[实验目的]

观察损伤小鼠一侧小脑对其肌紧张、运动协调和身体平衡的影响，了解小脑对躯体运动及身体平衡的调节功能。

[实验原理]

小脑是调节机体姿势和躯体运动的重要中枢，它接受来自运动器官、平衡器官和大脑皮层运动区的信息，其与大脑皮层运动区、脑干网状结构、脊髓和前庭器官等有广泛联系，其中，前庭小脑与躯体姿势平衡有关；脊髓小脑与肌紧张的调节有关；皮层小脑与运动的形成及运动程序的编制有关，对大脑皮层发动的随意运动起协调作用，还可调节肌紧张和维持躯体平衡。小脑损伤后会发生躯体运动障碍，主要表现为躯体平衡失调、肌张力增强或减退及共济失调等。

[实验对象]

小鼠。

[实验器材与药品]

哺乳类手术器械、鼠手术台、注射针头、棉球、烧杯和乙醚等。

[实验方法与步骤]

1. 实验准备

（1）观察小鼠的正常活动。

（2）将吸有乙醚的棉球放入小烧杯中，将烧杯罩着小鼠，麻醉约 1～2min，待小鼠呼吸变慢且无随意运动后，取出小鼠，沿颅顶正中线切开头部皮肤直达耳后部，剥离皮下组织及肌肉，暴露颅骨，仔细辨认小鼠颅骨的各骨缝（矢状缝、冠状缝和人字缝）。在人字缝的后方即为小脑，持大头针在人字缝后约 1mm、正中线旁 2mm 处刺入小脑，深约 3mm，然后向前后方向摆动针尖数次，以破坏一侧小脑，取出大头针，用棉球压迫止血。

2. 实验项目

将小白鼠放在实验台上，待其清醒后观察其姿势、肢体肌肉紧张度的变化、行走时是否有不平衡以及向一侧旋转或翻滚等现象。

[实验结果与分析]

待小鼠清醒后，观察其姿势平衡的改变状况，小鼠身体是否向一侧旋转或翻滚，两侧肌体的肌张力是否一样。

[注意事项]

（1）麻醉时间不宜过长，避免麻醉过深导致动物死亡。

（2）手术过程中如果动物苏醒或挣扎，可随时用乙醚棉球追加麻醉。

（3）捣毁小脑时不可刺入过深，以免伤及中脑、延髓或对侧小脑。

（4）小鼠清醒后活动不出现明显变化时，可能是小脑破坏不完全，需在原刺入处重新损毁。

[思考题]

小脑对躯体运动有何调节功能？

（孟 岩）

实验四　破坏豚鼠一侧迷路的效应

[实验目的]

掌握破坏迷路的方法，观察迷路中的前庭器官在调节肌张力与维持机体姿势中的作用。

[实验原理]

内耳迷路中的前庭器官是感受头部空间位置和运动的器官，通过它可反射性影响肌紧张，从而维持机体姿势平衡。如果损坏动物的一侧前庭器官，机体肌紧张的协调就会发生障碍，动物在静止或运动时将失去维持正常姿势与平衡的能力。

[实验对象]

豚鼠。

[实验器材与药品]

哺乳动物手术器械、探针、棉球、滴管、水盆、纱布、氯仿（三氯甲烷）和乙醚等。

[实验方法与步骤]

（1）先观察豚鼠的正常姿势和行走状态，有无眼球震颤现象。

（2）将豚鼠侧卧，头部固定。提起一侧耳廓，向外耳道深处滴入氯仿 2~3 滴。握紧动物使其保持侧卧姿势，头部固定静候 10~15min，以便药物渗入迷路和防止氯仿漏出。

[实验结果与分析]

（1）滴入氯仿 10~15min 后，动物一侧迷路的功能即可被破坏。放松动物，观察头的位置（头偏向滴入氯仿的那一侧）。

（2）观察豚鼠眼球震颤情况。

（3）抓起豚鼠的后肢将其提起，观察头和躯干的弯向。

（4）将豚鼠的头摆正，感受其颈部肌肉的紧张程度。

（5）另取一豚鼠向两耳各滴入氯仿2~3滴，观察上述现象，并与正常豚鼠和一侧迷路被破坏的豚鼠进行比较，三者有何不同？

[注意事项]

（1）氯仿是一种高脂溶性的全身麻醉剂，其用量要适度，以防动物麻醉死亡。

（2）应标明滴入氯仿的耳道是左侧还是右侧，以便分析。

[思考题]

为什么破坏动物的一侧迷路后，头和躯干都歪向迷路被破坏的一侧？

（孟 岩）

实验五　小白鼠电防御条件反射的建立、分化与消退

[实验目的]

（1）学习利用动物建立条件反射的基本实验方法。

（2）通过小白鼠条件反射的建立、分化与消退，了解条件反射的基本规律与生物学意义。

[实验原理]

各种无关刺激（如声音、光、颜色等）与非条件刺激（如电刺激、食物等）先后作用于动物，并重复一定次数后，大脑皮层上相应两个兴奋灶之间由于兴奋的扩散，在功能上逐步形成了暂时性接通。此时，无关刺激就成为具有信号意义的条件刺激，它能代替非条件刺激引起机体相应的反射活动，此即条件反射的建立。条件反射的巩固需要非条件刺激的不断强化，否则条件刺激的信号作用就逐渐消退。消退是大脑皮层上的兴奋过程转化为抑制过程的结果，称为消退抑制。由于大脑皮层对刺激具有高度的分辨能力，阳性刺激在皮层产生兴奋过程，而相近似的阴性刺激则产生抑制过程，这种抑制称为分化抑制，分化也是抑制过程的发展。它对大脑皮层的分析机能具有重要意义。

[实验对象]

小白鼠。

[实验器材与药品]

小动物条件反射箱（小鼠迷宫）、节拍器（或电铃、电灯）和计时器等。

[实验方法与步骤]

1. 动物的训练

先将小白鼠放入箱内，使其适应环境。调节电压旋钮（10~40V），逐渐加强电刺激，使动物产生防御性运动反射，从一室逃到另一室。每隔1~2min重复一次，直到小白鼠受到刺激时能顺利地逃入另一室为止。

2. 条件反射的建立

先给予 180 次 /min 节拍器刺激，或按下动物所在一室的灯光开关（光线不宜过强），检查能否引起动物反应。若不能引起运动反射，说明这种刺激为无关刺激。然后，按下电刺激开关，强化非条件刺激，直至动物逃入安全区，两种刺激同时停止。这样，每隔 1~2min 重复进行一次。经 20~30 次结合之后，休息 5min，重复上述步骤，直到单独给予节拍器或灯光刺激，动物就逃入安全区为止，说明条件反射已经形成，再重复上述步骤以巩固新形成的条件反射。实验过程中，随时记录实验结果。

3. 条件反射的分化

在条件反射形成以后，给予 180 次 /min 节拍器的条件刺激并伴有强化。而用 40 次 /min 的节拍器作为分化刺激，单独作用 15s，不予强化。这样不同性质的刺激物交替使用。最初，由于条件反射的泛化，小白鼠对分化刺激也出现运动反应。随着对比实验次数的增加，动物只对条件刺激发生反应，而对分化刺激则无反应，此时，条件反射的分化已经形成。

4. 条件反射的消退

继续用 180 次 / 分的节拍器作为刺激，但不再给予强化。最初，小白鼠还会出现条件反射，重复几次后，潜伏期逐渐延长，最后反射消失，此时，条件反射已经消退。

[实验结果与分析]

按实验顺序逐项记录和描述各项实验结果，并加以分析。

[注意事项]

（1）用节拍器作为条件刺激时，实验室内需保持安静，否则条件反射较难形成。如条件允许，最好分室进行实验。若实验所用的无关刺激为灯光，应减少光线的影响。

（2）刺激强度应适中，过弱不能引起动物反应，而过强则会引起不良反应。调节电压时，应以能引起小白鼠运动反射的最小刺激强度为宜。

（3）给予非条件刺激时，待小白鼠发生反应逃避到安全区后，应立即停止非条件刺激。

（4）实验过程中，应防止触电事故。捉拿动物时，应事先关闭电源。

[思考题]

根据实验结果总结条件反射的形成、分化和消退的条件，它们有何生物学意义?

（孟 岩）

实验六 家兔大脑皮层诱发电位

[实验目的]

观察电刺激神经后在兔大脑皮层相应区域引出的诱发电位，了解记录皮层诱发电位的一般方法和原理。

[实验原理]

诱发电位是指感觉传入系统受到刺激时，在中枢神经系统内引起的电位变化。受刺激的部位可以是感觉器官、感觉神经或感觉传导途径上的任何一点。由于大脑皮层随时活动并产生自发脑电波，因此，诱发电位时常夹杂出现在自发脑电波背景上。自发脑电波越小，则诱发电位越清楚，因而常使用深度麻醉方法来压低自发脑电位进而突出诱发电位。皮层诱发电位是用来寻找感觉投射部位的重要方法，在研究皮层功能定位方面发挥着重要作用。

[实验对象]

家兔。

[实验器材与药品]

BL-420N 生物机能实验系统、哺乳动物手术器械、兔手术台、骨钻、骨蜡、保护电极、铜螺丝（2mm×5mm）或皮层引导电极（可用银丝电极，头端成球形，制成弹簧状）、保护性刺激电极、滴管、棉花、20% 氨基甲酸乙酯溶液和液体石蜡等。

[实验方法与步骤]

1. 实验准备

家兔用 20% 氨基甲酸乙酯溶液（按 5mL/kg 体重）耳缘静脉注射麻醉，注意观察兔的反应。在实验过程中，可酌情补充麻醉药，以维持一定的麻醉深度。一般以呼吸频率维持在 20 次 / 分左右为宜，此种状态下，皮层自发电位较小，利于观察和记录。

将家兔仰卧固定，进行气管插管术。

将家兔改为俯卧固定，在右侧前肢肘部的桡侧剪毛，切开皮肤，用止血钳分离筋膜后，可见桡动脉、静脉和桡神经伴行，用玻璃分针分离桡浅神经长约 1~3cm，将神经置于刺激电极上，用一蘸有液状石蜡（38℃）的棉花包裹保护，并将皮肤切口关闭，夹好备用。

剪去头顶部手术区的兔毛，正中切开皮肤，用刀柄钝性分离骨膜，暴露颅骨骨缝。在左侧颅骨的冠状缝后 3mm、矢状缝旁开 4mm 处用骨钻钻一小孔（直径约 1.5mm）。如遇出血，用骨蜡止血。将铜螺丝旋入孔内，使铜螺丝的头部与硬脑膜相接触。用相同方法将另一个铜螺丝旋入远离第一个铜螺丝的颅骨内，或在小孔内放入引导电极并使引导电极接触硬脑膜。

2. 连接实验装置

（1）用保护电极将桡浅神经钩好，并用液状石蜡棉球保护，无关电极夹在头皮切缘上，将动物前肢插入针头，作为接地电极，并把整个手术台连同动物放入屏蔽箱。

（2）刺激电极和引导电极分别与生物机能实验系统的刺激输出和输入接口相连。

（3）打开计算机，启动生物机能实验系统，点击面板"实验项目"，选择"家兔大脑皮质诱发电位"，按照表 15-1 设置参数。

表 15-1　BL-420N 生物机能实验系统采样和刺激器参数表

项目	采样参数		刺激器参数	
显示方式	示波器（触发叠加 100 次）		刺激模式	主周期刺激
采样间隔	20μs		主周期	2s
X 轴显示压缩比	10:1		波宽	0.1ms
通道	CH1	CH4	幅度	0.5V
DC/AC	AC	记录刺激标记	间隔	50ms
处理名称	脑电	刺激标记	脉冲数	1
放大倍数	10 000	5~50	延时	1ms
Y 轴显示压缩比	4:1	64:1	周期数	连续

3. 观察项目

（1）刺激桡浅神经，可见同侧肢体轻微抖动，逐渐增加刺激强度，观察辨认皮层诱发电位。如诱发电位不明显，可移动引导电极的位置，寻找较大、恒定的诱发电位区域。

（2）用 1Hz 的连续脉冲刺激神经，可在显示屏上见到一个稳定的先正后负的诱发电位图像。

[实验结果与分析]

绘制（或打印）一个典型的先正后负的诱发电位图像并加以分析。

[注意事项]

（1）整个实验要在屏蔽室内进行，或将动物用铜丝网屏蔽起来，防止交流电的干扰。

（2）手术过程中防止出血形成的血凝块对大脑皮层的压迫，影响实验结果。

（3）大脑神经细胞对温度变化很敏感，暴露硬脑膜后，要注意用温液体石蜡进行保温护理。

（4）引导电极接触皮层时，松紧度要适当，压迫过紧会损伤皮层，从而影响实验结果。

[思考题]

（1）影响诱发电位潜伏期长短的因素有哪些？

（2）皮层诱发电位的主反应是否是动作电位？

（3）兔大脑皮层诱发电位的特征和产生机制？

（孟　岩）

实验七　豚鼠耳蜗微音器电位的观察

[实验目的]

（1）观察微音器电位和耳蜗神经动作电位的特征及其相互关系。

（2）掌握测定这两种电位的实验方法。

[实验原理]

当耳蜗受到声音刺激时，在耳蜗及其附近可记录到一种与刺激声波的波形和频率相对一致的电位变化，称为耳蜗微音器电位（cochler micro, CM）。这种电位最大可达数毫伏，频率响应达 10 000Hz 以上。CM 的潜伏期小于 0.1ms，没有不应期，在温度下降、深度麻醉，甚至动物死亡之后半小时以内，CM 并不消失。所有这些现象均表明 CM 不是神经纤维的活动，而是声波刺激的机械能转换为神经活动过程中产生的一种电现象，属于感受器电位，它可能起源于毛细胞。给动物一短声刺激，在 CM 之后可引导出耳蜗神经动作电位，为负相电位，一般可记录到 2～3 个负波（N1、N2 和 N3）。这些负电位可能是不同神经纤维的动作电位同步化的结果，电位的大小反映出被兴奋的神经纤维数目的多少。

[实验对象]

豚鼠。

[实验器材与药品]

手术器械、BL-420N 生物机能实验系统、扬声器、示波器、银丝引导电极（用直径 0.3～0.5mm 细银丝一小段，尖端熔成直径为 0.5～0.6mm 的球形，银丝外套细塑料管，参考电极用针灸针制成，接地电极选用不锈钢注射器针尖）、电极操纵器和 20% 氨基甲酸乙酯溶液等。

[实验方法与步骤]

1. 实验准备

用 20% 氨基甲酸乙酯溶液（按 5mL/kg 体重）对豚鼠腹腔麻醉。麻醉后取侧卧位，沿耳廓根部后缘切开皮肤或剪去耳部，分离组织，剔净肌肉，暴露外耳道孔后方的颞骨乳突部（注意及时止血）。在乳突上用骨钻（或针）轻轻地钻一个小孔，再慢慢将其扩大成直径约 3～4mm 的骨孔，该孔内部即为鼓室（图 15-6）。借放大镜经骨孔向前方深部窥视，在相当于外耳道孔内侧的深部，可见自下向上兜起的耳蜗底转的后上部分及底转上方的圆窗。圆窗口朝向外上方，其前后径约为 0.8mm 左右。将豚鼠头部侧握于左手，使其头部嘴端稍稍下垂以便电极插入。用右手将操纵电极经骨孔向深部插入，使电极的球形端与圆窗膜接触（此过程要十分精确，切不可戳破，以免淋巴液流出，导致微音器电位减小和实验时程缩短）。把参考电极夹在豚鼠头部伤口肌肉上，并在前肢皮下插一注射针头，作为动物接地电极。然后，仔细地接好各电极的导线，把扬声器置于豚鼠的耳旁，即可进行实验。

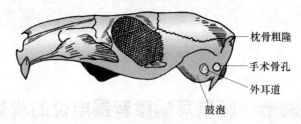

图 15-6　豚鼠头部手术示意图（白波，2004）

2. 仪器连接和参数设置

生物机能实验系统的刺激器输出端与豚鼠耳旁的扬声器（或扩音器）相连，将耳蜗微音器电位及耳蜗神经动作电位引导接至生物机能实验系统 CH1 通道，生物机能实验系统 CH1 通道输出端（在背面）接至扩音器，以监听微音器电位。

打开计算机，启动生物机能实验系统。

单击生物机能实验系统菜单"实验/常用生理学实验"，选择"耳蜗微音器电位"。

生物机能实验系统放大器、采样和刺激器参数见表 15-2

表 15-2　Bl-420N 生物机能实验系统和刺激器参数表

采样参数		刺激器参数	
显示方式	示波器（叠加触发）	刺激模式	主周期刺激
采样间隔	20μs	主周期	2s
X 轴显示压缩比	50：1	波宽	0.2ms
通道	CH1　　CH4	幅度	0.5V

续表

采样参数			刺激器参数	
显示方式	示波器（叠加触发）		刺激模式	主周期刺激
DC/AC	AC	记录刺激标记	间隔	1ms
处理名称	耳蜗电位	刺激标记	脉冲数	1
放大倍数	10 000	5~50	延时	1ms
Y轴显示压缩比	4∶1	64∶1	周期数	连续

3. 实验观察

（1）仪器连接好后，在豚鼠耳旁拍手、讲话或唱歌，这时在远隔的扩音器处是否可以听到同样的声音，并注意观察耳蜗微音器电位的波形。

（2）启动刺激器，使扬声器发出短声。调节刺激器的输出强度及延迟，以便在示波器荧光屏和显示器上可观察到刺激伪迹后的微音器电位，以及在微音器电位后面的耳蜗神经动作电位。计算从刺激伪迹到微音器电位开始的时间（潜伏期）。

（3）将刺激器与扬声器相连的两条导线对调（改变极性），观察微音器电位的位相变化，并注意这时耳蜗神经动作电位的位相是否也有变化。

［实验结果与分析］
描绘（或打印）实验结果、分析耳蜗微音器电位及耳蜗神经动作电位的图形。

［注意事项］
（1）骨窗开口位置要准确，窗口不易过大，严防外部渗入血液。
（2）电极进入鼓室时，不要碰触到周围骨壁及组织，以免短路。
（3）电极不宜反复多次插入，最好是找准位置后一次插入成功。
（4）电极安装好后用棉球盖住骨孔，保证鼓室内温度和湿度，并注意动物保温。

［思考题］
（1）微音器电位和耳蜗神经动作电位各有何特点？
（2）微音器电位和耳蜗神经动作电位有何关系？
（3）从哪些方面可以证明微音器电位不是听神经动作电位？

（孟 岩）

实验八 毁蛙脑不同部位引起骨骼肌运动的观察

［实验目的］
了解蛙脑的各部位与骨骼肌运动的关系。

［实验原理］
两栖类动物的大脑与"自发性"活动有关，但还并不是维持姿势和运动所必不可少的因素，而中脑的存在则是正常运动所必需的，如果损毁中脑，姿势反射将消失，受强烈刺

激也只能爬行而不会跳跃，但仍能保留翻正反射；损毁延脑，动物完全失去运动能力，呼吸运动也不能进行，但肌紧张还存在；如果脊髓被破坏，肌紧张全部消失，四肢松软下垂。

[实验对象]

蛙或蟾蜍。

[实验器材与药品]

蛙类手术器械、万能支架、手术刀、蛙板、纱布和乙醚等。

[实验方法与步骤]

（1）实验操作

① 将蛙放于蛙板上，观察姿势并记录呼吸频率（记录下颌后部或胸腹部搏动的次数）。

② 在动物的前面放一障碍物，观察动物能否绕过去。将蛙板分别向前、向后倾斜，观察动物的躯体、前肢及头部姿势。

③ 水平旋转蛙板，观察动物头部运动、躯干的位移以及肢体的收缩情况。

④ 将动物仰卧，动物姿势有何变化？牵拉或夹捏后肢，动物表现如何？

（2）剖开颅骨，暴露脑的各个部位，重复实验步骤（1）中的各项实验。

（3）小心地用手术刀在间脑前横切，并移去两侧大脑半球，休息30min后，重复实验步骤（1）中的各项实验。

（4）用手术刀在中脑部位纵切，并移去一侧中脑，观察肌紧张情况。

（5）将中脑全部切去，重复实验步骤（1）的各项实验。

（6）切去延髓，重复实验步骤（1）的各项实验。

（7）从一侧大腿的背面找出坐骨神经，尽量靠近躯干处将神经干及分支剪断，将动物悬挂，观察两侧后肢肌紧张情况。最后，破坏脊髓观察肌紧张情况。

[实验结果与分析]

按实验顺序逐项描述各项实验结果，分析毁蛙脑不同部位引起骨骼肌运动的变化情况。

[注意事项]

（1）如用蟾蜍作为实验对象，因其本身不活跃，观察和比较其"自发性"运动比较困难，可以施加一些刺激，如拍击蛙板，轻触身体等迫使其运动。

（2）做开颅手术时不能损伤脑组织。当切断某一部位的脑组织时，也不能损伤其他部位，否则无法比较脑各部位的功能。

[思考题]

脑的各部位与骨骼肌运动的关系如何？

（孟　岩）

实验九　交　互　抑　制

[实验目的]

观察颌颅肌活动时的交互抑制现象。

[实验原理]

腓肠肌和胫前肌是一对颉颃肌。当腓肠肌收缩时，后者舒张；腓肠肌舒张时，后者收缩。在整体中，当神经冲动传入中枢引起支配一侧后肢屈肌（腓肠肌）的运动神经元兴奋时腓排肠肌收缩，同时，另有轴突侧支把冲动传到抑制性中间神经元，使支配同侧的伸肌（胫前肌）运动神经元抑制，使胫前肌舒张，引起后肢屈曲。相反，腓肠肌舒张，胫前肌收缩，后肢伸直，这是一种颉颃反射活动。

[实验对象]

蛙或蟾蜍。

[实验器材与药品]

BL-420N生物机能实验系统、蛙类手术器械、蛙板、刺激电极、张力感受器、万能支架、任氏液、双凹夹、小烧杯、丝线、大头针和棉花等。

[实验方法与步骤]

（1）制备脊蛙，放在蛙板上。

（2）在一侧后肢的膝关节做一个环形切口，剥去小腿皮肤。

（3）将腓肠肌的肌腱结扎后剪断，再将整块肌肉分离出来。

（4）胫前肌在足背上有三个附着点，将三个附着点的肌腱结扎后剪断（外侧附着点的肌腱与血管和神经伴行，应将血管和神经一起结扎剪断）。提起肌腱，将胫前肌仔细地游离出来，然后剪断胫骨。

（5）找出另一侧后肢的坐骨神经，结扎后剪断。

（6）固定蛙的躯干及前肢于蛙板上，并用大头针固定其膝关节于蛙板的下缘，使小腿自由下垂，然后将蛙板垂直固定于万能支架上。

（7）将腓肠肌和胫前肌的肌腱分别连接在两个张力感受器上。

（8）用适当强度的单个刺激刺激坐骨神经中枢端时，观察腓肠肌和胫前肌的变化。

[实验结果与分析]

（1）按实验顺序逐项描述实验结果，并加以分析。

（2）如实验所做结果与正常不符，应分析其可能原因。

[注意事项]

（1）随时用任氏液湿润神经和肌肉，以免干燥失去机能。

（2）在胫前肌的腹面，接近肌肉的中部有神经和血管分支，分离肌肉时，不要拉断神经，并避免损伤血管分支。

[思考题]

（1）观察腓肠肌、胫前肌的收缩和舒张曲线，分析为何收缩曲线大于舒张曲线的振幅。

（2）刺激蛙背部皮肤会引起交互抑制反应吗？为什么？

（孟　岩）

实验十 植物性神经末梢递质释放的观察

[实验目的]

了解植物性神经末梢释放递质的种类和经典的验证方法。

[实验原理]

心脏的活动受植物性神经支配，当副交感神经（迷走神经）兴奋时，其末梢释放的神经递质为乙酰胆碱，可使心搏变慢变弱；而交感神经兴奋时，其末梢释放的神经递质为去甲肾上腺素，可使心搏加强加快。在正常机体中，两者互相协调，共同调节着心脏的活动。通过保留迷走神经的心脏作为供体心，另一离体心脏作为受体心。在刺激供体心的迷走神经时，其末梢释放的乙酰胆碱作用于受体心，可引起受体心搏变慢甚至停止。

[实验对象]

蛙或蟾蜍。

[实验器材与药品]

BL-420N 生物机能实验系统、蛙类手术器械、蛙板、试管夹、万能支架、蛙心套管、蛙心夹、刺激电极、张力感受器、小烧杯、任氏液、棉花和丝线等。

[实验方法与步骤]

1）供体心制备

（1）破坏蛙的中枢神经系统，以背位固定在蛙板上。剪去整个下颌，在一侧下颌角与前肢间剪开皮肤，分离下边少量的结缔组织，即可看到一条纵向长形肌肉（即提肩胛肌），剪断此肌肉，可看到一神经束，此神经为迷走交感神经混合干，用玻璃分针分离神经干，并于其下方穿一线备用。

（2）打开胸腔，暴露心脏，剪去心包膜，用蛙心套管制作在体蛙心灌流标本并固定在万能支架上。

2）受体心制备

另取一只蛙，做离体蛙心灌流标本，并固定在万能支架上。

3）用蛙心夹夹住离体蛙心灌流标本的心尖，并通过生物机能实验系统描记一段正常心搏曲线。

4）用连续感应（脉冲）电流刺激供体心的迷走交感神经混合干30～60s，使心跳减慢、减弱直到停止。当其恢复跳动后（间隔5～10s）再重复进行刺激1～2次，然后用吸管吸去受体心的灌流液，将供体心的灌流液吸出移入受体心的蛙心套管中（这一步骤应迅速）。观察并记录受体心的心搏活动。

[实验结果与分析]

描绘（或打印）曲线并分析实验结果。

[注意事项]

（1）供体心制备中应注意不要剪去心脏周围的组织，以免损伤神经。

（2）经常用任氏液湿润神经，以防因干燥而影响其机能。

（3）刺激电流不宜过强，避免电流刺激周围组织影响记录。

（4）两个心脏套管中的任氏液的容量应保持完全相等，以免影响结果。

[思考题]

（1）心脏受哪些神经支配？各有何生理作用？

（2）正常情况下，心交感神经和心迷走神经的活动何者占优势？

（孟 岩）

第十六章　内分泌和生殖生理

实验一　摘除肾上腺对小鼠耐受力的影响

[实验目的]

（1）学习使用摘除法造成动物功能缺损，以了解和研究肾上腺功能。

（2）了解肾上腺皮质在生命活动中的重要作用。

[实验原理]

肾上腺分为皮质和髓质。皮质分泌糖皮质激素、盐皮质激素和性激素，其中，糖皮质激素影响体内糖、蛋白质和脂肪的代谢，并可增强机体对有害刺激的应激能力；盐皮质激素参与水、盐代谢的调节。髓质功能类似交感神经。摘除两侧肾上腺后，皮质机能缺损的症状将迅速出现，动物的水、盐严重丢失，导致循环衰竭、代谢紊乱、抵抗力下降，以致虚脱而死。

[实验对象]

小鼠。

[实验器材与药品]

外科手术器械、75% 乙醇、碘酊、乙醚、烧杯、棉球、蛙板、秒表、1% NaCl 和可的松等。

[实验方法与步骤]

1. 实验分组

取实验小鼠 20 只，实验前两天动物停止喂食并全部饮用清水。称重并编号，随机分成 4 组，每组 5 只。第一组为对照组（假手术组，即除肾上腺不摘除外，手术其他过程同实验组），其余为肾上腺摘除组。

2. 摘除肾上腺

将小鼠置于倒扣的烧杯中，投入一小团浸有乙醚的棉球，将小鼠麻醉后，将小鼠以俯卧位固定于蛙板上。小鼠腰部剪毛，用 75% 乙醇消毒术部皮肤。从最后胸椎处向后沿背部正中线做长约 2cm 的皮肤切口，先将切口牵向左侧，于最后肋骨后缘和背最长肌的外缘分离肌肉。用镊子扩大切口，以小镊子夹取浸有盐水的棉球轻轻推开腹腔内脏器和组织，在肾脏前内侧、脊柱下方可见到淡黄色的肾上腺。用外科镊子钳住肾上腺与肾之间的组织，即可轻轻摘除腺体。同法摘除右侧肾上腺（位置稍靠前，注意勿伤及附近的血管），缝合肌肉和皮肤，并涂以碘酊。

3. 饲养管理

各组动物在相同条件下单笼饲养（室温 20～25℃，喂以高热量和高蛋白饲料，保证饮水）。

4. 实验记录

手术后，动物按表 16-1 给予相应药物，连喂一周并每天观察记录。

表 16-1　实验分组观察记录表

组别	药物	每日情况（体重、活动情况、死亡率等）
对照组	清水	
	清水	
摘除组	1% NaCl	
	清水＋可的松 （每天肌内注射 100μg）	

5. 实验观察

比较各组动物的姿式和肌肉紧张度，然后将动物分批投入冷水中记录游泳时间，下沉后立即捞出并记录恢复时间。观察摘除肾上腺对动物的影响。

[实验结果与分析]

摘除肾上腺后，对动物运动机能与应激功能的改变进行分析。

[注意事项]

（1）动物应编号，以免混淆。

（2）摘除肾上腺后，动物对有害刺激的抵抗力降低，动物应尽可能分笼单独饲养，以免互相残杀。

[思考题]

（1）简述应激反应的基本原理。

（2）为什么本实验不考虑肾上腺摘除后肾上腺髓质激素和性激素缺损的影响?

（3）比较肾上腺摘除后动物出现的变化，并分析各组间效应不同的机理。

（李留安）

实验二　摘除甲状旁腺对狗神经和肌肉兴奋性的影响

[实验目的]

（1）掌握摘除器官的慢性实验方法。

（2）学习甲状旁腺对机体功能的调节。

[实验原理]

甲状旁腺分泌甲状旁腺激素，其主要作用是调节血液中钙、磷的代谢，使血液中钙、磷维持正常水平。动物的甲状旁腺被摘除后，可引起血钙下降，神经和肌肉的兴奋性升高，易引起肌肉痉挛。

狗的甲状旁腺有 4～5 个，为椭圆形或圆形小体，长约 2～3mm，位于甲状腺的表面或埋藏在甲状腺组织中。一般上一对甲状旁腺常在甲状腺背面上部的外表面，容易分辨；下一对甲状旁腺较小，通常埋藏在甲状腺下部的组织深处，肉眼不易看见。由于甲状腺切除的效应出现较慢，而甲状旁腺被切除后，在2~3天内动物便出现抽搐症状，所以用狗做实验动物观察切除甲状旁腺的作用时，常将二者一并摘除。

［实验对象］

狗。

［实验器材与药品］

手术器械、手术台、高压消毒器、创布、手术衣帽、纱布垫、口罩、医用手套、注射器、75%乙醇、碘酒、3%戊巴比妥钠、10% CaCl₂ 和生理盐水等。

［实验方法与步骤］

1. 灭菌处理

（1）手及前臂的灭菌：主要包括修剪指甲、用肥皂洗手和前臂，共约6~7min，然后用无菌纱布擦干，再在70%乙醇中泡手，约2min后，用酒精纱布擦前臂和手，穿无菌手术衣，戴无菌帽和口罩等。

（2）器械和用品的灭菌：通常可选用化学药品、煮沸和高压蒸汽法灭菌。锋利的器械，如手术刀、剪刀和缝针等需浸泡在75%乙醇中30min并进行灭菌。盛放酒精的器皿和其他外科器械，可以煮沸灭菌5min。布类用品，如手术衣帽、创布、口罩、布单、纱布、棉线和丝线等通常在蒸气压力锅中灭菌30min。

2. 手术操作

（1）选一只重约4~5kg的狗，以3%戊巴比妥钠（30~50mg/kg体重）静脉注射麻醉，背位固定于手术台。颈部剪毛，用纱布蘸肥皂液擦洗两次，除去油垢，然后用纱布蘸75%乙醇擦净，再涂抹碘酒两次。待碘酒干后，再用75%乙醇脱碘。皮肤消毒完毕后，便可用无菌创布遮盖手术区，并用持巾钳把手术巾固定在皮肤上。

（2）施行手术时，在颈部中线由甲状软骨起向下切开皮肤约4~6cm，用止血钳分离皮下结缔组织，可见沿气管左右各一块胸舌骨肌和斜向的胸头肌（图16-1）。分离一侧的胸舌骨肌和胸头肌，并在靠近咽喉部将胸头肌向外翻，可见一橄榄形腺体即甲状腺。用止血钳在甲状腺的侧面边缘夹住并提起，分离周围的结缔组织，可见两条血管进入甲状腺（图16-2）。用线把血管结扎并剪断，便可将一侧甲状腺及甲状旁腺全部切除。用同样的方法把另一侧甲状腺及甲状旁腺摘除。

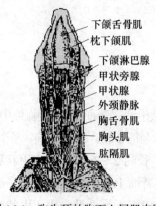

图16-1　狗头颈的胸面上层肌肉图

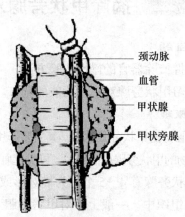

图16-2　狗甲状腺和甲状旁腺切除术

（3）除去无菌创布，用连续缝合术把颈前肌肉缝合，再用间断缝合术把颈部皮肤切口缝合。用绷带包扎伤口，手术后须小心护理。为防止感染，可在手术后给狗腹腔注射青霉素（20万单位/只）。然后将狗放到铁笼里饲养。

（4）观察切除甲状旁腺后，狗出现抽搐症状的时间和程度。当狗出现抽搐时，立即腹腔注射 $10\%CaCl_2$ $2\sim3mL$，再观察症状的变化。

[实验结果与分析]

总结甲状旁腺摘除对狗神经和肌肉兴奋性的影响，并分析其发生的机理。

[注意事项]

（1）做手术切口时，应注意解剖结构，尽可能少切断神经和血管，以免造成组织萎缩和血液循环不良。手术时，手法要轻柔，避免猛力牵拉。缝线时不宜太紧。

（2）作皮肤切口时，要避免把皮肤和下层筋膜剥离，也不要把皮下筋膜和更下层的肌肉剥离，以避免增加"死腔"。

（3）手术过程中应注意止血。

[思考题]

（1）影响机体血液中钙、磷含量的因素有哪些？

（2）摘除甲状旁腺后，为什么狗出现抽搐症状？为什么注射 $CaCl_2$ 后症状会减轻？

（李留安）

实验三 胰岛素和肾上腺素对动物血糖水平的影响

[实验目的]

了解胰岛素和肾上腺素对血糖水平的影响。

[实验原理]

胰岛素由胰腺的胰岛 B 细胞分泌，它通过促进肝细胞和肌细胞对葡萄糖的摄取、储存和利用，抑制糖异生，从而降低血糖水平。血糖的降低导致细胞缺乏可利用的糖，特别是脑组织本身的糖储备很少，仅靠血糖提供能量，因此，对低血糖非常敏感。肾上腺素能促进肝糖原和肌糖原分解，从而使血糖的浓度升高。

[实验对象]

兔或小鼠。

[实验器材与药品]

胰岛素（2U/mL）、0.01% 肾上腺素、20% 葡萄糖、注射器和恒温水浴箱等。

[实验方法与步骤]

（1）取 2 只禁食 24h 的兔，称重后从耳静脉注射胰岛素 [$10\sim20U/kg$(体重)]。$1\sim2h$ 后，观察动物有无不安、呼吸局促、痉挛，甚至休克的现象发生。待低血糖症状出现时，一只兔静脉注射温热的 20% 葡萄糖 20mL，另一只兔皮下注射 0.01% 肾上腺素（0.4mL/kg 体重）。

（2）用小白鼠进行实验时，选择 3 只体重约 20g 的小白鼠，禁食 24h。皮下注射胰岛素（1~2U）后观察小鼠的状态。待小白鼠出现低血糖症状（如惊厥）时，留 1 只做对照，其余 2 只分别腹腔注射（或尾静脉注射）20% 葡萄糖 1mL 和皮下注射（或尾静脉注射）0.01% 肾上腺素 0.1mL，观察结果。

[实验结果与分析]
观察实验动物行为的变化，并记录结果。

[注意事项]
（1）动物在实验前必须禁食 18~24h。
（2）注射胰岛素的动物最好放在 30~37℃环境中保温。

[思考题]
（1）胰岛素有哪些生理功能？体内影响胰岛素分泌的主要因素有哪些？
（2）为什么动物注射胰岛素后会出现精神不安和抽搐症状，而注射葡萄糖或肾上腺素后能很快恢复正常？

（李留安）

实验四　摘除垂体对大鼠体内某些内分泌腺发育的影响

[实验目的]
学习垂体摘除术；观察大鼠摘除垂体后，其甲状腺、肾上腺和性腺的形态及其结构的变化。

[实验原理]
垂体前叶能合成并分泌多种促激素，作用于靶腺，如甲状腺、肾上腺和性腺（睾丸和卵巢）等，以维持其正常形态、结构和功能。摘除垂体后，由于各种促激素缺乏，经过一段时期后，各靶腺组织开始萎缩，功能逐渐退化。

[实验对象]
体重约 150g 的大鼠。

[实验器材与药品]
手术器械一套、福尔马林溶液、显微镜、香柏油和擦镜纸等。

[实验方法与步骤]
（1）取性别、体重一致的大鼠 10 只，每组 5 只，随机分成实验组和对照组。
（2）实验组将垂体摘除，手术步骤如下所述：
① 将大鼠麻醉后背位固定于手术台上，颈部剪毛，局部常规消毒。
② 对大鼠作颈正中切口并钝性分离皮下筋膜及颌下腺，直到暴露出胸舌骨肌。
③ 从胸舌骨肌外侧缘向下、向内分离肌肉层，直到颅底正中线，找到枕骨嵴。
④ 由枕骨嵴向两侧剥离附着于枕骨上的肌肉，并向上延伸分离出枕蝶缝合。
⑤ 以枕骨嵴与枕蝶缝合的交点为中心钻颅区。钻颅时用弯尖眼科镊子向头端牵拉咽后壁，一方面暴露钻颅区，另一方面保护咽后壁免受损伤。调节钻颅针芯约长于针齿 0.5mm，并将针

芯固定于枕骨嵴与枕蝶缝合的交点处，垂直向下钻动，到感觉骨板钻通，阻力减弱时，立即跋出钻颅针。

⑥ 用小棉球蘸去钻孔的渗血，用带钩的长直针挑出或配合用直尖眼科镊子夹出外、内骨板，用三角针挑破垂体的脑膜，便可见粉红色的垂体。

⑦ 大鼠垂体背面紧贴在脑桥前方的横沟内。从矢状切面观察，大鼠脑垂体大致呈三角形，然后使用连接上 1/8 马力吸引器的玻璃管吸出垂体。若发现有出血情况，可使用蘸有肾上腺素的小棉球压迫止血。手术完毕后缝合伤口。

另外，对照组做假手术（除垂体不摘除外，手术其他过程同实验组）。

（3）术后将两组鼠置于相同条件下饲喂。3 周后将鼠颈椎脱臼或用乙醚麻醉处死，称重，取出甲状腺、肾上腺和性腺，测量其大小和重量，记录并比较两组结果。

（4）取实验组和对照组大鼠各一只，处死后分别取出同侧甲状腺、肾上腺和性腺做组织切片。

[实验结果与分析]

比较实验组和对照组三种腺体的重量，并按表 16-2 内容在显微镜下观察组织切片，比较假手术鼠和摘除垂体鼠三种腺体的组织学变化。

表 16-2　组织切片观察要点

靶器官	主要观察内容
甲状腺	腺泡上皮细胞形态、腺胞腔胶质含量
肾上腺	皮质部各带的比例、束状带细胞及间质中毛细血管的分布状况
睾丸	曲细精管结构、精子生成情况
卵巢	皮质中各级卵泡存在情况、卵泡形态

[注意事项]

（1）大鼠的脑垂体位于间脑腹面，与丘脑下部相连。由于大鼠垂体嵌在颅底骨蝶骨的垂体窝内，故摘除丘脑时很容易将垂体剥离。

（2）摘除垂体时，手术一定要仔细，减少出血，并避免动物窒息。

[思考题]

摘除垂体大鼠的甲状腺、肾上腺及性腺的形态和结构有何变化？原因何在？

（李留安）

实验五　垂体激素对蛙卵巢的作用

[实验目的]

观察性激素对蛙卵巢活动的作用。

[实验原理]

垂体前叶分泌促性腺激素，能调节雌性机体卵巢的周期性活动。虽然两栖类的正常排卵具有季节性，但也可通过体外注射垂体激素来刺激其排卵。

[实验对象]

成熟的雌蛙或雌性蟾蜍。

[实验器材与药品]

2mL 注射器 2 只、500mL 烧杯、小铁丝笼、垂体提取液和任氏液等。

[实验方法与步骤]

（1）取蛙一只，用注射器将 1mL 垂体提取物从蛙的皮下注入腹淋巴囊后放入小铁丝笼内，记上"实验"标签。

（2）取另一只蛙，注入 1mL 任氏液后放入另一小铁丝笼内，记上"对照"标签。

（3）放置约 90min 后，检查每只蛙的泄殖腔内是否有卵子。检查方法是用手握蛙，利用其腹部外翻的压力，使输卵管内少量卵被推出（在泄殖腔的开口处便可见到）。如没有见到卵子，可放置一段时间后再观察。

[实验结果与分析]

观察性激素对蛙卵巢排卵的影响，并解释其机理。

[注意事项]

实验蛙和对照蛙注射药液及任氏液时，注入的部位及剂量要相同。

[思考题]

简述促性腺激素调节卵巢活动的内分泌机理。

（李留安）

实验六　甲状腺激素对蝌蚪发育的影响

[实验目的]

通过甲状腺激素对蝌蚪变态的影响，了解甲状腺对动物发育的作用机理。

[实验原理]

蝌蚪变态的外形变化包括附肢的出现、两颌的角质缘脱落、尾部萎缩消失以及鳃消失等，甲状腺参与了这一变态过程。切除甲状腺蝌蚪则不能完成变态而长成大蝌蚪，而加喂甲状腺激素（或少量新鲜甲状腺）能加速蝌蚪变态成蛙。

[实验对象]

体长 5～10mm 的蝌蚪。

[实验器材与药品]

甲状腺素片、10% KI、水草、1L 广口瓶、漏匙和方格纸（1mm×1mm）等。

[实验方法与步骤]

取同时孵化的蝌蚪 15 只，随机分成三组，分别置于盛有 300mL 池塘水的广口瓶内，瓶内放置少许水草，各组的处理情况见表 16-3。

表 16-3 实验处理观察记录表

组别	处理内容	饲养不同天数后身体长度 /mm									
		3 天	6 天	9 天	12 天	15 天	18 天	21 天	24 天	27 天	30 天
1	池塘水										
2	10% 碘化钾溶液数滴										
3	甲状腺激素（1～4μg/100mL）										

详细观察蝌蚪的变态情况，做好记录。蝌蚪的长度测量可用漏匙将其舀出，放在玻璃皿内，然后将玻璃皿置于划有方格的白纸上，测出体长。

[实验结果与分析]

绘制出蝌蚪的生长曲线图，分析甲状腺影响蝌蚪发育的机理。

[注意事项]

（1）甲状腺激素的添加量必须准确。

（2）蝌蚪身体长度测定尽可能精确。

（3）各玻璃皿的水及所加物质应一日一换，甲状腺激素不得加入过多，否则会导致蝌蚪很快死亡。

[思考题]

简述甲状腺的生理功能。

（李留安）

实验七　甲状腺激素的放射免疫测定

[实验目的]

学习放射免疫分析法的测定原理和方法，掌握动物血清或甲状腺组织培养液中甲状腺激素（T_4）含量的测定方法。

[实验原理]

放射性同位素标记的抗原（*Ag，I^{125}-T_4）与被测抗原（Ag，如 T_4）可对其特异性抗体（Ab，T_4抗血清）竞争性结合。当标记抗原（*Ag）和特异性抗体（Ab）的量一定时，被测抗原（Ag）的量越大，标记抗原（*Ag）所占的比例就越小，使竞争结合生成结合物（*Ag-Ab）的量就越少，游离的 *Ag 量就越多。这样 *Ag-Ab 的量同 Ag 的量之间就存在着一定的函数关系。将这一函数关系反应在坐标系中，可以绘制出剂量反应曲线。以已知标准抗原（T_4）的不同浓度为横坐标，以其相应的结合百分率为纵坐标，绘制标准剂量反应曲线，根据被检样品的结合率可在标准曲线上查到相应的 T_4 含量。为了得到准确的数据，可将标准曲线经过对数转换成直线，然后用回归方程计算出激素的含量。

[实验对象]

被检动物血清或甲状腺组织培养液等。

[**实验器材与药品**]

微量移液器（50μL、100μL、1 000μL）、测定管、试管架、吸头（100μL、200μL、1 000μL）、记号笔、恒温水浴箱、试管振荡器、冷冻离心机、γ-计数仪和T_4放射免疫测定试剂盒等。

T_4放射免疫测定试剂盒的试剂组成如下：

（1）0.075mol/L 巴比妥钠缓冲液（pH 为 8.6）：称取 15.6g 巴比妥钠溶于 900mL 蒸馏水中，用 6mol/L 的 HCl 调节 pH 至 8.6，加入 0.5g 牛血清蛋白，最后加蒸馏水定容至 1L。

（2）T_4标准液：用 0.5mL 缓冲液稀释 5 瓶冻干的标准品，配成 20ng/mL、40ng/mL、80ng/mL、160ng/mL、320ng/mL 的 T_4标准液。

（3）I^{125}-T_4 应用液：将 I^{125}-T_4 冻干品用缓冲液稀释至 10 000cpm/100μL。

（4）T_4抗血清应用液：将 T_4抗血清冻干品按说明书要求的滴度稀释。

（5）免疫沉淀剂：30% 的聚乙二醇溶液。

[**实验方法与步骤**]

（1）将测定管分别编号，B_0 管和空白管各为 3 管，T_4 不同浓度标准管和各样品管均为双管平行。

（2）各管按操作程序（表 16-4）依次加入各项试剂，加入抗血清后，振荡混匀，置 37℃水浴中孵育 1h。

（3）取出试管，待冷却后加入聚乙二醇溶液，然后充分振荡混匀，以 3 000r/min 转速离心 20min。

（4）任取三管用 γ-计数仪测定其放射性强度（cpm），求其平均值即代表每管的总放射性强度（总 T）。

（5）抽去各管上清液，然后置于 γ-计数仪中测定每管沉淀物的放射性强度。

表 16-4　放射免疫测定操作程序表　　　　　　　　　　　　　　　μL

试剂	标准品浓度 /（ng/mL）						空白管（N）	样品管（S）
	0（B_0）	20	40	80	160	320		
T_4标准品		50	50	50	50	50		
缓冲液							100	
样品								50
I^{125}-T_4	所有试管均加 100μL							
T_4抗血清	100	100	100	100	100	100		100
在振荡器上振荡 30s，置于 37℃水浴中孵育 1h，去 T_4血清								
免疫沉淀剂	50						50	
所有试管均加 500μL								

[**实验结果与分析**]

含量计算：先求平行双管的平均值，再进行计算。

$$标准管结合百分率（B/B_0）=\frac{[各标准管 cpm-试剂空白管（N）cpm]\times100}{零标准管（B_0）cpm-试剂空白管（N）cpm}$$

$$样品管结合百分率（S/B_0）= \frac{[各样品管（S）cpm-试剂空白管（N）cpm]\times100}{零标准管（B_0）cpm-试剂空白管（N）cpm}$$

以各标准管的浓度为横坐标，以其相应的结合百分率（B/B_0）为纵坐标，绘制标准曲线，然后以样品管结合百分率从标准曲线中查出 T_4 值。

激素含量也可用公式或计算机程序计算。

[注意事项]

（1）注意放射性防护，操作过程中避免放射物污染桌面或地面，测定后将污染的试管等物品放入指定容器内。

（2）所用试剂均须预冷，抗体应避免反复冻溶。

（3）测定管可用一次性聚苯乙烯或聚氯乙烯试管，而玻璃试管常因管壁厚薄不一可影响 γ 计数。

（4）加样器必须调准。加不同试剂或样品须更换吸头，避免交叉干扰。试剂尽量加到试管下部，靠近液面，但吸头不要与液面接触，加样后必须混匀。

（5）抽吸上清液时要小心吸尽，但切勿吸走沉淀物，以免影响结果。

[思考题]

激素的测定方法还有哪些？比较不同方法的优、缺点。

（李留安）

实验八　小鼠发情周期的检查

[实验目的]

通过小鼠阴道上皮细胞的周期性变化确定其发情周期的不同阶段。

[实验原理]

卵巢分泌的雌激素能够促使雌性动物表现出发情症状，并导致生殖器官发生形态、结构和分泌功能的变化。啮齿类动物在性周期的不同阶段，阴道黏膜发生不同程度的变化，因此，可据此判断发情周期的不同阶段。

[实验对象]

成年雌性未孕小鼠。

[实验器材与药品]

载玻片、棉签、吸管、显微镜、注射器、鼠笼、瑞氏染液（或姬姆萨染液）、生理盐水和己烯雌酚等。

[实验方法与步骤]

1. 诱导发情

取雌性小鼠4只，其中2只作对照，其余每只皮下注射己烯雌酚50μg。待实验鼠外阴部出现发情症状后，每天进行阴道黏液涂片直到间情期。

2. 阴道黏液涂片的制作

用左手拇指和食指固定小鼠的颈部，将其倒放在手掌上，用小指固定尾巴，用缠有棉球的火柴杆（先用生理盐水湿润）插入阴道中。将取出的阴道内容物均匀地涂在事先滴有1滴生理盐水的载玻片上，再让涂片在空气中自然干燥，用瑞氏染液染色3～5min，然后用自来水小心冲洗背面。

[**实验结果与分析**]

用显微镜观察涂片以确定发情周期的不同阶段。

（1）发情前期：观察到大量的有核上皮细胞，多数呈卵圆形。

（2）发情期：观察到大量无核的角化鳞状细胞，细胞大且扁平，边缘不整齐。

（3）发情后期：观察到角化上皮细胞减少且出现有核上皮细胞和白细胞。

（4）间情期：观察到白细胞和黏液及少量有核上皮细胞出现。

[**注意事项**]

（1）注意取阴道黏液的时间和部位。

（2）严格按照要求进行染色。

[**思考题**]

雌激素对雌性动物的发情周期有何作用？

（李留安）

实验九　雌激素对雌性小鼠生殖器官发育的影响

[**实验目的**]

掌握小白鼠卵巢摘除的方法，了解小鼠副性器官发育与性激素的关系。

[**实验原理**]

雌性动物卵巢分泌的雌激素能够促进副性器官的发育，摘除卵巢可抑制输卵管和子宫的发育。

[**实验对象**]

未成年雌性小鼠（体重8～10g）。

[**实验器材与药品**]

常用手术器械一套、滤纸、电子天平、乙醚、酒精、碘酒和生理盐水等。

[**实验方法与步骤**]

（1）做假手术鼠3只，作为对照。

（2）另取3只小鼠，摘除卵巢后分别注射25μg、50μg和100μg己烯雌酚。

（3）一周后做阴道抹片以确定该鼠处于发情周期的阶段。

[**实验结果与分析**]

（1）对实验鼠称重后，脊椎脱白法处死小鼠，打开腹腔，对比观察输卵管、卵巢、子宫和阴道的变化。

（2）剥离双侧子宫，用滤纸吸去表面水分后称重，并计算子宫重量占体重的百分比。

［注意事项］

（1）卵巢摘除要完全。

（2）子宫称重前要除净周围组织。

［思考题］

（1）分析不同剂量雌激素对小鼠生殖器官的作用。

（2）卵巢摘除小鼠与对照小鼠相比，其阴道抹片和生殖道有何变化？

（李留安）

实验十　雄激素对鸡冠发育的影响

［实验目的］

通过雄激素对鸡冠发育的影响，进一步了解其对动物副性征的影响。

［实验原理］

雄激素主要由睾丸间质细胞合成和分泌，可调节动物副性器官的发育从而影响副性征。

［实验对象］

3～4 周龄同一品种的雏鸡 6 只。

［实验器材与药品］

游标卡尺、1mL 注射器、酒精棉和丙酸睾酮等。

［实验方法与步骤］

1. 动物准备

选择雏鸡 6 只，用游标卡尺测量鸡冠的长、高和厚度，并描述鸡冠色泽。将雏鸡随机分为对照组和 2 个实验组，并做好标记。

2. 实验处理

一实验组 2 只雏鸡隔日肌肉或皮下注射 2.5～5mg 的丙酸睾酮，另一实验组 2 只雏鸡用丙酸睾酮涂抹鸡冠。

［实验结果与分析］

1～2 周后，测量鸡冠的长、高和厚度，注意鸡冠色泽，与对照组比较并分析结果。

［注意事项］

测量时游标卡尺松紧要适度，最好由同一个人操作。

［思考题］

雄激素有哪些生理作用？

（李留安）

实验十一　精子耗氧强度的测定

[实验目的]

测定精子的耗氧强度，了解精子的代谢情况。

[实验原理]

精子的代谢情况反映精子的品质，而精子的耗氧量是其代谢强度的重要指标之一。精子在呼吸过程中，消耗精液中的氧，使测试的亚甲蓝溶液还原褪色，精子的呼吸强度与亚甲蓝溶液的褪色时间呈反比。因此，亚甲蓝溶液的褪色时间反映精子的呼吸强度。亚甲蓝溶液褪色是由于精子脱氢酶脱去糖原上的氢，在无氧条件下，氢原子与亚甲蓝结合而使之褪色。精子呼吸时的耗氧率按 10^9 个精子在 37℃ 环境中 1h 内的耗氧量计算。

[实验对象]

牛、羊、猪和兔等动物的新鲜精液。

[实验器材与药品]

毛细玻璃管、载玻片、烧杯、水浴箱、刻度试管、吸管、试管架、计时器、平皿、亚甲蓝和 NaCl 等。

[实验方法与步骤]

1. 实验准备

取亚甲蓝 100mg，溶解于 100mL1% 的 NaCl 溶液中，放入容量瓶内保存 3 天后，再用 1% NaCl 的溶液稀释 10 倍。

2. 实验操作

取精液与亚甲蓝溶液各一滴于载玻片上。混匀后同时吸入两段毛细玻璃管中，液面高度约 1.5～2.0cm，下衬白纸放入平皿中，置于 18～25℃ 室温条件下观察。

[实验结果与分析]

记录亚甲蓝溶液褪色所需的时间，分析实验结果。

[注意事项]

在测定亚甲蓝溶液褪色时间的实验操作中，用玻璃毛细管吸取精液时，要防止气泡进入，否则气泡附近的精液不褪色。

[思考题]

影响精子耗氧强度的因素有哪些？

（李留安）

实验十二　精子活力的检查和畸形率测定

[实验目的]

掌握检查精子活力的方法和评级方法；熟悉精子的正常形态，掌握精子畸形率测定的方法。

[实验原理]

精子活力主要是指精子的运动情况,精子的运动有直线前进运动、旋转运动和振摆运动。精子活力是指精液中呈前进运动精子所占的百分率。只有具有前进运动的精子才具有正常的生存能力和受精能力,因此,精子活力与母畜受胎率密切相关,它是目前评定精液品质优劣的常规检查指标之一。

精子畸形率主要是通过精子的形态检查,通过计算不正常的精子占总精子数的百分率进而判断精液的质量。

[实验对象]

牛、羊和猪的新鲜精液。

[实验器材与药品]

恒温水浴箱、大烧杯、温度计、搪瓷盘、微量移液器、显微镜、载玻片、显微镜恒温板、盖玻片、纸巾、一次性小试管、擦镜纸、试管架、滴管、洗瓶、废液缸、75% 乙醇、生理盐水、0.5% 龙胆紫、美蓝或纯蓝墨水等。

[实验方法与步骤]

1. 精液云雾状的观察

将装精液的试管放入装有 35℃ 温水的烧杯中,观察精液翻腾滚动的云雾状态,并按以下符号进行记录:

可以看到精液明显的上下翻卷,记为+++。

很容易看到精液上下翻卷,但翻卷较慢,记为++。

需仔细看才能看到精液运动,记为+。

没有液体移动,记为-。

正常牛、羊的新鲜精液很容易看到云雾状态,即记为++以上。云雾状明显,说明精液的精子浓度较高,活力较强。猪的精液很难看到云雾状态。

2. 精子活力的评定

评定新鲜精液的精子活力应在采精后立即进行,实验室应保持在 22～26℃。

将显微镜保温板放在显微镜载物台上,用样本夹固定好,打开电源,将温度调至 37℃,然后将开关调到测温位置,将两片干净的载玻片放在恒温加热板上预热。

将盛有生理盐水的试管和一空试管放入盛有 30℃ 水的烧杯中后,用微量移液器取 5μL 新鲜精液加入空试管中,然后再从装生理盐水的试管中吸取生理盐水,牛精液稀释取 20μL 或 25μL,羊精液稀释取 50μL,分别加入装 5μL 精液的试管中,吸吐 5 次混匀。猪的精液不需要稀释,可直接检查。

取稀释后的精液(猪精液为原液)15μL,注入预温后的载玻片中间,将干净的盖玻片一侧放在精液滴的左侧,向右倾斜 45°,向右移动盖玻片靠近精液滴,当精液滴迅速进入载玻片与盖玻片间的夹缝里时,轻轻放下盖玻片,以保证压片内没有气泡。

将载玻片放在恒温保温板上,在 100 倍物镜下观察到精子后,再转到 400 倍物镜下,观察前进运动精子数占视野中总精子数的比例。根据多个视野的观察情况,进行综合估计后确定精子的活力。

精子的活力评分以前进运动精子的百分数表示，如前进运动精子占总精子数的百分比为70%，则活力表示为0.7。

一般牛、羊、猪新鲜精液要求精子活力应在0.6以上。冷冻精液解冻后的活力不应低于0.3。

3. 血球计数板测定精子活力

将干净的血球计数板加上干净的盖玻片，放在显微镜的载物台上。

每一份精液样品，分别用3% NaCl 和0.9% NaCl 等倍稀释，牛、羊、猪精液分别按1∶200、1∶400 和1∶40 稀释。混合均匀后，分别取用3% NaCl 和0.9% NaCl 稀释后的精液20μL，注入计数板的两个计数室内，应从放在计数板上的盖玻片边缘小心注入，使其充满计数室。例如，左侧计数室注入用0.9% NaCl 稀释的精液，右侧注入用3% NaCl 稀释的精液。

将计数板推入样本夹内固定好，用100倍物镜找到计数室及精子后，再用400倍物镜观察。先计数左侧计数室中不能前进运动的总精子数，然后计数右侧计数室中的5个中方格内总精子数，得到的数值乘以5就是右侧计数室的总精子数。

$$精子活力 = \frac{右侧计数室总精子数 - 左侧计数室不能前进运动的精子数}{右侧计数室总精子数}$$

4. 精子畸形率的测定

（1）精液的稀释：为了方便观察，抹片后，精子在载玻片上的分布密度要适当，建议牛、羊新鲜精液要用生理盐水稀释后再抹片。牛的精液按1∶5稀释，羊的精液按1∶10稀释，并混合均匀。

（2）抹片：方法同上。

（3）固定：在抹片上滴75%的乙醇500μL，固定4min后，甩去多余乙醇。

（4）染色：将用玻璃棒制成的片架放在废液缸上，将载玻片放在片架上，滴上0.5%的龙胆紫或纯蓝墨水5～10滴，5min后用洗瓶或自来水轻轻冲去染色剂，甩去水分，晾干。

载玻片放在400倍显微镜下进行观察，共记录若干个视野共计200个左右的精子（图16-3）。

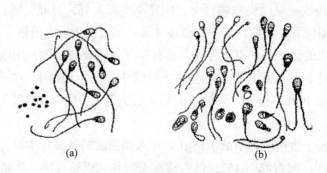

(a)　　　　　　　　　(b)

图16-3　正常精子与畸形精子

（a）正常精子（左下为原生质小滴）；（b）各种畸形精子

（5）畸形精子的判定：头部膨大、头部小于正常大小、双头、头部不完整，尾部折回、卷曲、双尾、断尾，有近端原生质小滴等都视为畸形。

牛羊精液的畸形精子比例不应超过 15%，猪的精液畸形精子比例不得超过 18%，否则为不合格精液。

[**实验结果与分析**]

本实验测定的结果是否在正常值范围内？如果不在，试分析其原因。

[**注意事项**]

（1）精子活力测定应在采精后立即进行，实验室应保持 22～26℃。

（2）在暗视野中进行观察。

（3）盖玻片与载玻片之间不能有气泡，显微镜的载物台不能倾斜。

[**思考题**]

为什么精子活力的评定只能采用直线运动的精子？

（李留安）

实验十三　蛙的受精方法及卵裂的观察

[**实验目的**]

掌握蛙精子和卵子的采集及人工授精的方法，并观察受精卵的发育过程。

[**实验原理**]

将成熟的蛙精子和人工排出的卵子放在一起进行人工授精，受精卵可出现卵裂并继续发育成胚胎。

[**实验对象**]

成年雄蛙和雌蛙。

[**实验器材与药品**]

剪刀、玻璃棒、吸管、表面皿、烧杯、滤纸、解剖镜和恒温水浴箱等。

[**实验方法与步骤**]

1. 配制精子悬浮液

剪开雄蛙腹部，暴露并剪下精巢，放入 100mL 烧杯中。再将精巢剪成碎块，加入适量任氏液，用玻璃棒搅匀制成精子悬浮液。

2. 制备垂体悬浮液

取蛙垂体与少量任氏液混合磨碎，制成垂体悬浮液。

3. 卵子采集

给雌蛙注射垂体悬浮液或人绒毛膜促性腺激素（20～30U）。1～2 天后雌蛙开始排卵。从前向后轻轻挤压雌蛙腹部，并用 500mL 烧杯收集泄殖孔流出的卵。观察蛙卵的形态，根据色素分布不同，区分呈深褐色的动物半球和乳白色的植物半球。

4. 受精

在收集卵的烧杯内加入精子悬浮液，并用玻璃棒轻搅摇匀，使精卵充分接触，每间隔

15min 换一次水，共三次，然后放置在 20℃恒温水浴箱内。

5. 取卵

放在滤纸上轻轻滚动，除去卵外胶膜，放入盛有清水的表面皿中清洗。

6. 观察受精卵

用吸管吸取，将待观察卵移入表面皿内，在解剖镜下观察受精卵的形态。卵子受精后，形成了受精膜和卵间隙。观察到受精卵在卵膜内转动，一般动物半球在上方，植物半球在下方。不同发育时期蛙受精卵的形态变化见表 16-5 和图 16-4。

表 16-5　不同发育时期蛙受精卵的形态变化

发育阶段	所需时间 /h	卵裂方式	形态	图示号
受精卵	0		有受精膜、卵间隙	（a）
2 细胞期	2～2.5	经裂	分裂沟垂直方向。动物半球在上，植物半球在下	（b）
4 细胞期	2.5～3	经裂	分裂面与前次垂直	（c）
8 细胞期	3～4	纬裂	分裂面位于赤道面上方，与前面两次垂直。分上下两层分 8 个分裂球，上层较小，下层较大	（d）
16 细胞期	4～4.5	经裂	由两个分裂面将 8 个分裂球分为 16 个分裂球	（e）
32 细胞期	4.5～5.4	纬裂	由两个分裂面将上下两层 8 个分裂球分为四层，每层为 8 个分裂球，共 32 个分裂球	（f）
囊胚期	5.4～16		早期，动物半球细胞小，颜色深，植物半球颜色浅而细胞大；晚期，分裂球变小，数量增加，纵切面可见偏动物半球处有囊胚腔	（g） （h）

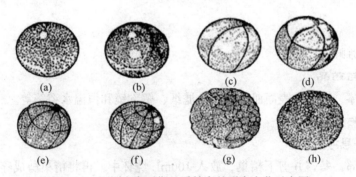

图 16-4　不同发育时期蛙受精卵的形态变化示意图

（a）受精卵；（b）2 细胞期；（c）4 细胞期；（d）8 细胞期；（e）16 细胞期；
（f）32 细胞期；（g）囊胚早期；（h）囊胚晚期

［**实验结果与分析**］

每隔半小时，观察受精卵卵裂的不同阶段，并分析实验结果。

［**注意事项**］

可用蟾蜍代替蛙，但蟾蜍未受精卵色素分布较均匀，不易区分动物半球和植物半球。

［**思考题**］

（1）描述蛙未受精卵的形态。

（2）描述受精后不同时间卵的发育情况。

（李留安）

实验十四 大鼠离体子宫平滑肌运动的观察

[**实验目的**]

（1）学习离体子宫灌流的方法。

（2）观察离体子宫平滑肌的运动，并了解激素对子宫平滑肌运动的影响。

[**实验原理**]

子宫平滑肌具有自动节律性，离体子宫置于适宜环境下仍能进行自律性运动。雌性动物在发情周期的不同阶段、妊娠和分娩的不同时期，其子宫运动的强弱程度不同。雌激素能提高子宫的敏感性，催产素和前列腺素能加强子宫平滑肌的收缩。

[**实验对象**]

成年未孕雌性大鼠。

[**实验器材与药品**]

常规手术器械、牙签、线、棉花、滴管、染色架、肾形盘、平滑肌肌槽、载玻片、显微镜、注射器、表面皿、鼠笼、BL-420N 生物机能处理系统、生理盐水、瑞氏染液、台氏液、催产素、雌激素和前列腺素等。

[**实验方法与步骤**]

（1）选 3 只大鼠，在实验前两天注射己烯雌酚（按 0.1mg/kg 体重），每天 1 次。

（2）做阴道抹片检查，观察大鼠所处发情周期的阶段。选择其中一只处于发情期，另一只处于间情期的大鼠进行实验。

（3）仪器准备与连接。

① 使恒温水槽内的水温控制在 30～32℃。

② 将台氏液加入平滑肌肌槽中。

③ 调节气泵旋钮，使气泡逐个排出。

④ 选择生物机能处理系统合适的参数，并将张力换能器与系统连接，调节整个系统处于待用状态。

（4）用颈椎脱臼法将上述 3 只大鼠处死。用手术剪剖开腹腔，找到两侧子宫，分别从输卵管与子宫角处以及阴道端剪下子宫，剥离其周围的结缔组织和脂肪组织后放在盛有台氏液的表面皿内。

（5）将雌激素预处理的大鼠离体子宫两端结扎，一端固定于通气玻璃钩上，另一端连接在换能器上。

（6）记录 5～10min 正常离体子宫平滑肌的自动节律性收缩曲线。

（7）向麦氏浴皿内滴加催产素注射液，待子宫收缩明显加强后描记收缩曲线 5～10min。

（8）放出带有催产素的台氏液，更换平滑肌肌槽中的台氏液2～3次。

（9）待子宫恢复正常收缩后，每间隔10min滴加一次前列腺素注射液2～3滴，重复步骤（6）～步骤（8），观察和记录子宫运动的变化情况。

[实验结果与分析]

（1）取发情期大鼠重复步骤（5）～步骤（9），观察和记录发情期大鼠子宫的收缩活动。

（2）取间情期大鼠重复步骤（5）～步骤（9），观察和记录间情期大鼠子宫的收缩活动。

（3）子宫运动的指标以强度和频率表示。强度为每次子宫肌收缩时记录到的最高点数值。频率为每10min收缩的次数。

[注意事项]

（1）要将子宫与周围其他组织剥离干净，操作过程中不要损伤子宫。

（2）空气进气量要适当，否则会影响描记结果。

（3）如果滴加激素后子宫肌运动不易恢复，可多次更换肌槽中的台氏液。

[思考题]

总结比较不同激素对发情期和间情期大鼠离体子宫收缩活动的影响，并分析原因。

（李留安）

实验十五　甲状腺对大鼠能量代谢率的影响及其分泌调节（综合性实验）

一、摘除甲状腺对大鼠能量代谢率的影响

[实验目的]

学习甲状腺摘除的方法，观察甲状腺对大鼠能量代谢率的影响。

[实验原理]

甲状腺激素可提高动物的基础代谢率。摘除甲状腺可导致动物体内甲状腺激素缺乏，而给予大剂量甲状腺激素可引起甲状腺功能亢进，这些都会改变动物的基础代谢率。通过检测单位时间动物的耗氧量可反映其基础代谢率的变化情况。

[实验对象]

相同性别的大鼠（体重约150g）。

[实验器材与药品]

常用手术器械、耗氧量测定装置、天平、甲状腺素片剂、钠石灰和秒表等。

[实验方法与步骤]

（1）实验动物的处理：将大鼠分别称重和测定耗氧量后分成三组（每组2只）。第1组

为对照组；第 2 组为甲低组（摘除甲状腺），获得甲状腺功能低下的动物模型；第 3 组为甲亢组（口服甲状腺素片），用滴管每只每次投服甲状腺素片 40mg，1 日 2 次，连续处理 7 天，获得甲状腺功能亢进的动物模型。三组动物在相同饲养条件下饲喂一周后，分别称重和测定耗氧量。

（2）测定耗氧量的装置和具体方法：详见第十三章实验一。

[实验结果与分析]

根据耗氧量计算出三组大鼠的能量代谢率，并分析甲状腺对大鼠能量代谢率的影响。

[注意事项]

（1）尽量减少光线和声音对动物的刺激，使动物保持安静。

（2）测定耗氧量过程中，勿用手握注射器，以免影响内部气体的压力。

（3）钠石灰要保持干燥。

（4）将水检压计的水染成红或蓝色，以利于观察。

[思考题]

比较三组大鼠的耗氧量，并分析原因。

（李留安）

二、垂体提取物对离体培养的甲状腺组织分泌甲状腺激素的影响

[实验目的]

学习甲状腺组织的培养方法，测定垂体提取物对甲状腺组织激素分泌的影响。

[实验原理]

甲状腺激素的分泌受多种因素的影响，其中最重要的是腺垂体分泌的促甲状腺素。利用离体培养的甲状腺组织可测定垂体激素或其他因素对甲状腺激素分泌的影响。

[实验对象]

相同性别的大鼠（体重约 150g）。

[实验器材与药品]

常用手术器械、天平、DMEM 培养液、75% 乙醇、生理盐水、培养管、移液管和水浴摇床等。

[实验方法与步骤]

1. 甲状腺组织的制备

将动物麻醉后取出甲状腺（参见本章实验二），并移至灭菌的培养皿中，用生理盐水洗净血液，然后用眼科剪分别剪碎两侧甲状腺。

2. 垂体提取物的制备

取出 6 只大鼠的垂体，加入 3mL 培养液后用玻璃匀浆器进行匀浆。匀浆液在离心管中以 4 000r/min 转速离心 10min，上清液作为垂体提取物备用。

3. 甲状腺组织的培养

将两侧甲状腺组织分别转移到预先盛有 0.9mL 培养液的培养管中，左侧甲状腺组织作为对照组，加入 0.1mL 培养液；右侧甲状腺组织作为处理组，加入 0.1mL 垂体提取液。培养管

加盖后置于 37℃水浴摇床中低速振荡培养 3h，然后将培养管以 1 000r/min 转速离心 10min，取出培养液用于甲状腺激素的测定。

[**实验结果与分析**]

根据培养液中甲状腺激素的含量，分析垂体提取物对甲状腺组织激素分泌的影响。

[**注意事项**]

（1）实验器材要预先灭菌，操作过程中要保持无菌。

（2）对照组和处理组应是同一只大鼠，甲状腺组织在转移过程中要避免损失。

[**思考题**]

甲状腺激素的分泌受哪些因素调节？

（李留安）

第十七章　设计性实验

设计性实验是在前期解剖学、生理学、病理学和机能实验教学的基础上，组织学生开展的综合性模拟科研实验。其目的在于使学生通过对实验立题的实施，熟悉进行实验验证所必须的基本要求与一般程序，使学生运用所学的基本理论知识与实验方法，提高学生解决和分析问题的能力。

第一节　设计性实验的基本原则

一、科学性原则

实验是依据假设，在人为条件下获得实验变量的变化结果，并对此做出科学解释的方法。在生理学实验中，一种生命现象的发生往往有其复杂的因果关系，从不同角度全面分析问题是科学性的基本原则。因此，实验设计必须有充分的科学依据，也就是说设计性实验的科学性应充分体现逻辑思维的严密性。

二、简便性原则

在实验设计时，实验材料要容易获得，实验药品要较为便宜，实验装置要相对简单，实验操作要简便，实验步骤要简捷，实验时间要较短，即以最小的成本获得最大限度的实验结果。

三、可行性原则

在实验设计时，从原理和实验实施到最后实验结果的产生，都要切实可行，具有可操作性。

四、单一变量原则

实验变量又称自变量，指实验假设中涉及的给定的研究因素。反应变量又称因变量，指实验变量所产生的结果或结论。而其他对反应变量有影响的因素称为无关变量。不论一个实验有几个实验变量，都要确定一个实验变量对应观测的一个反应变量，即遵循单一变量原则，它是处理实验中复杂关系的准则之一。遵循单一变量原则，既利于对实验结果进行科学分析，又可增强实验结果的可信度和说服力。

五、可重复性原则

重复、随机、对照是保证实验结果准确的三大原则。任何实验都要有足够的实验次数才能保证结果的可信度，设计性实验只能进行一次而无法重复就得出"正式结论"是草率的。

六、对照性原则

实验中的无关变量很多，必须严格控制，要消除和平衡无关变量对实验结果的影响，对照实验的设计是消除无关变量影响的有效方法之一。由于同一种实验结果可能会被多种不同的实验因素所影响，如果没有严格的对照实验，即使出现了某种设想的实验结果，也很难保证该实验结果是由某因素所引起的，这样会使设计的实验缺乏应有的说服力。因此，只有设置对照实验，才能有效排除其他因素干扰实验结果的可能性，才能使实验设计显得比较严密，所以大多数生理学实验要设立相应的对照实验。所谓对照实验是指除所控因素外，其他条件与被对照实验完全相同的实验。对照实验设置的正确与否，关键在于如何尽量去保证"其他条件的完全相同"（详见动物实验的基本技术方法），具体来说包括以下四个方面：

1. 所有生物材料要相同

即所用生物材料的数量、长度、质量、体积、来源和生理状况等方面要尽量相同或至少大致相同。

2. 所用实验器材要相同

即试管、水槽、烧杯和广口瓶等器具的大小及型号要完全一样。

3. 所用处理方法要相同

如光照或黑暗、保温或冷却、搅拌或振荡等都要一致。有时尽管某种处理对对照实验来说似乎是毫无意义的，但还是要作同样的处理。

4. 所用实验试剂要相同

即试剂的成分、体积和浓度要相同。尤其要注意体积上等量的问题。

第二节　实验设计的基本过程

一、设计性实验的基本思路

首先，应认真研究实验课题，依据科学的实验思维方法，找出其中的实验变量和反应变量，理解题目已知条件所隐含的意义。明确实验目的、实验原理及实验要求的基本条件。

其次，充分利用提供的器材和试剂，构思实验变量的控制方法和实验结果的测量方法。一般情况下，题目中所指定的器材和试剂，任何一种都应在实验的相关步骤中出现，避免遗漏或自行增加某种器材或试剂。精心策划实验方法、严格设计实验过程、合理设置对照或变量，并引入科学的测量方法。

最后，选择适宜的实验材料（实验对象），在注意实验步骤关联性的前提下表述实验步骤，并从不同的角度分析实验结果。实验步骤的关联性需要考虑步骤排列的顺序性和实验主体（生物个体、器官、组织和细胞等）活性的维持。而更高层次的关联是认识探究过程的关联和递进，不断地淘汰、修正和检验假设，最终接近正确结论，这也是实验科学最基本的原则和要求。最后，能够做到有效预测实验结果，科学描述实验结果，并得出科学的实验结论。

二、设计性实验的基本环节

一个完整的实验设计方案应该包括：实验名称、实验目的、实验原理、实验对象、实验器材与药品、实验方法与步骤、实验记录、实验数据的统计、实验结果的分析和讨论，以及实验结论等。

实验名称：这是关于什么内容的实验。

实验目的：要验证或者探究的某一事实。

实验原理：进行实验依据的科学道理。

实验对象：进行实验的主要对象。

实验器材与药品：完成该实验必需的仪器、设备、试剂和药品等。

实验方法与步骤：实验采用的方法及必需操作程序。

实验记录：对实验过程及结果的准确记录。

实验数据的统计：要对实验数据进行统计学处理。掌握动物实验结果处理中经常用到的平均数、标准差的含义及如何判别组间结果的差异显著性等。

实验结果的分析和讨论：对实验结果进行认真分析，并与他人结果进行比较，找出产生差异的原因，对进行下一次实验提供指导等。

实验结论：对实验结果进行准确描述并得出一个科学的结论。

三、设计性实验的基本程序

实验研究的基本程序包括立题、设计、预备和正式实验、实验资料的收集、整理归纳、统计分析、总结和完成论文。

在实验设计中，立题是最重要的事情，立题时需要注意科学性、可行性、先进性和实用性。科学性是指选题要有充分的科学依据；可行性指立题时考虑已具备的主、客观条件；先进性是指选题要对已知的规律有所发现和创新；实用性指立题要有明确的目的和意义。

立题过程是一个创造性思维的过程。它需要查阅大量的文献资料，了解本课题近年来已取得的成果和存在的问题，找出要探索课题的关键所在，提出新的假说或构思，从而确定研究的课题。实验设计是根据立题而提出的实验方法和实验步骤，是完成课题的实施方案。它包括实验材料和对象、实验的样品数和分组情况、技术路线和观察指标、数据的收集和统计方法等。

四、设计性实验的具体步骤

（一）观察现象

观察是指自然常态条件下的一种积极主动的行为。观察时必须认真仔细，且要作相应的记录，更为重要的是观察时要保持客观的态度，避免产生思维定势和经验幻想，以确保观察的可靠性。

（二）提出问题

仔细观察事物后，因疑问而提出问题，这时需要进一步深入了解事物的真相，但一般只对有意义的问题进行探索。因此，不仅要提出问题，更要提出确切的问题，并且保证叙述的问题清楚且正确。

（三）做出假设

假设是指对观察的现象提出一种可以检测的解释。提出假设后要寻找证据，如果符合事实则假设成立。假设实际上就是对所提出的问题做出的参考答案。在检测假设时，常先提出实验的预期结果，如果预期结果没有实现，则假设不成立。一般来说假设的形成可分为两步：首先根据发现的事实材料或已知的科学原理，运用发散性思维，提出涵盖各种可能的初步假定；随后，根据假定进行推理，排除并综合分析，得出具体的假定性结论。例如添加甲状腺激素对蝌蚪生长发育的影响的实验，其假说是："甲状腺激素对蝌蚪的生长发育有影响"，假定性结论是"用适量的甲状腺激素饲喂蝌蚪，能够促进其生长和发育"。

（四）设计和实验

实验是实现验证假说和解决问题的最终途径。让学生亲自进行实验操作，进行观察和记录，收集实验资料，并对实验结果进行处理和分析，最后写出完整的实验报告。在实验过程中，教师只在学生因操作不熟练而可能造成实验失败时才略加指点，绝不能包办代替学生操作。另外，要培养学生主动思考、分析和解决问题等方面的能力。在设计性实验中需要注意以下几点：

（1）严格遵循实验设计的基本原则。

（2）恰当选择最能体现生物学事实的具体对象，如细胞、组织、器官或生物个体等。

（3）在掌握实验目的和原理的基础上确定实验方法。

（4）注意实验程序的科学性和合理性。合理设计实验步骤，并注意实验步骤的关联性、延续性以及实验操作的程序性等。

（5）精心设置对照组实验，严格控制和消除无关变量对实验结果的影响。

（6）严格控制实验条件，注意实验材料和装置所处的理化环境及生物学操作细节，保证实验设计的严密性和合理性。

（7）对实验现象进行准确观察、测量和记录。

（8）实验设计时需要预测可能出现的实验结果及其原因，在结果预测上要力求全面、准确，并能够得出科学的实验结论。

第三节 设计性实验举例

实验一 低温应激对小鼠不同组织脂质过氧化状态的影响

[设计要求]

正常体内产生的自由基对维持机体功能必不可少，但大量的自由基则会诱发细胞膜脂质过氧化反应，对机体造成不利影响。脂质过氧化物是自由基在诱发膜脂质过氧化反应过程中产生的，其中丙二醛是氧自由基引发脂质过氧化反应所产生的主要代谢终产物，其含量高低能够间接地反映机体内氧自由基代谢的状况、机体组织细胞受自由基攻击的程度以及脂质过氧化状态。

正常情况下，体内的氧化和抗氧化系统保持着动态平衡，抗氧化酶是机体维持这种动态平衡的重要组成部分。超氧化物歧化酶（SOD）是机体内的重要抗氧化物酶，其活性反映机体清除氧自由基的能力。谷胱甘肽过氧化物酶（GSH-Px）是体内广泛存在的一种催化过氧化物分解的抗氧化酶，它以谷胱甘肽作为受氢体，催化氢过氧化物的还原反应，可有效清除体内的活性氧，阻断脂质过氧化反应。

温度是影响动物健康和生产性能的一个重要环境因素。当动物暴露于寒冷环境中时，会出现冷应激反应，机体血液生理生化、神经内分泌、动物生长性能和脂质过氧化反应等指标都可能发生变化。以往的资料显示，不同应激源分别对动物的血液、小肠上皮、脑组织、肝脏和下丘脑等组织的脂质过氧化水平产生影响，而关于同一应激源同时对不同组织脂质过氧化状态影响的研究报道较少。

现在要求根据上述文献资料设计一个实验，以低温刺激为应激源（如 $-20\,℃$ 或 $-30\,℃$ 等温度处理），探讨低温应激对动物不同组织（如脑、肾脏、肝脏、心脏、腿肌和肺脏等）脂质过氧化状态的影响。

[实验目的]

[实验原理]

[实验对象]

[实验器材与药品]

[实验方法与步骤]

[实验记录]

[实验数据的统计]

[实验结果的分析与讨论]

[实验结论]

实验二　人参对游泳应激小鼠血清葡萄糖、尿素和肌酐含量的影响

[设计要求]

应激是指机体应对内、外环境剧变而发生的涉及神经、内分泌、代谢和免疫等方面的综合应答反应。应激状态下动物血清中有关生理生化指标会发生相应的变化。机体对不同性质和不同强度的应激源做出的反应不同，而同一应激源作用于种属、品种、性别和年龄不同的动物，动物的反应也有差异，这是由于它们的生理机能、形态结构和物质代谢特点不同造成的。但是，除作用因素不同而引起的特异性反应外，机体基本上都有共同的非特异性"定型"反应，主要是交感-肾上腺髓质反应和下丘脑-垂体-肾上腺皮质反应。前者表现为交感神经兴奋和肾上腺髓质激素分泌增多；后者则表现为垂体前叶分泌的促肾上腺皮质激素和肾上腺皮质分泌的皮质激素增多，进而引发机体相应的物质代谢反应。强迫游泳应激作为一种经典的应激模型，在应激研究中得到广泛应用。

人参为国家珍稀濒危保护植物，也是珍贵的中药材，自古以来拥有"百草之王"的美誉，更被东方医学界誉为"滋阴补生，扶正固本"之极品。人参含多种皂苷、肽及 10 余种氨基酸。除此之外，人参还含有人参酸（系软脂酸、硬脂酸、油酸及亚油酸的混合物）、植物甾醇、胆碱、葡萄酸、果糖、麦芽糖、蔗糖、人参三糖、果胶、硫胺素、核黄素、尼克酸和泛酸等。人参含有的诸多生物活性物质使其具有广泛的生理作用，如调节中枢神经系统，促进大脑对能量物质的利用，改善心脏功能，降低血糖浓度，增强机体的免疫功能，提高对有害刺激的抵御能力，抗肿瘤和抗氧化，增强机体的应激抵抗能力等功效。

现在要求根据上述文献资料设计一个实验，说明游泳应激对小鼠血清中葡萄糖、尿素和肌酐的含量是否有影响，以及人参是否具有抗应激保护作用。

[实验目的]

[实验原理]

[实验对象]

[实验器材与药品]

[实验方法与步骤]

[实验记录]

[实验数据的统计]

[实验结果的分析与讨论]

[实验结论]

实验三　川芎水煎液对离体蟾蜍心电图的影响

[设计要求]

心电图是临床上心功能检查中一项常用而重要的检查方法。心脏发生病变时，在病人感觉异常和心脏出现形态学变化之前，往往心电图已有变化。例如，冠心病早期的心肌缺血和心肌炎所致的心肌损伤等。此外，心电图作为心脏活动的一项无创伤和客观的观察指标，在

病情监护和抢救中发挥着重要作用。

川芎为伞形科植物，其根茎味苦，有麻舌感。有资料显示，川芎可改善心功能，降低血压、心率和心肌氧耗量，改善冠状动脉循环，扩张外周血管，对高血压、高血脂和冠心病疗效显著。

现在利用蟾蜍心脏活动要求的条件较低和在实验条件下（甚至心脏离体后）能长时间正常搏动的特性，并根据上述文献资料设计一个实验，观察不同浓度川芎水煎液对离体蟾蜍心电图的影响，以期为川芎的临床应用提供实验证据。

［实验目的］

［实验原理］

［实验对象］

［实验器材与药品］

［实验方法与步骤］

［实验记录］

［实验数据的统计］

［实验结果的分析与讨论］

［实验结论］

（李留安）

参 考 文 献

［1］白波. 医学机能学实验教程［M］. 北京：人民卫生出版社，2004.

［2］陈科敏. 实验生理科学教程［M］. 北京：科学出版社，2001.

［3］陈孝平. 外科常用实验方法及动物模型的建立［M］. 北京：人民卫生出版社，2003.

［4］陈勇. 人体及动物生理学实验课程教学模式改革初探［J］. 安徽农学通报，2007，13（23）：146-147.

［5］丁报春，尤家骒，马建中. 生理科学实验教程［M］. 北京：人民卫生出版社，2007.

［6］杜冠华. 实验药理学［M］. 北京：中国协和医科大学出版社，2004.

［7］范必勤. 克隆动物研究进展［J］. 生物工程进展，2000，20（4）：11-15.

［8］范薇. 浅述实验动物标准化［J］. 青海科技，2007，1：43-45.

［9］龚永生，薛明明. 医学机能学实验［M］. 北京：高等教育出版社，2015.

［10］桂远明. 水产动物机能学实验［M］. 北京：中国农业出版社，2004.

［11］郝光荣. 实验动物学［M］. 2版. 上海：第二军医大学出版社，2002.

［12］何诚. 实验动物学［M］. 北京：中国农业大学出版社，2007.

［13］贺佳，孟虹. 医学科研设计与统计分析［M］. 上海：第二军医大学出版社，2004.

［14］胡还忠. 医学机能学实验教程［M］. 北京：科学出版社，2010.

［15］胡建华，姚明，崔淑芳. 实验动物学教程［M］. 上海：上海科学技术出版社，2009.

［16］黄敏，郑江. 科研中选择实验动物时应注意的问题［J］. 局解手术学杂志，2003，12（4）：299-300.

［17］黄诗笺. 动物生物学实验指导［M］. 北京：高等教育出版社，2001.

［18］霍仲厚. 医学实验动物标准化管理指南［M］. 长春：吉林科学技术出版社，1998.

［19］蒋凯，沈永杰. 生理学实验教学方法改革探索［J］. 中外医疗，2010（4）：141.

［20］李凤奎，王纯耀. 实验动物学［M］. 郑州：郑州大学出版社，2001.

［21］李厚达. 贾白玲. 实验动物学教程［M］. 南京：东南大学出版社，2001.

［22］李厚达. 实验动物学［M］. 2版. 北京：中国农业出版社，2007.

［23］李康，朱佐江. 机能实验学［M］. 北京：人民军医出版社，2000.

［24］李利生，徐敬东，付小锁，等. 医学生理学实验教学的多维度延伸与质量控制［J］. 基础医学教育，2014，10：834-836.

［25］李馨，黄海燕. 山楂提取物对地高辛诱导大鼠心律失常的拮抗作用［J］. 中国老年学杂志，2016（11）：2628-2629.

［26］廖兰，伍莉，黄庆洲. 提高学生动物生理学实验的积极性和主动性探讨［J］. 西南农业大学学报（社会科学版），2007（12）：190-192.

［27］刘福英，吕占军. 实验动物学［M］. 北京：中国农业出版社，1997.

［28］刘爽，李恩有. 动脉血压监测的临床应用［J］. 医学综述，2017（9）：1771-1774，1781.

［29］栾新红. 动物生理学实验指导［M］. 北京：高等教育出版社，2012.

［30］马斌荣. 医学统计学［M］. 4版. 北京：人民卫生出版社，2004.

［31］南京农业大学. 家畜生理学实验指导［M］. 北京：中国农业出版社，1982.

［32］倪迎冬. 动物生理学实验指导［M］. 5版. 北京：中国农业出版社，2016.

［33］乔惠理. 动物生理大实验［M］. 北京：北京农业大学出版社，1994.

［34］沈岳良. 现代生理学实验教程［M］. 北京：科学出版社，2002.

［35］时菊爱，臧金灿，于新和，等. 谈如何提高动物生理学实验教学质量［J］. 郑州牧业工程高等专科学

校学报，2005，25（3）：226-227.

［36］施新猷. 医用实验动物学［M］. 西安：陕西科学技术出版社，1989.

［37］施新猷. 现代医学实验动物学［M］. 北京：人民军医出版社，2000.

［38］孙敬方. 动物实验方法学［M］. 北京：人民卫生出版社，2001.

［39］孙兴国. 整体整合生理学医学新理论体系概论Ⅰ：呼吸调控新视野［J］. 中国应用生理学杂志，2015，4：295-301.

［40］孙兴国. 整体整合生理学医学新理论体系概论Ⅲ：呼吸、循环、代谢一体化调控环路中神经体液作用模式［J］. 中国应用生理学杂志，2015（4）：308-315.

［41］田小芸，恽时锋. 实验动物的生存环境控制［J］. 实验动物科学与管理，2006（12）：27-30.

［42］王芳群. 基于左心辅助的血液循环系统的控制研究［J］. 生物医学工程学杂志，2016（6）：1075-1083.

［43］王根旺，韩芬茹. 人体及动物生理学实验与学生创新能力的培养［J］. 甘肃科技，2005，7（21）：185-187.

［44］王国杰. 动物生理学实验指导［M］. 4版. 北京：中国农业出版社，2011.

［45］王建飞. 实验动物饲养管理和使用手册［M］. 上海：上海科技出版社，1996.

［46］王钜，陈振文. 现代医学实验动物学概论［M］. 北京：中国协和医科大学出版社，2004.

［47］王藤，刘子嘉，祖有轩，等. 大蒜素对蟾蜍离体心脏的作用机制探讨［J］. 首都食品与医药，2016（18）：82-83.

［48］王天仕，郑合勋. 动物生理学实验与培养学生创新能力［J］. 实验室研究与探索，2002，12（3）：34-35.

［49］翁顺太，郑立锋，蔡武卫，等. 实验动物的废弃物管理［J］. 海峡预防医学杂志，2007，13（6）：106-108.

［50］吴在德. 外科学［M］. 北京：人民卫生出版社，2008.

［51］解景田，赵静. 生理学实验［M］. 2版. 北京：高等教育出版社，2002.

［52］解景田. 生理学实验［M］. 3版. 北京：高等教育出版社，2009.

［53］杨芳炬. 机能学实验［M］. 2版. 成都：四川大学出版社，2004.

［54］杨芳炬，王玉芳. 机能实验学［M］. 3版. 北京：高等教育出版社，2016.

［55］杨慎. 实验外科学［M］. 上海：上海科学技术出版社，2004.

［56］杨秀平. 动物生理学实验［M］. 北京：高等教育出版社，2004.

［57］杨雪梅，张冬梅，王俊亚，等. 家兔"减压神经放电与动脉血压调节"综合性实验的分析与评价［J］. 继续医学教育，2016（8）：58-60.

［58］姚焕玲，王天仕，宋敏. 人体及动物生理学实验教学改革的探索［J］. 大众科技，2007，97（9）：179-180.

［59］余立华，卢占英，马蓓. 八年制生理学自主设计性实验探索和体会［J］. 基础医学教育，2015（2）：137-139.

［60］余玉林. 实验动物管理与使用指南［M］. 台北：艺轩图文具有限公司，2001.

［61］张才乔. 动物生理学实验教程［M］. 北京：科学出版社，2008.

［62］张才乔. 动物生理学实验［M］. 2版. 北京：科学出版社，2014.

［63］张素华，石月英. 动物生理学实验教学中学生能力的培养［J］. 兵团教育学院学报，2001，1（11）：90-91.

［64］周美珍. 生物教育学［M］. 杭州：浙江教育出版社，1992.

［65］朱大年，王庭槐. 生理学［M］. 8版. 北京：人民卫生出版社，2013.

附　录

附录一　常用生理溶液的配制

表1　配制生理代用液所需的基础溶液及所加量

不同质量体积浓度的原液成分的体积或质量	任氏溶液（Ringer液）	乐氏溶液（locke液）	台氏溶液（Tyrode液）
20%NaCl/mL	32.5	45.6	40.0
10%KCl/mL	1.4	4.2	2.0
10%CaCl$_2$/mL	1.2	2.4	2.0
1%NaH$_2$PO$_4$/mL	1.0	—	5.0
5%MgCl$_2$/mL	—	—	2.0
5%NaHCO$_3$/mL	4.0	2.0	20.0
葡萄糖/g	2.0（可不加）	1.0~2.5	1.0
蒸馏水加至/mL	1 000	1 000	1 000

表2　几种生理代用液中的固体成分

成分	任氏溶液（Ringer液）用于两栖类	乐氏溶液（Locke液）用于哺乳类	台氏溶液（Tyrode液）用于哺乳类小肠	生理盐水 两栖类	生理盐水 哺乳类
NaCl/g	6.5	9.0	8.0	6.5	9.0
KCl/g	0.14	0.42	0.2		
CaCl$_2$/mL	0.12	0.24	0.2		
NaHCO$_3$/g	0.2	0.1~0.3	1.0		
NaH$_2$PO$_4$/g	0.01	—	0.05		
MgCl$_2$/g	—	—	0.1		
葡萄糖/g	2.0（可不加）	1.0~2.5	1.0		
蒸馏水加完后的体积/mL	1 000	1 000	1 000	1 000	1 000
pH	7.2	7.3~7.4	7.3~7.4		

附录二　实验动物的一般常数

表3　实验动物血液学主要常数

指标	小鼠	大鼠	豚鼠	兔	猫	犬
适用体重/kg	0.018~0.025	0.12~0.20	0.3~0.5	1.5~2.5	2~3	5~15
寿命/年	1.5~2.0	2.0~2.5	5~7	5~7	6~10	10~15
性成熟年龄/月	1.2~1.7	2~8	4~6	5~6	10~12	10~12
孕期/日	20~22	21~24	65~72	30~35	60~70	58~65
平均体温/℃	37.4	38.0	39.5	39.0	38.5	38.5
呼吸/(次/分)	136~216	100~150	100~150	55~90	25~50	20~30
心率/(次/分)	400~600	250~400	180~250	150~220	120~180	100~180
血压/mmHg	115	110	80	105/75	130/75	125/70
血量/[mL/g(体重)]	0.078	0.06	0.058	0.072	0.072	0.078
红细胞/(10^{12}/L)	7.7~12.5	7.2~9.6	4.5~7.0	4.5~7.0	6.5~9.5	4.5~7.0
血红蛋白/(g/L)	100~190	120~175	110~165	80~150	70~155	110~180
血小板/(10^9/L)	500~1 000	500~1 000	680~870	380~520	100~500	100~600
白细胞总数/(10^9/L)	6.0~10.0	6.0~15.0	3.0~12.0	7.0~11.3	14.0~18.6	9.0~13.0
白细胞分类						
嗜中性粒细胞	0.12~0.14	0.09~0.34	0.22~0.50	0.26~0.52	0.44~0.82	0.62~0.80
嗜酸性粒细胞	0~0.05	0.01~0.06	0.05~0.12	0.01~0.04	0.02~0.11	0.02~0.24
嗜碱性粒细胞	0~0.01	0~0.015	0~0.02	0.01~0.03	0~0.005	0~0.02
淋巴细胞	0.54~0.85	0.65~0.84	0.36~0.64	0.30~0.82	0.15~0.44	0.10~0.28
大单核细胞	0~0.15	0~0.05	0.03~0.13	0.01~0.04	0.005~0.007	0.03~0.09

表4　不同动物的日消耗饲料量、需水量和排尿量

动物	日消耗饲料量/g	日需水量/mL	日排尿量/mL
小鼠	3~6	3~7	1~3
大鼠	10~20	20~45	10~15
地鼠	7~15	8~12	6~12
沙鼠	10~15	3~4	0.1~0.5
豚鼠	20~35	12~15/100g(体重)	15~75
家兔	75~100	80~100/kg(体重)	50~90/kg(体重)
猫	110~225	100~200	50~120
犬	250~1 200	25~35/kg(体重)	65~400
猕猴	350~550	350~950	150~550
猪	1 500~3 000	4 500~6 500	2 500~4 500
绵羊	1 000~2 000	600~1 800	400~1 200
山羊	1 000~4 000	1 500~4 000	1 000~2 000
牛	7 500~12 500	45 000~65 000	14 000~23 000
马	8 000~16 000	25 000~55 000	3 000~15 000

表5　常用实验动物的代谢、氧耗量的正常值

动物种类	性别	外界温度/℃	条件测定	测定例数	耗氧量/[mL/(g·h)]	代谢率/[kcal/(cm²·h)]	体表面积 S（m²）计算公式
大鼠	雄	28	睡、空腹	42	0.696 ± 0.023		
大鼠	雄	27		10		（SE）28.29±0.41（SD）	$S=9\times$（体重）$^{2/3}$，体重以克为单位
小鼠		31～31.9	空腹	50		26.6±1.2	$S=9.1\times$（体重）$^{2/3}$，体重以克为单位
豚鼠		30～30.9	安静	6		24.70±0.41（SD）	$S=9\times$（体重）$^{2/3}$，体重以克为单位
豚鼠		25	安静 安静	6	0.833		
兔		28～32	基础情况	20		26.00	$S=0.01\times$（体重）$^{2/3}$，体重以克为单位
狗	雄	24	安静	9		28.00	$S=0.107\times$（体重）$^{2/3}$，体重以千克为单位
猴	雄		安静	6	0.432	24.91	$S=11.7\times$（体重）$^{2/3}$，体重以千克为单位

附录三　常用注射麻醉剂、消毒药品和洗涤液的参考剂量、配置及用途

表6　常用注射麻醉剂的参考剂量

药物名称	给药途径	参考剂量/（mg/kg）					
		犬	猫	兔	豚鼠	大鼠	小鼠
氨基甲酸乙酯	静脉注射	750～1 000		1 000			
	腹腔注射	750～1 000	1 000	1 000	1 000	1 000	1 000
戊巴比妥钠	静脉注射	25～35		35～40			
	腹腔注射	25～35	40	35～40	35	40	40
硫喷妥钠	静脉注射	15～25		10～15			
氯醛糖	静脉注射	60～100	60～80	60～80			
	腹腔注射			60～80			

表7　几种动物不同给药途径的常用注射量　　　　　　　　　　　　　mL

注射途径	小鼠	大鼠	兔
i. p.	0.2～1.0	1～3	5～10
i. m.	0.1～0.2	0.2～0.5	0.5～1.0
i. v.	0.2～0.5	1～2	3～10
s. c.	0.1～0.5	0.5～1.0	1.0～3.0

注：i. p.：腹腔注射；i. m.：肌肉注射；i. v.：静脉注射；s. c.：皮下注射

表8　常用消毒药品的配置及用途

药品名称	配制方法	用　途
乙醇溶液	将75mL无水乙醇加入25mL水中，即得100mL 75%乙醇	用于皮肤、体温计及一般器械的消毒
碘溶液	2.5%碘酊或碘液均可	
碘溶液	2%碘酊	消毒皮肤
苯酚液	称取3～5g苯酚深于100mL水中，配成3%～5%苯酚溶液	消毒伤口 用于各种器械及用具等消毒，需浸泡30min
甲酚皂溶液	取500mL甲酚、300g植物油和43g氢氧化钠一起加热皂化，然后加水到1 000mL，配成ϕ_B＝50%的甲酚皂溶液，需稀释成2%～5%的溶液后才能使用	用于器械等的消毒，需浸泡30～60min
新洁尔灭	0.1%溶液	用于皮肤、食具、器械、橡胶及塑料制品的消毒
漂白粉	0.5%～1%漂白粉澄清液	用于浸泡食具、痰具、便盆，也可作房间喷洒消毒剂
漂白粉	每50kg水中加漂白粉1g	用于饮水消毒
过氧乙酸	0.02%溶液	用于皮肤及手消毒
过氧乙酸	0.04%～0.2%溶液	用于物品消毒

表9　常用洗涤液的配置及用途

洗液名称	配制方法	用　途
合成洗涤剂	将合成洗涤剂粉用热水搅拌成浓溶液	用于一般的洗涤
皂角水	将皂角捣碎，用水熬成溶液	用于一般的洗涤
铬酸洗液	取重铬酸钾20g于500mL烧杯中加水40mL，加热溶解，冷后，缓缓加入320mL浓硫酸即成	用于洗涤油污及有机物
碱性乙醇溶液	取60g氢氧化钠溶于60g水中，再加入500mL95%的乙醇	去除油脂、焦油和树脂等污物
碱性高锰酸钾洗液	取20g高锰酸钾溶于少量水中，加入500mL10%氢氧化钠	去除油污及有机物
磷酸钠洗液	取57g磷酸钠、28.5g油酸钠溶于470mL水中	去除碳的残留物
硝酸-过氧化氢溶液	15%～20%硝酸和5%过氧化氢	去除特别顽固的化学污物
酒精-浓硝酸洗液	加少量酒精于耐酸的脏材上，再加入少量浓硝酸即可	用于沾上有机物或油污的结构复杂的耐酸器材洗涤

附录四　常用血液抗凝剂的配制及方法

（一）肝素

肝素（heparin）的抗凝血作用很强，常用来作为全身抗凝剂，特别是在进行微循环动物实验时，肝素的应用更有其重要意义。

纯的肝素10mg能抗凝100mL血液（按1mg等于100个国际单位，10个国际单位能抗凝1mL血液）。用于试管内抗凝血时，一般可配成1%肝素生理盐水溶液，取0.1mL加入试管内，加热100℃烘干，每管能使5～10mL血液不凝固。动物全身抗凝血时，一般剂量为：

大白鼠：2.5～3.0mg/200～300g体重

兔：10mg/kg体重

狗：5～10m/kg 体重

（二）草酸盐合剂

配方：草酸铵　　　　　1.2g
　　　草酸钾　　　　　0.8g
　　　福尔马林　　　　1.0mL
　　　蒸馏水加至　　　100mL

配成 2% 溶液　每毫升血液加草酸盐合剂 2mg（相当于草酸铵 1.2g，草酸钾 0.8g）。用前根据取血量将计算好的量加入玻璃容器内烤干备用。如取 0.5mL 于试管中，烘干后每管可使 5mL 血不凝固。此抗凝剂量适用于红细胞比容的测定。其原理是能使血凝过程中所必需的钙离子沉淀进而达到抗凝的目的。

（三）枸橼酸钠（柠檬酸钠）

常配成 3%～5% 的水溶液，也可直接用粉剂。每毫升血液加 3～5mg，即可达到抗凝的目的。

枸橼酸钠可使钙失去流动活性，故能防止凝血。但其抗凝作用较差，加之碱性较强，不宜作化学检验剂使用，但可用于红细胞沉降速度测定。急性血液实验中所用的枸橼酸钠为 5%～6% 的水溶液。

（四）草酸钾

每毫升血需加 1～2mg 草酸钾。如配制成 10% 的水溶液，每管加 0.1mL 则可使 5～10mL 血液不凝固。

附录五　动物给药量的确定及人与动物的用药量换算方法

（一）动物给药量的确定

在观察一种药物的作用时，剂量太小，作用不明显；剂量太大，又可能引起动物中毒致死。具体给药剂量可按下述方法确定：

（1）先用少量小鼠粗略地探索中毒剂量或致死量，然后用小于中毒量的剂量，或取致死量的若干分之一（一般可取 1/5～1/10），作为应用剂量。

（2）粗制的植物类药物的剂量多按生药折算。

（3）化学药品可参考化学结构相似的已知药物的剂量，特别是化学结构和作用都相似的药物剂量给药。

（4）确定剂量后，如第一次实验的作用不明显，动物也没有中毒的表现，可以加大剂量重复实验。如作用明显但出现中毒现象，则应减少用量，重复实验。一般在适宜的剂量范围内，药物的作用常随剂量的加大而增强（即剂量 - 作用关系）。所以，条件允许时，最好用几个不同剂量做实验，以便获得关于药物作用的较完整的资料。

（5）用大动物进行实验时，开始的剂量应比给鼠类的剂量小几倍以至十几倍，以后可根据动物的反应调整剂量。

（6）确定动物给药剂量时，要考虑实验动物的年龄和体质。一般所说的给药剂量是指成年动物，如果是幼小动物则剂量应减少。如以狗为例，6 个月以上的狗给药量为 1 份时，3～6 个月的狗为 1/2 份，1.25～3 个月的狗为 1/4 份，20～45 日的狗为 1/8 份，10～20 日的狗为 1/16 份。

（7）确定动物给药剂量时，给药途径不同，所用剂量应做相应调整。假设口服量为 100，灌肠量应为 100～200，皮下注射量为 30～50，肌内注射量为 25～30，静脉注射量为 25。

（二）人与动物的用药量换算方法

人与动物对同一药物的耐受性相差很大，一般而言，动物的耐受性要比人大（指单位体重的用药量）。各种药物用于人的剂量可从很多书上查得，但动物用药量则不易查到，因此，可以以人用剂量换算出动物用量。如假定人用剂量为 1，则小白鼠和大白鼠为 50～100，兔和豚鼠为 15～20，狗和猫为 5～10。以上皆按单位体重的口服用药量换算。静脉、皮下、肌内和腹腔注射时的剂量应按前述换算比例折算。

（金天明）